高等学校测绘工程系列教材

数字测图与工程测量学

连达军 严勇 刘文谷 等 编

WUHAN UNIVERSITY PRESS
武汉大学出版社

图书在版编目(CIP)数据

数字测图与工程测量学／连达军等编 . -- 武汉 ：武汉大学出版社，
2025.1. -- 高等学校测绘工程系列教材 . -- ISBN 978-7-307-24666-9

Ⅰ. P231.5

中国国家版本馆 CIP 数据核字第 2024AP3316 号

责任编辑:鲍 玲   责任校对:汪欣怡   版式设计:马 佳

出版发行:**武汉大学出版社** （430072   武昌   珞珈山）

（电子邮箱:cbs22@ whu.edu.cn 网址:www.wdp.com.cn）

印刷:武汉中远印务有限公司

开本:787×1092   1/16   印张:22.75   字数:535 千字

版次:2025 年 1 月第 1 版   2025 年 1 月第 1 次印刷

ISBN 978-7-307-24666-9   定价:79.00 元

前　言

　　近几年，各工科院校为适应工程测量教育认证体系，对测绘工程相关专业本科培养方案和"测量学"课程大纲进行了大幅修订，加之测绘科学技术快速更新，数字测图技术得到广泛应用，传统测量学知识体系已经不能满足本科教学需要。

　　本书内容侧重于对基本概念、基本理论和基本技能的介绍，且增加了现代测绘仪器构造和工作原理相关内容；丰富了数字测图内容，并介绍了无人机倾斜摄影测量和三维激光扫描等数字测图前沿技术；强化了工程测量学部分内容，将地下管线探测纳入线状工程测量章节，并详细介绍了盾构施工测量和顶管施工测量技术。本书编写力求浅显易懂，基本知识点都有例题分析，课后配有习题，可作为测绘工程本科专业"测量学"和"数字测图"等课程的教材，也可作为地理信息科学、土木工程、交通工程、工程管理、给排水工程、工程力学和城乡规划等本科专业的"测量学""数字测图"和"工程测量"等课程教材。

　　本书编写分工如下：连达军编写第 1 章、第 2 章、第 12 章、第 13 章和第 14 章，严勇编写第 3 章、第 4 章、第 5 章、第 6 章、第 9 章、第 10 章和第 11 章，刘文谷编写第 8 章，陈国栋编写第 7 章。本书由连达军担任主编，严勇担任副主编，连达军和严勇共同承担本书插图的设计与绘制工作，全书由连达军统稿。

　　作为本书的配套教学资料，《数字测图实验实习指导》由王颖担任主编，连达军担任副主编，由王颖、连达军和严勇共同编写完成。与本教材配套的电子教学材料拟由王鹏负责制作完成。

　　本书由武汉大学测绘学院花向红教授担任审稿工作，对本书内容和结构进行中肯评价并提出很好建议，在此表示谢意。本书编写过程中，江苏海洋大学海洋技术与测绘学院孙佳龙教授、南京林业大学土木工程学院测绘工程系杨强老师、苏州科技大学科研处陈志辉老师都对本教材的编写提出建议或提供素材，在此一并表示感谢。

　　本书获苏州第一光学仪器厂有限公司出版基金资助，得以顺利出版。

　　虽然本书编者在编写过程中投入大量的时间和精力，书稿也经过多次修改和完善，但由于水平所限，难免有错误和不妥之处，恳请各位专家和读者批评指正。

编者

2024 年 7 月

目　　录

第1章 绪 论

1.1 测绘学的任务及作用

1.1.1 测绘学的任务

测绘学是研究测定和推算地面及其外层空间点的几何位置，确定地球形状和地球重力场，获取地球表面自然形态和人工设施的几何分布以及与其属性有关的信息，编制全球或局部地区的各种比例尺的普通地图和专题地图的理论和技术学科，为国民经济发展和国防建设以及地学研究服务。可见，测绘学主要研究地球的地理空间信息，是地球科学的一个分支学科。

按照研究范围、研究对象及所采用技术手段的不同，可将测绘学划分为大地测量学、摄影测量学、地图学、工程测量学、海洋测绘学等分支学科。

1. 大地测量学

大地测量学是研究地球重力场理论、确定地球椭球参数、建立测绘基准和坐标系统以及测定点的坐标等技术和方法的学科。基本任务是在已知地球形状、大小及其重力场的基础上建立一个统一的地球坐标系统，用以表示地球表面及其外部空间任一点在这个地球坐标系中准确的几何位置。大地测量学是测绘学各分支学科的理论基础，可为地形测图提供控制基础，为工程施工提供测量依据，为研究地球形状、大小、重力场及其变化，地壳形变及地震预报提供信息。现代大地测量学包括几何大地测量学、物理大地测量学和空间大地测量学三个基本分支。

2. 摄影测量学

摄影测量学是研究采用摄影方法获得大面积地表形态和人工设施空间分布的影像信息，依据摄影测量理论与方法将这些影像信息用模拟的、解析的或数字的方式转变成各种比例尺的地形原图或形成地理数据库的学科。由于获得影像信息的方式不同，摄影测量学又可分为地面摄影测量学、航空摄影测量学、水下摄影测量学和航天摄影测量学等分支。

3. 地图学

地图学是研究地图信息的表达、处理和传输的理论和方法，以地理信息可视化为核心，探讨地图投影、综合、编制、整饰和制印等制作技术和使用方法的学科，由理论部分、制图方法和地图应用三部分组成。随着计算机制图技术、地理信息系统(GIS)和地图数据库的发展，数字地图和地图学的发展及其应用领域更加宽广，将成为 21 世纪测绘工程的基础和支柱。

4. 工程测量学

工程测量学是研究工程建设在勘测设计、施工建设和运营管理阶段中所进行的各种测量工作的学科。勘测设计阶段的测量主要是提供地形资料；施工建设阶段的测量主要是按照设计要求在实地准确地标定出建筑物各部位的平面和高程位置，作为施工和安装的依据；运营管理阶段的测量是工程竣工后的测绘，以及为监视工程的状况，进行周期性的重复观测，即变形监测。现代工程测量学泛指涉及地球空间(包括地面、空中、地下和水下)中具体几何实体的测量描绘和抽象几何实体测设实现的理论、方法和技术。

5. 海洋测绘学

海洋测绘学是以海洋水体和海底为对象所进行的测量理论和方法研究的学科，包括海洋大地测量、海底地形测量、海道测量和海洋专题测量等内容；其特点是测区条件复杂，海水受潮汐和气象等因素影响而变化。海洋测绘工作大多为动态作业，综合性强，需多种技术手段配合，同时完成多种观测项目。如控制点的测定需采用无线电卫星组合导航系统、惯性组合导航系统、天文测量、电磁波测距、水声定位系统等技术手段；水深和海底地形测量需采用水声仪器、激光仪器以及水下摄影测量等方法；海洋地球物理测量需采用卫星技术、航空测量、海洋重力测量和磁力测量等方法。

测量学是测绘学科中基础理论与技术的一部分，主要研究地球表面局部地区内测绘工作的基本理论、技术、方法及应用。传统地形测量利用普通测量仪器，通过测量的方法直接测绘地形图，又称为**普通测量学**。20 世纪 80 年代，由于全站仪以及计算机硬件、软件技术的迅速发展，大比例尺地形图测绘技术由传统的白纸测图向自动化、数字化方向发展，80 年代后期，出现了以全站仪为主体的地面数字测图系统。目前，地面**数字测图技术**已取代了传统的白纸测图技术，广泛应用于大比例尺地形图、地籍图和房产图的测绘中，使测量学的内容得到发展和更新。

1.1.2 测绘科学与技术的作用

测绘科学与技术在国民经济建设、国防建设、科学研究与社会发展等领域都占有重要地位，应用范围非常广阔，对国家可持续发展发挥着越来越重要的作用。

1. 在国民经济建设中的作用

测绘科学与技术广泛应用于国民经济建设领域，测绘信息是最重要的基础信息之一，各种规划及地籍管理，首先要有地形图和地籍图。另外，在各种工业和农业基础建设中，从勘测设计阶段到施工、竣工阶段，都需要进行大量的测绘工作。例如：在勘测设计的各个阶段，要求有各种比例尺的地形图，供城镇规划、厂址选择、管道及交通线路选线以及总平面图设计和竖向设计之用。在施工阶段，要将设计的建筑物、构筑物的平面位置和高程测设于实地,以便进行施工。施工结束后,还要进行竣工测量,绘制竣工图,供日后扩建和维修之用。即使是竣工以后,对某些大型及重要的建筑物和构筑物还要进行变形观测,以保证建筑物的安全使用。

2. 在国防建设中的作用

在国防建设中,军事测量和军用地图是现代化战争诸兵种协同作战不可缺少的重要保障。至于远程导弹、空间武器、人造卫星或航天器的发射,为保证它们精确入轨,需随时校正轨道和命中目标,除了要测算发射点和目标点的精确坐标、方位、距离外,还必须掌握地球形状、大小的精确数据和有关地域的重力场资料。在公安部门预防、打击犯罪和缉私禁毒方面,合理部署警力离不开电子地图、全球定位系统和地理信息系统的技术支持。在边防建设、边界谈判与界线管理等涉及国家主权和利益的活动中,测绘空间数据库和多媒体地理信息系统均有重要作用。

3. 在科学研究和社会发展中的作用

测绘科学与技术在探索地球的奥秘和规律、深入认识和研究地球的各种问题中发挥着重要作用。空间科学、地壳形变、地震预报以及地极周期性运动等科学研究,都要应用测绘资料。在防灾减灾、资源开发和利用、生态建设与环境保护等影响社会可持续发展的专项研究中,测绘和地理信息可用于规划方案制定、灾害与环境监测系统的建立、风险的分析、资源环境调查与评估、可视化的显示以及决策指挥等环节。

1.2 测绘学的发展概况

1.2.1 测绘科学的发展

测绘学是一门历史悠久的学科,是随着人类生产实践逐渐发展起来的。最早的测绘工作可追溯到公元前 1400 年:有关于地球形状的描述,也有关于地籍登记、地籍图绘制、房产测量和建筑测量的记载。"左准绳,右规矩,载四时,以开九州,通九道,陂九泽,度九山"就是公元前 2 世纪的《史记》中所描述的大禹治水时的勘测情景。北宋时,沈括为了治理汴渠,测得"京师之地比泗州凡高十九丈四尺八寸六分",是水准测量在水利工程中的应用实例。

测绘学的形成和发展在很大程度上依赖于测绘方法和测绘仪器的创造革新。如古代的测绘工具中"准"可找平,"绳"可量距,"规"可画圆。望远镜发明后,其上加装十字丝即可精确瞄准,1617 年荷兰的斯涅耳(W. Snell)首创三角测量方法,使得测绘工作借助光学仪器既可进行角度测量,又可以量距。随后陆续出现小平板仪、大平板仪和水准仪,用于野外直接测绘地形图。20 世纪中叶测绘仪器又朝着电子化和自动化方向发展,电磁波测距仪可精确测定数十公里的距离。随着全球导航卫星系统 GNSS(Global Navigation Satellite System)的广泛应用,测绘仪器又具备了智能化、网络化等特征,可实现定位、授时和工程放样等多种功能。

1.2.2　数字测图的发展与展望

地图的演变及其制作方法的进步是测绘学发展的重要标志。公元前 25 世纪至公元前 3 世纪就已经出现刻画在陶片或铜板等材料上的简单地图。公元前 130 年西汉初期的《地形图》和《驻军图》，在颜色使用、符号设计、分类和简化等绘制技术方面都达到了很高水平，如图 1-1 所示。公元 2 世纪古希腊的托勒密（Ptolemy）在其著作《地理学指南》就阐述了编制地图的方法，并提出将地球曲面表示为平面的地图投影问题。清初康熙年间完成的《皇舆全览图》奠定了中国近代地图测绘的基础，该地形图精度较高，有方位和比例尺，能在地图上描绘地表形态的细节，并可按不同用途对实测地形图进行缩制编绘，制作成各种比例尺的地图。20 世纪 50 年代到 70 年代，地图制图方法出现了巨大变革，计算机辅助地图制图经历了原理探讨阶段、软硬件研制阶段和试验试用阶段，发展到广泛应用阶段。

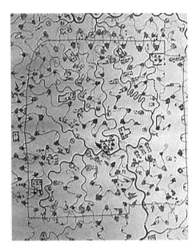

图 1-1　西汉长沙国南部驻军图和驻军图摹本

目前，各种比例尺地图生产均采用数字测图技术。地面测图技术已由传统的白纸测图进入数字化测图阶段，即通过全站仪或 GNSS-RTK 采集地物和地貌特征点地理位置数据，借助于数字绘图软件生产大比例尺数字地形图。随着测绘仪器、空间导航定位、航空航天遥感、地理信息系统和数据通信等现代新技术的发展及其集成，测绘学的理论基础和技术体系均发生了深刻变化。摄影测量已由模拟和解析摄影测量阶段进入数字摄影测量阶段，无人机倾斜摄影测量技术正在成为大比例尺地形图测绘的主要技术手段。地图制图学已进入数字制图和动态制图阶段。测绘生产任务由纸上或类似介质的地图编制、生产和更新发展到对地理空间数据的采集、处理、分析和显示，出现了包括**数字高程模型（DEM）**、**数字正射影像（DOM）**、**数字栅格地图（DRG）**和**数字线划图（DLG）**的"**4D**"测绘系列产品。目前测绘地理信息行业的服务范围正在不断扩大，不再是原来单纯地从控制测量到制图，为国家制作基本地形图，而是扩大到国民经济和国防建设中与地理空间数据有关的各个领域。

1.3 测量工作的程序及基本内容

1.3.1 测量工作程序的基本原则

地球表面复杂多样，地面上自然形成的高低起伏等变化，例如山岭、溪谷、平原、河海等称为**地貌**；地面上由人工建造的固定附着物，例如房屋、道路、桥梁、界址等称为**地物**；地物和地貌统称为**地形**。测量任务之一就是要把这些地物和地貌缩小表示在图纸上，这张图称为**地形图**。测绘地形图时，要在某一个测站上用仪器测绘该区域所有的地物和地貌是不可能的。如图 1-2 所示，在 A 点设测站，只能测绘附近的地物和地貌，而无法观测小山后面的部分及较远的地区；因此，需要在若干点上分别施测，最后才能拼接成一幅完整的地形图。

在测量方法上，假如从一个碎部点开始，逐点进行施测，最后虽可得到欲测各点的位置，但是前一点的测量误差将会传递到下一点，这种误差逐点累积，最后将导致碎部点的位置很不准确。为了防止误差积累和传播，保证测区内点位之间具有规定的精度，在测量的布局上，是"**由整体到局部**"；在测量的次序上，是"**先控制后细部**"；在测量的精度上，是"**从高级到低级**"；为了防止观测、记录和计算错误，前一步工作未做检核则不能进行下一步工作，是"**步步检核**"。这是测量工作程序应遵循的基本原则。

1.3.2 控制测量

控制测量分为**平面控制测量**和**高程控制测量**，由一系列控制点构成控制网。首先在测区范围内选定若干**控制点**作为骨干，组成**控制网**，如图 1-2 中选择 A、B、C、D、E、F 等点，组成一个闭合多边形。通过比较精确的距离、水平角和高程等测量，按照控制网图形的几何条件，进行某些必要的计算，精确地求出这些控制点的平面位置和高程，并将点位展绘在图上，然后再将这些控制点作为测站来测绘地形。由于控制点的位置比较准确，在每个控制点上测绘地形的误差只影响局部，不致影响整个测区。

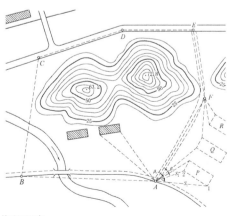

图 1-2　测量工作的程序

1.3.3　碎部测量

在控制测量的基础上，再进行**碎部测量**。碎部测量是以控制点为依据，以较低的精度（保证必要的精度）由控制点测定地物特征点的位置，如图 1-3 所示，例如，在控制点 A 附近测定房屋角点 P_1，P_2，P_3，P_4，当测定一定数量的碎部特征点位置后，可按一定的比例尺将这些碎部特征点位标绘在纸上，绘制成图。

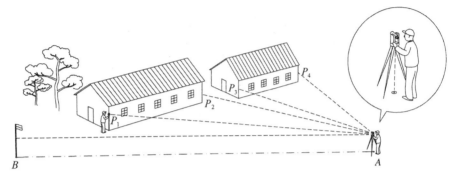

图 1-3　地物的碎部测量

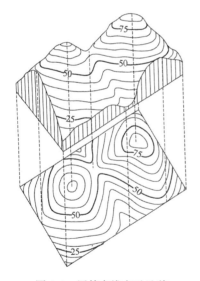

图 1-4　用等高线表示地貌

在地面有高低起伏的地方，根据控制点，可以测定一系列地貌特征点的平面位置和高程，据此绘制用等高线表示的地貌，如图 1-4 所示，注于线上的数字为地面的高程。

1.3.4　基本观测量

综上所述，控制测量和碎部测量的基本任务都是为了确定点的空间位置，所进行的基本工作都是**量距**、**测角**、**测高差**。因此，**距离**、**角度**和**高差**这三个确定地面点位的量称为**基本观测量**。

测量工作分为**内业**和**外业**。在野外利用测量仪器和工具测定地面上两点的距离、角度和高差，称为测量外业工作。在室内将外业的测量成果进行数据处理、计算和绘图，称为测量的内业工作。

1.4　测量的度量单位

测量工作中，常用的长度、面积、体积和角度等计量单位的名称、符号及单位换算，必须依据《中华人民共和国法定计量单位》（1984 年 2 月 27 日国务院公布）。

1.4.1　测量长度单位及其换算

我国测量工作的法定长度单位为米(m)制单位。在测量工作过程中，还会用到英制的长度计量单位，它们之间的具体换算关系见表1-1。

表1-1　　　　　　　　　　　　测量长度单位之间的换算关系

测量长度单位	换 算 关 系
米(m)制	1m(米) = 10dm(分米) = 100cm(厘米) = 1000mm(毫米) 1hm(百米) = 100m 1km(千米或公里) = 1000m
英制	1in(英寸) = 2.54cm 1ft(英尺) = 12in = 0.3048m 1yd(英码) = 3ft = 0.9144m 1mile(英里) = 1760yd = 1.6093km

1.4.2　测量面积单位及其换算

我国测量工作的法定面积单位为平方米(m^2)，大面积采用公顷(hm^2)或平方公里(km^2)；我国农业土地常用亩(mu)为面积计量单位。它们之间的换算关系及美制和英制面积单位的换算关系见表1-2。

表1-2　　　　　　　　　　　　测量面积单位之间的换算关系

测量面积单位	换 算 关 系
美制	$1m^2$(平方米) = $100dm^2$(平方分米) = $10000cm^2$(平方厘米) 　　　　　　　= $1000000mm^2$(平方毫米) 1mu(亩) = 10 分 = 100 厘 = 666.67m^2 1are(公亩) = $100m^2$ = 0.15mu $1hm^2$(公顷) = $10000m^2$ = 15mu $1km^2$(平方公里) = $100hm^2$ = 1500mu
英制	$1in^2$(平方英寸) = $6.4516cm^2$ $1ft^2$(平方英尺) = $144in^2$ = $0.0929m^2$ $1yd^2$(平方码) = $9ft^2$ = $0.8361m^2$ 1acre(英亩) = $4840yd^2$ = 40.4686are = 6.07mu $1mile^2$(平方英里) = 640acre = $2.59km^2$

1.4.3　测量体积单位

我国测量工作的法定体积单位为立方米(m^3)。$1m^3$(立方米)也可称为1立方或1方。

1.4.4　测量角度单位及其换算

我国测量工作的法定角度计量单位有 60 进制的度分秒(DMS—Degree, Minute, Second)制和弧度(Radian)制,还有每象限 100 进制的新度(grade)制。60 进制在计算器上常用"DEG"符号表示,100 进制在计算器上常用"GRAD"符号表示。表 1-3 为角度单位的具体换算关系。

表 1-3　　　　　　　　　　　测量角度单位之间的换算关系

测量角度单位	换　算　关　系
度分秒制	1 圆周 = 360°(度),1°(度) = 60′(分),1′ = 60″(秒)
新度制	1 圆周 = 400^g(新度),1^g = 100^c(新分),1^c = 100^{cc}(新秒)
弧度制	$\rho° = 57.3°$,$\rho' = 3438'$,$\rho'' = 206265''$

表 1-3 中 ρ 表示 1 弧度的度分秒制的角值。如图 1-5 所示,将弧长 L 等于半径 R 的圆弧所对的圆心角称为一个弧度,因此,整个圆周为 2π 弧度(取 $\pi = 3.141592654$)。

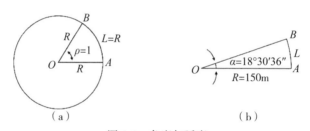

图 1-5　角度与弧度

在测量工作中,有时需要按圆心角 α 和半径 R 计算所对弧长 L。如图 1-5(b)所示,已知 $\alpha = 18°30'36''$,$R = 150\text{m}$,可按以下方法计算 α 所对弧长 L:

$$\alpha° = 18° + \frac{30'}{60} + \frac{36''}{3600} = 18.51°$$

$$L = R\frac{\alpha°}{\rho°} = 150 \times \frac{18.51°}{57.3°} = 48.455(\text{m})$$

◎　**思考题**

1. 测绘学的任务是什么? 测绘学在国民经济建设中有什么作用?
2. 测量工作程序的基本原则是什么?
3. 测量工作有哪些基本观测量?
4. 某矩形场地的长为 600m,宽为 250m,其面积有多少公顷? 合多少亩?
5. 半径为 100m 的圆周上有一段长为 125m 的圆弧,该圆弧所对圆心角为多少弧度?

若以度分秒制表示,该圆心角应为多少?

6. 直角三角形中的小角 $\beta=15°45'$,该角相邻直角边长 150m,该小角对边的长度为多少(精确到毫米)?

第 2 章　测量坐标系和高程

2.1　地球形状和大小

地形测量学的研究对象是地球表面，测量工作也是在地球表面上进行的；因此，首先要对地球的形状、大小等自然形态做必要的了解，选定参考面和参考线作为空间位置的基准，然后才能确定地面点的空间位置。人类最早认为地球的形状是"天圆地方"；17 世纪末牛顿和惠更斯提出"地扁说"，认为地球是两极略扁的椭球；1873 年，利斯汀首次提出"大地水准面"的概念，直到 1945 年，苏联的莫洛坚斯基创立了用地面重力测量数据直接研究真实地球自然形状表面的莫洛坚斯基理论。因此，人类对地球形状的认识经历了圆球→椭球→大地水准面→真实地球自然表面的过程，这一认识过程促进了测绘理论与技术的发展。

2.1.1　大地水准面

地球的自然表面有高山、丘陵、平原、海洋等起伏形态，是一个不规则的曲面。地球表面最高点是海拔 8848.86m 的珠穆朗玛峰，最低点是海拔 −11034m 的马里亚纳海沟。但这样的高低起伏对于体积庞大的地球而言微不足道，其总体形状是一个接近于两极扁平、沿赤道略为隆起的"**椭球体**"。就整个地球而言，海洋面积约占 71%，陆地面积约占 29%，可以认为地球是一个由水面包围的球体。

地球表面任一质点都同时受到两个力的作用：一是地球自转产生的惯性离心力；二是整个地球质量产生的引力，这两种力的合力称为**重力**。引力方向指向地球质心，如果地球自转角速度是常数，惯性离心力的方向垂直于地球自转轴向外，重力方向则是两者合力的方向（见图 2-1(a)）。重力的作用线又称为**铅垂线**。用细绳悬挂的垂球，其静止时所指的方向即为铅垂线方向。

处于静止状态的水面称为**水准面**。由物理学知道，该面是一个重力等位面，**水准面上处处与重力方向(铅垂线方向)垂直**。水面可高可低，符合这个特点的水准面有无数个，其中与平均海水面相吻合的水准面称为**大地水准面**，如图 2-1(b)所示。大地水准面所包围的形体，可以近似地代表地球的形体，它被称为**大地体**。

大地水准面和铅垂线是测量外业所依据的基准面和基准线。

2.1.2　参考椭球面

由于地球内部质量分布不均匀，重力受其影响，致使大地水准面成为一个不规则的、复杂的曲面。如果将地球表面的点位图形投影到这样一个不完全均匀变化的曲面上，将无法进行计算和绘图，为解决这个问题，可选用一个非常接近大地水准面，并可用数学公式表示的规则曲面作为计算的基准面。

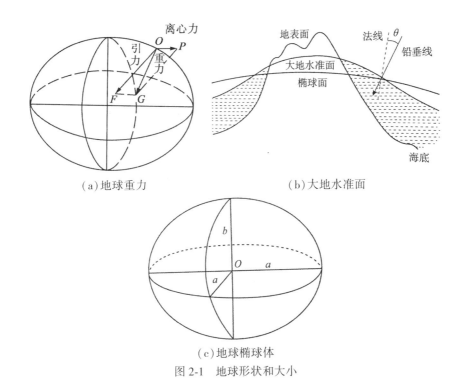

(a)地球重力   (b)大地水准面

(c)地球椭球体

图 2-1   地球形状和大小

这个数学形体是以地球自转轴 NS 为短轴、以赤道直径 WE 为长轴的椭圆绕 NS 旋转而成的椭球体，如图 2-1(c)所示。其表面称为**旋转椭球面**，它与大地水准面虽不能完全重合，但是最为接近。

决定地球椭球体形状大小的参数为椭圆的长半轴 a 和短半轴 b，由此可以计算出另一个参数——扁率 f：

$$f = \frac{a-b}{a} \tag{2-1}$$

随着科学技术的进步，可以越来越精确地确定这些参数。到目前为止，已知其精确值为 $a = 6378137\text{m}$，$b = 6356752\text{m}$，$f = 1/298.275$。

由于地球的扁率很小，当测区范围不大时，在某些测量工作的计算中，可以近似地把地球视为圆球，其平均半径 R(近似值为 6371km)可按下式计算：

$$R = \frac{1}{3}(2a + b) \tag{2-2}$$

2.2   测量坐标系

测量工作的根本任务是确定地面点位。地面点的空间位置，可以用三维空间直角坐标表示，也可以用二维坐标(椭球面坐标或平面直角坐标)和高程的组合表示。下面介绍几种用以确定地面点位的坐标系。

2.2.1　大地坐标系

大地坐标系(又称地理坐标系)是以地球椭球面作为基准面，以起始子午面(首子午面)和赤道面作为参考面，用经度和纬度表示地面点的球面位置。如图 2-2 所示，地面点 P 的大地经度 L 为通过 P 点的子午面与首子午面(通过英国格林尼治平均天文台的子午面)之间的夹角，由首子午面起算，向东 $0°\sim180°$ 为东经，向西 $0°\sim180°$ 为西经；P 点的大地纬度(B)为通过 P 点的椭球面法线与赤道平面的交角，由赤道面起算，向北 $0°\sim90°$ 为北纬，向南 $0°\sim90°$ 为南纬。地面点的大地坐标(L，B)确定了该点在参考椭球面上的位置，称为该点的大地位置。P 点沿椭球面法线到椭球面的距离 H 称为大地高，从椭球面起算，向外为正，向内为负。大地坐标和大地高共同确定点在空间的位置。

2.2.2　空间三维直角坐标系

空间三维直角坐标系又称**地心坐标系**，是以地球椭球的中心 O(即地球的质心)为坐标系原点，X，Y 轴在地球赤道平面内，首子午面与赤道平面的交线为 X 轴，椭球体的自转轴为 Z 轴，构成右手直角坐标系 $O\text{-}XYZ$(见图 2-3)。地面点 A 的空间位置可以用三维直角坐标(x_A，y_A，z_A)表示。

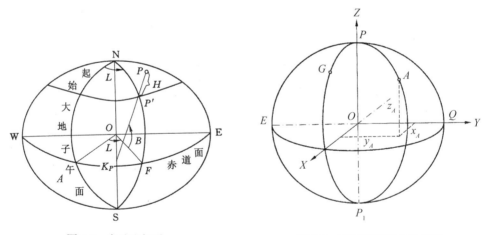

图 2-2　大地坐标系　　　　　　　图 2-3　空间三维直角坐标系

2.2.3　平面直角坐标系

大地坐标系或空间直角坐标系是球面坐标，而工程建设的规划、设计和施工均在平面上进行，需要将点的位置和地面图形表示在平面上，此时采用**平面直角坐标系**对于测量计算和绘图都十分方便。

在测量工作中，角度观测一般都是按顺时针进行，直线的方向也是以纵坐标轴北方向为标准方向，以顺时针方向进行度量；若将纵轴作为 X 轴，横轴作为 Y 轴，并将Ⅰ、Ⅱ、Ⅲ、Ⅳ象限顺序也按顺时针方向进行排列，就可以完全不变地使用三角函数公式进行角度和方向计算，同时也与测量中规定的直线方向及测角习惯一致。因此，测量工作中所用的平面直角坐标系与数学坐标系(解析几何中所用的平面直角坐标系)纵横轴互换，测量平面直角坐标系以 X 轴为纵轴，表示南北方向，以 Y 轴为横轴，表示东西方向；象限的顺序也是相反的(见图 2-4)。

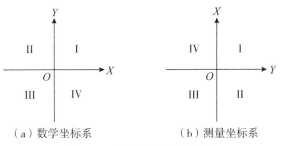

（a）数学坐标系　　　　（b）测量坐标系

图 2-4　两种平面直角坐标系

测量中采用的平面直角坐标系包括高斯平面直角坐标系、独立平面直角坐标系和建筑施工坐标系。测区范围较小(通常以小于 100km^2 为宜)时，可以把该区域地球表面当作平面看待，并在该面上建立独立平面直角坐标系，其坐标原点和坐标轴可以根据实际需要确定。通常，将坐标原点选在测区西南角，使坐标均为正值，这样方便计算。

在建筑工程中，为便于计算和施工放样，通常将平面直角坐标系的坐标轴与建筑物的主轴线重合、平行或垂直，此时建立起来的坐标系，称为建筑坐标系(或施工坐标系)。

施工坐标系与测量坐标系的原点与坐标轴方向往往不一致，在计算测设数据时需要进行**坐标换算**。图 2-5 中 XOY 为测量坐标系，$X'O'Y'$ 为施工坐标系，施工坐标系原点 O' 在测量坐标系中的坐标为 (x_0, y_0)，X' 轴在测量坐标系中的方位角为 α。设已知点 P 的施工坐标为 (x'_P, y'_P)，则可按公式(2-3)将其换算为测量坐标 (x_P, y_P)，

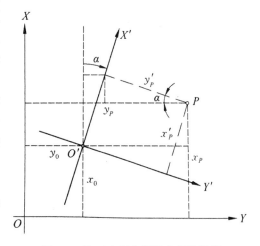

图 2-5　施工坐标和测量坐标的换算

$$\begin{cases} x_P = x_0 + x'_P\cos\alpha - y'_P\sin\alpha \\ y_P = y_0 + x'_P\sin\alpha + y'_P\cos\alpha \end{cases} \quad (2\text{-}3)$$

如已知 P 点的测量坐标 (x_P, y_P)，则可按下式将其换算为施工坐标 (x'_P, y'_P)。

$$\begin{cases} x'_P = (x_P - x_0)\cos\alpha + (y_P - y_0)\sin\alpha \\ y'_P = (x_P - x_0)\sin\alpha + (y_P - y_0)\cos\alpha \end{cases} \quad (2\text{-}4)$$

2.3 地图投影和高斯平面直角坐标系

2.3.1 地图投影

　　椭球面是测量计算的基准面，地面点的位置可用大地坐标表示在参考椭球面上，然而实践证明，在椭球面上进行各种计算并不简单，其计算结果也不便于制作、保管和使用。但平面图的制作和应用非常方便，这就需要将椭球面上的图形转绘到平面上。由于参考椭球面是不可展平的曲面，要将球面上的点或图形表示到平面上，必须采用地图投影的方法。**地图投影**（简称投影）就是将参考椭球面上的坐标、角度和边长等元素按一定的数学法则投影到平面上的过程，该数学法则可表示如下：

$$\begin{cases} x = f_1(L,\ B) \\ y = f_2(L,\ B) \end{cases} \quad (2\text{-}5)$$

式中，$(L,\ B)$ 是点的大地坐标；$(x,\ y)$ 是该点投影后的平面直角坐标。

　　从本质上讲，地图投影就是按一定的条件确定大地坐标和平面直角坐标之间的一一对应关系，其投影的一般过程是：先将椭球面上的点投影到投影面上，再将投影面沿母线切开展为平面。由于参考椭球面是不可展平的曲面，将该曲面上的元素投影到平面上必然会出现角度、长度或面积变形。在测量工作中，考虑到一定范围内地图上的图形与椭球面上实地图形之间的相似特征，同时为减少投影换算工作，可在平面上直接使用角度观测值，一般要求投影前后角度保持不变（也称等角投影）。

2.3.2 高斯平面直角坐标系

1. 高斯投影

　　高斯投影可以满足测量工作对地图投影的要求，我国现行的大于 1∶50 万比例尺的各种地形图都采用这种投影方法，该投影方法最早由德国数学家高斯提出，后经克吕格完善并推导出计算公式，也称其为高斯-克吕格投影。在几何概念上，可设想取一个空心圆柱体与地球椭球体的某一中央子午线相切（见图 2-6（a）），在球面图形与柱面图形保持等角的条件下，将球面图形投影在圆柱面上。然后将柱体沿着通过南、北极的母线切开，并展开成平面，即为高斯平面（见图 2-6（b））。

　　高斯投影虽然能使球面图形的角度和平面图形的角度保持不变，但任意两点间的长度却产生变形，称为投影长度变形。中央子午线投影后为直线，且长度不变，其他子午线投影后均为曲线，且对称地凹向中央子午线；赤道投影后为一直线，且与中央子午线正交，各平行圈投影为曲线，以赤道为对称轴凸向赤道，并与子午线正交，如图 2-6（b）所示。

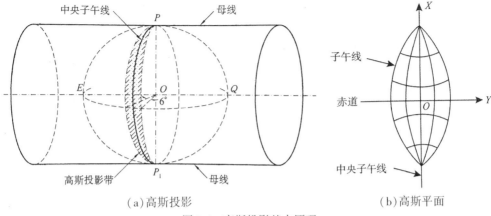

（a）高斯投影　　　　　　　　　　（b）高斯平面

图2-6　高斯投影基本原理

2. 投影带划分

根据高斯投影变形特征，离中央子午线越远，其长度变形越大，对测图、用图和测量计算都是不方便的。为了限制长度变形，将地球椭球面按一定的经度差分成若干范围不大的带状区域，称为**投影带**（见图2-7）。

投影带是从首子午线起，每隔经度6°划为一带（称为6°带），自西向东将整个地球划分为60个带。带号从首子午线开始，用阿拉伯数字表示，位于各带中央的子午线称为该带的**中央子午线**（或称为主子午线），第一个6°带的中央子午线经度为3°，任意一个带中央子午线经度 λ_0 可按下式计算：

$$\lambda_0 = 6N - 3 \tag{2-6}$$

式中，N 为投影带号。

6°带投影后，其边缘部分的变形能满足 1：25000 或更小比例尺测图的精度，当进行 1：10000 或更大比例尺测图时，要求投影变形更小，可采用3°分带投影法或1.5°分投影法。3°分带从东经1.5°开始，自西向东每隔3°划分一个投影带，将整个地球划分为120个条带，如图2-7所示，每带中央子午线的经度 λ_0' 按下式计算：

$$\lambda_0' = 3n \tag{2-7}$$

式中，n 为投影带号。

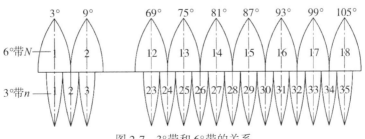

图2-7　3°带和6°带的关系

3. 高斯平面直角坐标系

在投影面上，中央子午线和赤道的投影都是直线。以中央子午线和赤道的交点 O 作为坐标原点，以中央子午线的投影为纵坐标轴 X，以赤道的投影为横坐标轴 Y，规定 X 轴向北为正，Y 轴向东为正，这样便建立起了高斯平面直角坐标系(见图 2-8(a))。

4. 国家统一坐标

我国位于北半球，在高斯平面直角坐标系内，X 坐标值均为正，Y 坐标值则有正有负，为避免出现负值，将每个投影带的坐标原点向西移 500km，则投影带中任一点的横坐标也均为正值。此外，为了能确定某点在哪一个 $6°$ 带内，还应在横坐标值前冠以带的编号。这种坐标称为**国家统一坐标**。

例如，图 2-8(a)中，高斯平面直角坐标表示为：$X_b = +27585.120\text{m}$，$Y_b = -26262.843\text{m}$。图 2-8(b)中，$X_b = +27585.120\text{m}$，$Y_b = 500000 - 26262.843 = 473737.157\text{m}$。假如此投影带为第 19 带，则该点的国家统一坐标表示为

$$X_b = +27585.120\text{m}，\quad Y_b = 19473737.157\text{m}$$

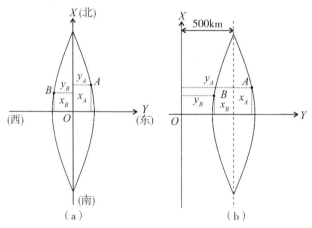

图 2-8　高斯平面直角坐标与国家统一坐标关系

2.4　高程系统

地面点位置的高低，是用地面点的高程来描述的。所谓高程，就是点到基准面的垂直距离。所选择的基准面不同，同一点的高程值也不相同。如前面所述大地坐标系中的大地高，就是以参考椭球面为基准面的高程。通常所说的高程是以大地水准面为基准的，地面点沿铅垂线方向到大地水准面的距离称为**绝对高程**(简称高程，又称为**海拔**)，以 H 表示。

2.4.1　高程系统

为了在全国范围内建立统一的高程系统，必须确定一个高程基准面。通常采用大地水

准面作为高程基准面，大地水准面通过对验潮站的长期验潮来确定。

1. 高程基准面

我国的验潮站设在地处黄海之滨的青岛，因此，我国的高程基准面以黄海平均海水面为准。为了将基准面可靠标定于地面并便于联测，在青岛的观象山建立了水准原点，采用精密水准测量方法联测求出该点至平均海水面的高程，并从该水准原点推算全国的高程。

2. 高程系统

我国常用的高程系统主要有1956年黄海高程系和**1985国家高程基准**。目前，我国采用的是1985国家高程基准，青岛水准原点的高程为72.260m，全国各地的高程都以它为基准进行测算。但在1987年以前我国使用的是1956年黄海高程系，其青岛水准原点的高程为72.289m。

2.4.2 高程与高差

1. 高程

按照绝对高程的定义，图2-9中 A、B 两点的绝对高程分别为 H_A，H_B。

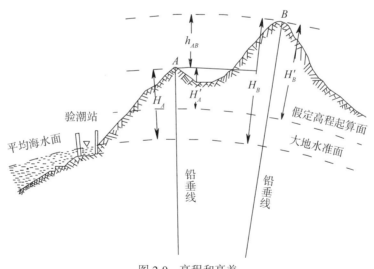

图2-9 高程和高差

在局部地区，如果远离已知高程的国家水准点，也可建立假定高程系统，即假定某个固定点的高程为起算点，通过该点的水准面为假定高程的起算面，测算出其他各点的假定高程(也称**相对高程**)，如图2-9中 H'_A 和 H'_B 分别为 A、B 两点基于同一假定高程起算面的假定高程。建筑工地常以主建筑地坪设计高度作为高程零点，其他部位相对于该高程零点的高程，称为标高。标高属于相对高程。

高程值有正有负，在基准面以上的点，其高程值为正，反之为负。

2. 高差

地面上两点间的高程之差称为高差，以 h 表示。如图 2-9 所示，B 点对 A 点的高差为

$$h_{AB} = H_B - H_A = H'_B - H'_A \tag{2-8}$$

高差有正负之分，可反映相邻两点间的地面是上坡还是下坡。如果 h_{AB} 为正，表示地面上 B 点高于 A 点，是上坡；若 h_{AB} 为负，表示地面上 B 点低于 A 点，是下坡。

显然，B 点对 A 点的高差 h_{AB} 和 A 点对 B 点的高差 h_{BA} 绝对值相等，符号相反，即

$$h_{AB} = - h_{BA} \tag{2-9}$$

2.5　用水平面代替水准面的限度

地球表面是一个弯曲的球面，但其半径很大。实际测量工作中，在保证一定的测量精度要求且测量区域较小时，往往以水平面代替水准面。因此，应当了解地球曲率对水平距离、水平角和高差的影响，从而决定多大面积范围内能容许水平面代替水准面。讨论过程中，将大地水准面近似地看成圆球，半径 $R = 6371\text{km}$。

2.5.1　水准面曲率对水平距离测量的影响

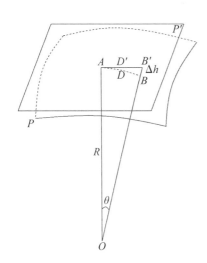

图 2-10　水平面代替水准面的影响

设大地水准面 P 与水平面 P' 在 A 点相切(见图 2-10)，A、B 两点在大地水准面上的距离为 D(弧长)，在水平面上的距离为 D'(切线)，球面半径为 R，D 所对的圆心角大小为 θ，则以水平面上的距离 D' 代替球面上弧长 D 将产生误差为 ΔD，

$$\Delta D = D' - D = R\tan\theta - R\theta = R(\tan\theta - \theta) \tag{2-10}$$

将 $\tan\theta$ 展开为级数，得

$$\tan\theta = \theta + \frac{1}{3}\theta^3 + \frac{5}{12}\theta^5 + \cdots$$

因 θ 值很小，取至第二项，代入式(2-10)，得

$$\Delta D = R\left(\theta + \frac{1}{3}\theta^3 - \theta\right) = \frac{1}{3}R\theta^3$$

以 $\theta = \dfrac{D}{R}$ 代入上式，并做适当变换得

$$D = \frac{D^3}{3R^2} \quad \text{或} \quad \frac{\Delta D}{D} = \frac{D^2}{3R^2} \tag{2-11}$$

以不同的 D 值代入式(2-11)，则可得距离误差 ΔD 和对应的相对误差 $\dfrac{\Delta D}{D}$，见表 2-1。

表 2-1　　　　　　　　　水平面代替水准面的距离误差和相对误差

距离 $D(\mathrm{km})$	距离误差 $\Delta D(\mathrm{mm})$	相对误差 $\Delta D/D$
5	1	1：4870000
10	8	1：1220000
25	128	1：200000
50	1026	1：49000

由表 2-1 可见，当 $D=10\mathrm{km}$ 时，$\dfrac{\Delta D}{D}=\dfrac{1}{1220000}$，小于目前精密距离测量的容许误差。因此，在半径为 10 公里的小区域内，水准面曲率对于水平距离的影响可以忽略不计。

2.5.2　水准面曲率对水平角测量的影响

根据球面三角形知识，同一个空间多边形在球面上投影的各内角之和，较其在平面上投影的对应值多一个角值 ε，称该值为球面角超，其大小与图形面积成正比，公式如下：

$$\varepsilon = \rho'' \frac{P}{R^2} \qquad\qquad (2\text{-}12)$$

式中，P 为球面多边形面积，R 为地球半径。

当 $P=100\ \mathrm{km}^2$ 时，$\varepsilon=0.51''$。由此可见，对于面积小于 $100\mathrm{km}^2$ 的区域，水准面曲率对水平角的影响可以忽略，一般测量工作不必考虑。

2.5.3　水准面曲率对高差测量的影响

在图 2-10 中，由于 A、B 两点位于同一水准面上，所以其高程相等。B 点在水平面上的投影为 B' 点，则 BB' 即为水平面代替水准面所产生的高差误差，设 $BB'=\Delta h$，则

$$(R+\Delta h)^2 = R^2 + D'^2$$

整理后，得

$$\Delta h = \frac{D'^2}{2R+\Delta h}$$

由于 D' 与 D 相差很小，可以用 D 代替 D'，同时 Δh 与 $2R$ 相比可以忽略不计，则

$$\Delta h = \frac{D^2}{2R} \qquad\qquad (2\text{-}13)$$

同样，以不同的 D 值代入式(2-13)，可以得到相应的高差误差，如表 2-2 所示。

表 2-2　　　　　　　　　水平面代替水准面的高差误差

距离 $D(\mathrm{km})$	0.1	0.2	0.3	0.4	0.5	1	5	10
$\Delta h(\mathrm{mm})$	0.8	3	7	13	20	78	1962	7848

由表 2-2 可知，用水平面代替水准面，在 1km 的距离上高差误差就有 78mm。因此，

在水准测量时，即使很短的距离也应考虑地球曲率的影响，应采用相应的措施来减小高差测量的误差。

◎　思考题

1. 如何表示地球的形状和大小？

2. 如何确定地面点位？建筑工程中常用哪种坐标系？

3. 已知某点的高斯平面直角坐标为 $x = 3102467.28\mathrm{m}$，$y = 20792538.69\mathrm{m}$，试问：该点位于 6°带的第几带？该带的中央子午经度是多少？该点在中央子午线的哪一侧？在高斯投影面上，该点距中央子午线和赤道的距离分别为多少？

4. 什么是绝对高程（海拔）？什么是相对高程？什么是标高？

5. 水准面曲率对观测量有何影响？

第3章 水准测量

3.1 水准测量原理

水准测量是测定地面点高程的主要方法之一。水准测量利用水准仪提供一条水平视线，对竖立在两地面点的水准尺分别进行瞄准和读数，以测定两点间的高差；再根据已知点的高程，推算待定点的高程。

3.1.1 水准测量原理

如图 3-1 所示，设已知点 A 的高程为 H_A，求 B 点的高程 H_B。在 A、B 两点间安置一架水准仪，并在 A、B 两点上分别竖立水准尺(尺子零点在底端)；根据水准仪望远镜的水平视线，在 A 点的水准尺上读数为 a，在 B 点的水准尺上读数为 b，则 A，B 两点的高差为

$$h_{AB} = a - b \qquad\qquad (3-1)$$

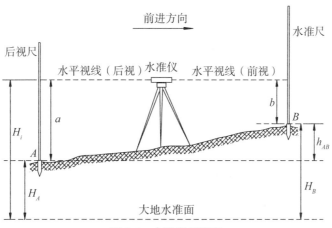

图 3-1 水准测量原理

设水准测量是从 A 点向 B 点进行，则规定：称 A 点为后视点，其水准尺上读数 a 为后视读数；称 B 点为前视点，其水准尺上读数 b 为前视读数。由此可知，两点间的高差为："后视读数"减"前视读数"。如果后视读数大于前视读数，则高差为正，表示 B 点比 A 点高；如果后视读数小于前视读数，则高差为负，表示 B 点比 A 点低。h_{AB} 为从 A 点至

B 点的高差，h_{BA} 为从 B 点至 A 点的高差。二者的绝对值相等而符号相反。

如果 A、B 两点的距离不远，而且高差不大（小于一支水准尺的长度），安置一次水准仪就能测定其高差，如图 3-1 所示，设已知 A 点的高程 H_A，则 B 点的高程为

$$H_B = H_A + h_{AB} \tag{3-2}$$

B 点的高程也可以通过水准仪的视线高程 H_i 计算，即

$$\begin{cases} H_i = H_A + a \\ H_B = H_i - b \end{cases} \tag{3-3}$$

按式 (3-3) 计算高程的方法，称为**仪器高程法**。利用仪器高程法可以方便地在同一测站上测出若干个前视点的高程。这种方法常用于工程的施工测量中。

3.1.2　水准面曲率对水准测量的影响

按照定义，两点间的高差是分别通过这两点的水准面之间的铅垂距离。因此从理论上讲，用水准仪在水准尺上读数也应该是根据通过仪器的水准面，如图 3-2 所示，在 A、B 水准尺上的应有读数为 a' 和 b'。A、B 两点的高差应为

$$h_{AB} = a' - b' = (a - aa') - (b - bb') \tag{3-4}$$

aa' 和 bb' 是用仪器的水平视线代替通过仪器的水准面的读数差。设仪器至 A、B 两点的距离分别为 D_A 和 D_B，则按地球曲率影响公式 (2-13) 计算为

$$aa' = \frac{D_A^2}{2R} \qquad bb' = \frac{D_B^2}{2R}$$

如果水准测量时前视、后视的距离相等（即 $D_A = D_B$），则 $aa' = bb'$，则式 (3-4) 成为

$$h_{AB} = a' - b' = a - b$$

即此时按水平视线或按水准面测定高差已无区别。

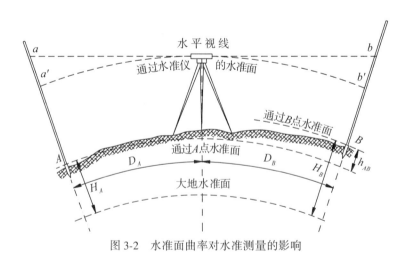

图 3-2　水准面曲率对水准测量的影响

虽然水准面曲率对近距离的水准尺读数影响较小，但水准仪的轴系误差等在前视、后视距离不等时有较大的影响。因此，使前视、后视的距离保持大致相等，是水准测量的基

本原则，称为**中间法水准测量**。每一测站容许的前视距、后视距的差和各测站的前视距、后视距的累积差，在各种等级的水准测量中都有明确的规定。

3.2 水准尺和水准仪

3.2.1 水准尺和尺垫

水准测量所使用的仪器为水准仪，与其配套的工具为水准尺和尺垫。水准尺也称为标尺，如图 3-3 所示。目前常用的普通水准尺有塔尺和直尺两种尺型，塔尺也称为箱尺，是用多节箱型尺套接在一起的标尺。这种尺携带方便，但容易产生接头误差，使用不当会出现下滑，因此要经常检查衔接及卡簧。直尺分为单面尺（单面分划）和双面尺（双面分划），整体性好，主要应用于三等、四等水准测量。

水准尺通常采用铝合金、玻璃钢、优质木材制成，常用的塔尺一般为 3m 三节套、5m 五节套，直尺为 2m 或 3m。

双面水准尺的两面均有刻划，一面为黑白相间，称为黑面尺或主尺，另一面为红白相间，称为红面尺或副尺。水准尺的尺面上每隔 1cm 涂有黑白或红白相间的分格，每分米处注有分米数，其数字有正与倒两种，分别与水准仪的正像望远镜或倒像望远镜相配合。双面尺必须成对使用，两根尺黑面的起始读数为零，而红面的起始读数则分别为 4.687m 和 4.787m。水准仪的水平视线在同一根水准尺上的红、黑面读数差应等于水准尺黑面与红面零点差（尺常数 k），可作为水准测量时读数的检核。

水准测量需要设置转点之处，为防止观测过程中立尺点的下沉而影响正确读数，应在转点处放一尺垫，如图 3-4 所示。尺垫由平面为三角形的铸铁制成，下方有 3 个支脚，可以安置在任何不平的硬性地面上，或把支脚踩入土中，使其稳定；尺垫上面有一凸起的半球，水准尺立于尺垫上时，尺底与球顶的最高点接触，当水准尺转动方向时，例如，由后视转为前视，尺底的高程不会改变。

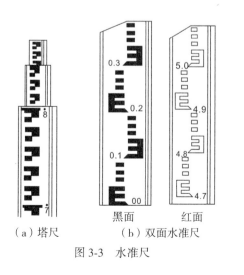

（a）塔尺　　（b）双面水准尺

图 3-3　水准尺

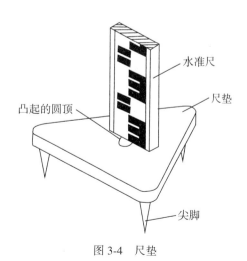

图 3-4　尺垫

3.2.2 水准仪的基本结构

1. 水准仪的等级及用途

目前我国水准仪是按仪器所能达到的每千米往返测高差中数的偶然中误差这一精度指标划分，共分 4 个等级，见表 3-1。

表 3-1 水准仪系列的分级及主要用途

水准仪系列型号	DS05	DS1	DS3	DS10
每千米往返测高差中数偶然中误差	≤0.5mm	≤1mm	≤3mm	≤10mm
主要用途	国家一等水准测量及地震监测	国家二等水准测量及其他精密水准测量	国家三、四等水准测量及一般工程水准测量	一般工程水准测量

注：表中"D"和"S"是"大地测量"和"水准仪"的汉语拼音的第一个字母，其后面的数值为：每千米往返测高差中数偶然中误差，以毫米计（05 代表 0.5mm，1 代表 1mm，依此类推）。DS05、DS1 级水准仪一般称为精密水准仪，DS3、DS10 水准仪一般称为工程水准仪或普通水准仪。如果"DS"改为"DSZ"，则表示该仪器为自动安平水准仪。本节主要介绍 DS3 和 DSZ2 级水准仪。

2. 水准仪的构造

图 3-5 为一种 DS3 微倾式水准仪的外形和各部件名称。它由望远镜、水准器和基座三部分组成。

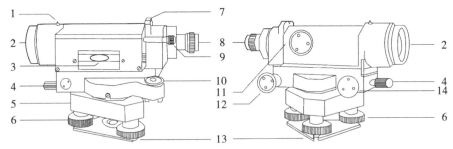

1. 瞄准用准星；2. 望远镜物镜；3. 水准管；4. 水平制动螺旋；5. 基座；6. 脚螺旋；7. 瞄准用缺口；
8. 望远镜目镜；9. 水准管气泡观察镜；10. 圆水准器；11. 物镜调焦螺旋；12. 微倾螺旋；
13. 基座底板；14. 水平微动螺旋

图 3-5 DS3 型微倾式水准仪

1）望远镜

望远镜的主要用途是瞄准目标并在水准尺上读数。如图 3-6 所示，它由物镜 1、目镜

2、调焦透镜 3、十字丝分划板 4、物镜调焦螺旋 5 和目镜调焦螺旋 6 所组成。

物镜和目镜多采用复合透镜组。物镜的作用是和调焦透镜一起将远处的目标在十字丝分划板上形成缩小而明亮的实像，目镜的作用是将物镜所成的实像与十字丝一起放大成虚像。

十字丝分划板是一块刻有分划线的透明薄平板玻璃片。分划板上刻有三根横丝和一根纵丝，见图 3-6 中的 7。中间的长横丝称为**中丝**，用于读取水准尺上的分划读数；上、下两根较短的横丝分别称为**上视距丝**和**下视距丝**，简称为**上丝**和**下丝**，用于测定水准仪至水准尺的距离(详见 5.2 节"视距测量")。十字丝中心(或称十字丝交点)与物镜光心的连线，称为**视准轴** CC_1。延长视准轴并使其水平，即得水准测量中所需的水平视线。

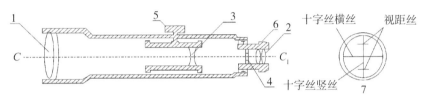

1. 物镜；2. 目镜；3. 调焦透镜；4、7. 十字丝分划板；5. 连接螺钉；6. 调焦螺旋
图 3-6 测量望远镜的构造

2) 水准器

水准器是操作人员判断水准仪安置是否正确的重要部件。水准仪通常装有圆水准器和管水准器，分别用来指示仪器竖轴是否竖直(圆水准器)和视准轴是否水平(管水准器)。

(1)圆水准器：

如图 3-7 所示，圆水准器顶面的内壁是球面，其中有圆形分划圈，圆圈的中心为水准器的零点。通过零点的球面法线为**圆水准器轴线**，当圆水准器气泡居中时，该轴线处于铅垂位置。水准仪竖轴应与该轴线平行。当气泡不居中时，气泡中心偏移零点 2mm，轴线所倾斜的角值称为圆水准器分划值，一般为 $8' \sim 10'$。圆水准器的功能是用于仪器的粗略整平。

(2)管水准器：

管水准器又称为水准管，是把纵向内壁磨成圆弧形的玻璃管，管内装有酒精和乙醚的混合液，加热融封冷却后留有一个近于真空的气泡，如图 3-8 所示。

水准管上一般刻有间隔 2mm 的分划线，如图 3-8 所示，分划线与水准管的圆弧中点 O 对称，O 点称为水准管的零点。通过零点作水准管圆弧的纵向切线 LL_1，称为**水准管轴**。当水准管的气泡中点与水准管零点重合时，称为气泡居中。通常，根据水准气泡两端与水准管分划线的位置是否对称来判断水准管气泡是否精确居中。

为了提高目估水准管气泡居中的精度，在水准管的上方安装一组符合棱镜，如图 3-9 (a)所示。通过符合棱镜的折光作用，使气泡两端的影像反映在望远镜旁的符合气泡观察窗中。当气泡两端的半像吻合时，就表示气泡居中，如图 3-9(b)所示；若呈错开状态，则表示气泡不居中，如图 3-9(c)所示。这时，应转动目镜下方右侧的微倾螺旋，使气泡的半像吻合。

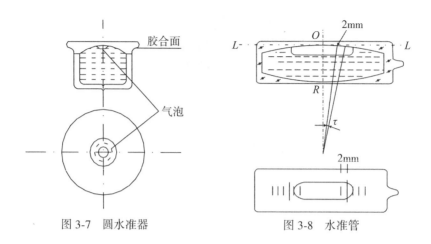

图 3-7　圆水准器　　　　　　　图 3-8　水准管

水准管上两相邻分划线间的圆弧(弧长为 2mm)所对的圆心角 τ，称为**水准管分划值**，又称灵敏度，如图 3-8 所示。设水准管内壁圆弧的曲率半径为 R(单位：mm)，则水准管分划值(单位：(″/2mm))为

$$\tau = \frac{2}{R} \cdot \rho''\qquad\qquad(3\text{-}5)$$

式中：ρ'' 为一弧度相应的秒值，$\rho'' = 206265''$。

水准管的圆弧半径越大，分划值越小，灵敏度越高，则置平仪器的精度也越高，反之置平精度就低。测量仪器上所用的水准管的分划值一般为 6″~30″，安装在 DS3 级水准仪上的水准管，其分划值不大于 20″。

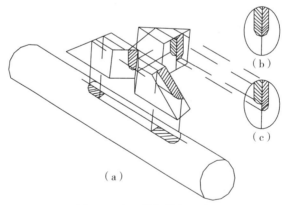

图 3-9　水准管与符合棱镜

3)基座

基座主要由轴座、脚螺旋、底板和三角压板构成(见图 3-5)。其作用是支撑仪器的上部，它通过连接螺旋使仪器与三脚架相连。调节基座上的 3 个脚螺旋可使圆水准器气泡居中，仪器达到粗略整平。

3.2.3 水准仪的使用

用水准仪进行水准测量的操作步骤为：**粗平—瞄准—精平—读数**。

在安置测量仪器之前，应正确放置仪器的三脚架，如图3-10所示。松开架腿上的制动螺旋，伸缩架腿，使其高度适中（架头与肩平齐），旋紧制动螺旋。三脚等距分开，使架头大致水平。3个脚尖在地面的位置，大致成等边三角形。在泥土地面上，应将三脚架的3个脚尖踩入土中，使脚架稳定；在硬性地面上，也应将3个脚尖与地面踩实。然后打开仪器箱取出仪器，安放在架头上，一手握住仪器，另一只手马上拧紧连接螺旋，确认仪器已与三脚架牢固连接才可松手，随即锁闭仪器箱。

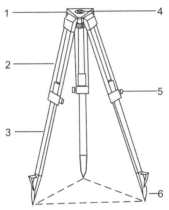

1. 架头；2. 架腿；3. 伸缩腿；4. 连接螺旋；5. 伸缩制动螺旋；6. 脚尖

图3-10　测量仪器的三脚架

1. 粗略整平（粗平）

粗平即粗略地置平仪器，转动脚螺旋，使圆水准器气泡居中。具体操作方法如下：图3-11（a）气泡未居中而位于a处；首先按图上箭头所指方向，两手相对转动脚螺旋①、②，使气泡移到通过水准器零点作①、②脚螺旋连线的垂线上，如图中垂直的虚线位置。然后，用左手转动脚螺旋③，使气泡居中，如图3-11（b）所示。掌握规律：左手大拇指运动方向与气泡移动方向一致，称**左手大拇指规则**。

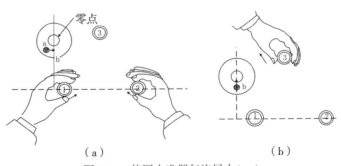

（a）　　　　　　　　　　　（b）

图3-11　使圆水准器气泡居中（一）

对于图 3-11(a)气泡偏歪情况,第一步也可先旋转脚螺旋①,使气泡 a 向刻划圆圈移动,实际移到 b 处,如图 3-12 所示,即位于通过刻划圆圈中心与脚螺旋②、③连线的平行线的位置(图中虚线位置)。第二步再用两手相对旋转脚螺旋②、③,使气泡居中,反复操作使气泡完全居中。

2. 瞄准水准尺

瞄准是把望远镜对准水准尺,进行目镜和物镜调焦,使十字丝和水准尺像十分清晰,消除视差,以便在尺上进行正确读数。具体操作方法如下:

(1)目镜对光。把望远镜对着明亮的背景,转动目镜对光螺旋,使十字丝最清晰(由于观测者视力是不变的,以后瞄准其他目标时,目镜不需要重新调焦)。

(2)粗略瞄准。松开制动螺旋,用望远镜上的粗瞄准器(缺口和准星或其他形式),从望远镜外找到水准尺并对准它,拧紧制动螺旋。

(3)精确瞄准。从望远镜中观察,转动物镜对光螺旋,使目标清晰,再转动微动螺旋,使十字丝纵丝靠近尺上分划,如图 3-13 所示;此时,可检查水准尺在左右方向是否有倾斜,如有,则要通知立尺者纠正。

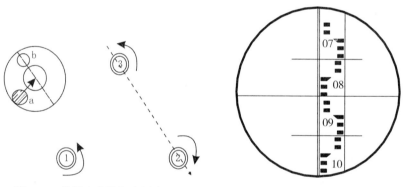

图 3-12 使圆水准器气泡居中(二)   图 3-13 瞄准水准尺与读数

(4)消除视差。当眼睛在目镜端上下微微晃动时,若发现十字丝与目标影像有相对运动,则说明目标成像的平面和十字丝平面不重合(见图 3-14(b)),这种现象称为**视差**。视差对观测成果的精度影响很大,必须加以消除。消除的方法是重新仔细地进行物镜对光,直到眼睛上下移动而水准尺上读数不变为止。此时,十字丝与目标的影像都十分清晰(见图 3-14(a))。

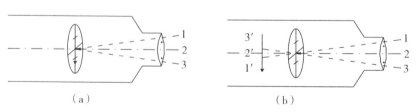

(a)   (b)

图 3-14 消除视差

3. 精确整平(精平)

精平是转动微倾螺旋，使水准管气泡严格居中(符合)(见图 3-15(a))，从而使望远镜的视准轴处于水平位置。操作方法是：眼睛注视目镜左方的符合气泡观察窗，转动微倾螺旋，使气泡两端半像符合(见图 3-15(b)或(c))，旋转微倾螺旋的方法，如图 3-15(b)(c)所示。

有水平补偿器的自动安平水准仪的"精平"是自动完成的，不需要这项操作。

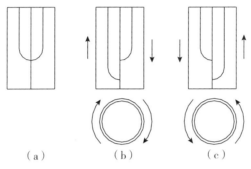

图 3-15　符合水准管气泡居中

4. 读数

使水准仪精平后，应立即用十字丝的中横丝在水准尺上读数。水准尺有正字与倒字之分，读数时总是从小往大读取，如图 3-13 所示为正像望远镜中所看到的水准尺的像，水准尺读数为 0.851m。由于从水准尺上总是需要读 4 位数，因此，水准测量记录上可记为 0851(单位：mm)。

3.2.4　自动安平水准仪

自动安平水准仪是一种不用符合水准器和微倾螺旋，而只需用圆水准器进行粗略整平，然后借助安平补偿器自动地把视准轴置平，读出视线水平时读数的仪器。因此，自动安平水准仪是一种操作方法比较方便，有利于提高观测速度的仪器。

1. 自动安平水准仪的基本原理

自动安平水准仪的望远镜光路系统中，设置有利用地球重力作用的补偿器，以改变光路，使视准轴略有倾斜时在十字丝中心仍能接收到水平光线。如图 3-16 所示的望远镜光路中，补偿器由一个屋脊棱镜 b(它起三次全反射的作用)和两个直角棱镜 c(各起一次全反射作用)组成。屋脊棱镜与望远镜筒固连在一起，它随望远镜一起转动；直角棱镜与重锤固连在一起，用金属簧片悬吊于仪器内，它受重力作用可改变与屋脊棱镜的位置关系。当视准轴水平时，光线通过补偿器不改变原来的方向，根据十字丝在水准尺上的读数为 a，如图 3-16(a)所示。当望远镜和视准轴倾斜了一个小角度 α 时，如图 3-16(b)所示，假定仍按视准轴(物镜光心与十字丝中心连线)方向读数为 a';而实际上从水准尺上 a 发出的光线(图中用实线表示)通过望远镜物镜光心不改变其方向,因而与视准轴相交为 α 角;通过补偿器后水平光线转折为 β 角,而仍然到达十字丝中心,即视准轴虽有微小的倾斜,但仍能读得相当于它水平时的读数。

自动安平的基本原理是:设计补偿器时,应使其满足下列条件

$$f \cdot \alpha = d \cdot \beta \tag{3-6}$$

式中: f 为物镜焦距, d 为补偿器至十字丝的距离。

因此,自动安平水准仪的工作原理为:通过圆水准器气泡居中,使水准仪纵轴大致铅垂,视准轴大致水平;通过补偿器,使瞄准水准尺时视准轴严格水平。

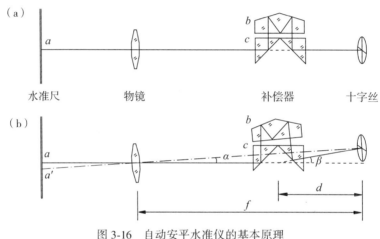

图 3-16　自动安平水准仪的基本原理

2. 自动安平水准仪的使用

使用自动安平水准仪观测时,首先用脚螺旋使圆水准器气泡居中(仪器粗平),然后用望远镜瞄准水准尺,由十字丝中丝在水准尺上读得的数,就是视线水平时的读数。自动安平水准仪操作步骤比普通微倾式水准仪简便,是因为它不需要"精平"这一项操作。

自动安平水准仪的圆水准器,其灵敏度一般为 $8' \sim 10'/2mm$,而补偿器的作用范围约为 $\pm 15'$。因此,安置自动安平水准仪时,只要转动脚螺旋,把圆水准器整平(一般使水准气泡不越出水准器玻璃面板上小圆圈的范围),补偿器即能起自动安平的作用。由于补偿器相当于一个重摆,只有在自由悬挂时才能起补偿作用。在安置仪器时,如果由于操作不当,例如圆水准器气泡未按规定要求整平,或因圆水准器未校正好等原因使补偿器搁住,则观测结果将是错误的。因此,这类仪器一般设有补偿器检查按钮,使能轻触补偿摆,察看目镜视场中水准尺成像相对于十字丝是否有均匀的浮动,由于有阻尼器在对重摆起作用,这种浮动能迅速($\leq 2s$)静止下来,这种情况证明补偿器是处于自由悬挂状态。按检查钮时,如果发现成像有不规则的跳动或不动,则说明补偿摆已被搁住,应检查原因,使其恢复正常功能。

图 3-17(b)所示 DSZ2 型自动安平水准仪(苏州一光仪器有限公司产品),该仪器是在对光透镜与十字丝分划板之间装置一套补偿器。使用时,转动脚螺旋 1,使圆水准器气泡 2 居中,用瞄准器 3 对准水准尺,转动目镜调焦螺旋 4,使十字丝清晰,旋转物镜调焦螺旋 5,使水准尺像清晰,检查视差,用微动螺旋 6 使十字丝纵丝紧靠水准尺边,轻按补偿器检查按钮 7,验证其功能正常,然后根据横丝在水准尺上读数。

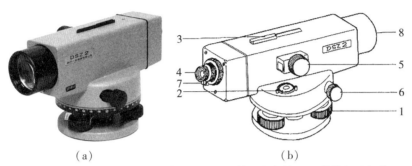

(a) (b)

1. 脚螺旋;2. 圆水准器;3. 瞄准器;4. 目镜调焦螺旋;5. 物镜调焦螺旋;
6. 水平微动螺旋;7. 补偿器检查按钮;8. 物镜

图 3-17 DSZ2 型自动安平水准仪

3.2.5 电子水准仪和条码水准尺

电子水准仪又称数字水准仪,与条码水准尺配合使用,具有自动读数、记录、计算和数据通信等功能。因此,电子水准仪测量具有速度快、精度高、易于实现内外业工作一体化等优点。

1. 电子水准仪和条码水准尺的基本原理

电子水准仪在望远镜中安装了 CCD(charge coupled device,电荷耦合器件)线阵传感器的数字图像识别处理系统,水准测量时在条码水准尺上自动读数并记录。不同品牌的条码水准尺条码图案不同,读数原理和方法也不尽相同,主要有相关法、几何法和相位法等。图 3-18 所示为索佳条码水准尺的 RAD(random bi-directional code,随机双向码)编码和相关法读数原理图。图 3-18(a)为该型条码尺的一段,条码宽度分别为 3mm、4mm、7mm、8mm、11mm 和 12mm,条码间的中心距为 15mm(见图 3-18(b)),采用六进制和三进制两种编码形式(见图 3-18(c))。相关数码信息预置于仪器 CPU。对于近距离(1.6~9m)测量,取六进制码的 5 个以上数码作为计算依据;对于中长距离(9~100m)测量,取三进制码 8 个以上数码作为计算依据。水准尺的另一面为普通水准尺长度分划,用于普通水准测量读数。

望远镜瞄准水准尺后,尺上的条码影像经过物镜和分光棱镜到达 CCD 线阵传感器的光敏面,面上共有 3500 个像素,可识别条码影像。经过信号的模数转换等一系列处理,得到水平视线的精确读数和视距读数。

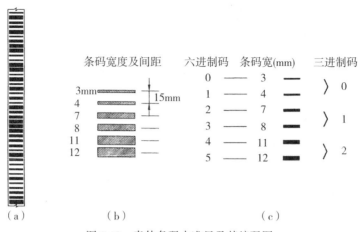

图 3-18　索佳条码水准尺及其编码图

2. 电子水准仪的使用

与自动安平水准仪基本相同，电子水准仪主要包括粗平、瞄准和读数几个操作步骤。首先在选好的测站上松开脚架伸缩螺旋，按需要调整脚架高度，固定脚架伸缩螺旋。本节以 SDL30M 型电子水准仪为例，用连接螺旋将仪器固定在架头上，按"电源键"开机后，显示可以进行一般水准测量的"状态屏幕"，如图 3-19 所示。

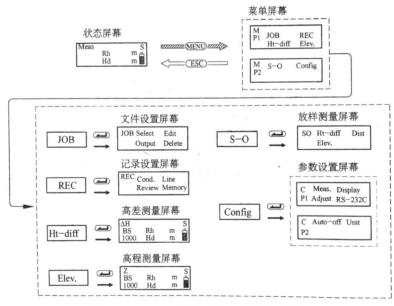

图 3-19　SDL30M 型电子全站仪操作模式图

按"菜单键 MENU"，显示"菜单屏幕"（再次点击可翻页），按"返回键 ESC"可返回状态屏幕，菜单屏幕共有 6 个菜单项，选取某一菜单项并按"回车键"可显示其工作模式：

JOB——文件设置模式，包含 4 个子菜单选项；

REC——记录设置模式，包含 4 个子菜单选项；

Ht-diff——高差测量模式；

Elev——高程测量模式；

S-O——放样测量模式，包含 3 个子菜单选项；

Config——参数设置模式，包含 6 个子菜单选项(分 2 页)。

欲观测两点之间的高差，将仪器安置于后视和前视立尺点的中间，按菜单键，显示菜单屏幕，选取"Ht-diff"并按回车键进入高差测量模式。瞄准后视尺，调焦后按测量键，检查所显示的观测值，选取"Yes"后按回车键，点号、后视(BS)或前视(FS)目标属性及观测值(尺上读数 Rh 和仪器至水准尺之间平距 Hd)均被储存，如图 3-20(b)所示；并可显示内存中已储存和尚可储存的数据个数，如图 3-20(c)所示。瞄准前视尺，调焦后按测量键，仪器自动计算高差 ΔH，并将结果显示于屏幕，如图 3-20(d)所示，并储存观测和计算数据。

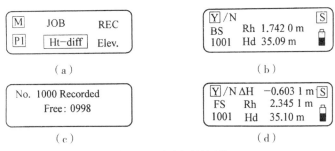

图 3-20　高差测量屏幕

电子水准仪还可以进行高程测量和放样测量等工作，此处不再赘述。

3.3　水准测量的方法及成果整理

3.3.1　水准点和水准路线

1. 水准点

水准点是埋设稳固并通过水准测量测定其高程的点。水准测量一般是在两水准点之间进行，从已知高程的水准点出发，测定待定水准点的高程。水准点(bench mark，BM)有永久性水准点和临时性水准点两种。国家等级水准点如图 3-21 所示，一般用石料或钢筋混凝土制成，深埋到地面冻土线以下。在标石的顶面设有用不锈钢或其他不易锈蚀的材料制成的半球状标志。有些水准点也可设置在坚固稳定的永久性建筑物的墙脚上，如图 3-22所示，称为墙上水准点。

建筑工地上的永久性水准点一般用混凝土或钢筋混凝土制成，其样式如图 3-23(a)所示。临时水准点可用地面上突出的坚硬岩石或用大木桩打入地面，桩顶钉使用半球形铁钉，如图 3-23(b)所示。

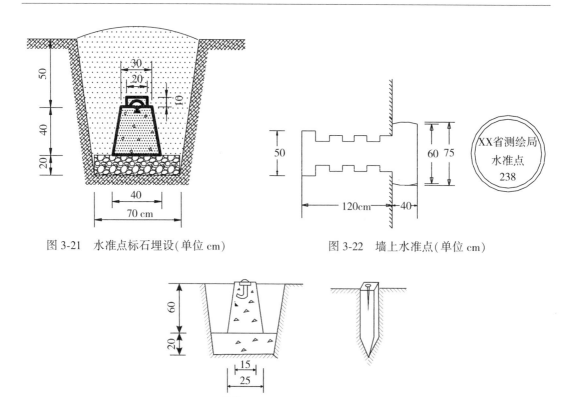

图 3-21 水准点标石埋设(单位 cm)   图 3-22 墙上水准点(单位 cm)

图 3-23 混凝土、木桩水准点

2. 水准路线

在水准点之间进行水准测量所经过的路线,称为**水准路线**,两水准点之间的一段路线称为**测段**。根据测区已知高程水准点及待定点的分布情况和实际需要,水准路线可以布设成以下几种形式:

1)闭合水准路线

如图 3-24(a)所示,从已知高程的水准点 BM.A 出发,经过各高程待定的水准点 1、2、3、4,最后测回到 BM.A 点,这种水准路线称为闭合水准路线。从理论上来说,闭合水准路线各测段高差的代数和应等于零,即

$$\sum h_{理} = 0 \tag{3-7}$$

这是闭合水准路线应满足的检核条件,用来检核闭合水准路线测量成果的正确性。

2)附合水准路线

如图 3-24(b)所示,从已知高程的水准点 BM.A 出发,经过各高程待定点 1、2、3 之后,最后附合到另一高程已知的水准点 BM.B 上,这种水准路线称为附合水准路线。从理论上来说,附合水准路线中各测段实测高差的代数和应等于两端已知点的高差,即

$$\sum h_{理} = H_{终} - H_{始} = H_B - H_A \tag{3-8}$$

这是附合水准路线应满足的检核条件,用来检核附合水准路线测量成果的正确性。

3) 支水准路线

如图 3-24(c) 所示,由已知高程的水准点 BM.A 出发,经过各高程待定点 1、2 之后,其路线既不闭合,又不附合,这种形式的水准路线称为支水准路线。支水准路线通常要进行往返观测,以便检核。从理论上来说,往测高差与返测高差,应大小相等符号相反,即

$$\sum h_{往} = - \sum h_{返} \tag{3-9}$$

这是支水准路线应满足的检核条件,用来检核支水准路线测量成果的正确性。

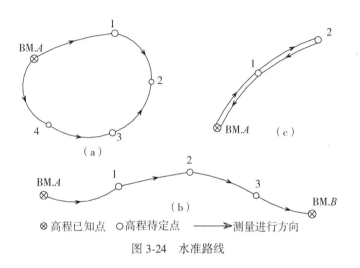

⊗ 高程已知点　○ 高程待定点　——→ 测量进行方向

图 3-24　水准路线

3.3.2　水准测量的外业

1. 水准测量的实施

水准测量通常从一个已知高程的水准点开始,按照一定的水准路线而引测出所需各点的高程。当两个水准点相距较远或高差较大,或不能直接通视时,不可能安置一次水准仪即测得两点间的高差,为此,就需要连续多次安置仪器以测出两点间的高差。

如图 3-25 所示,欲求 A 点至 B 点的高差 h_{AB},由于距离较远或高差太大,在 A、B 两点之间设立若干个临时的立尺点,这些临时立尺点称为转点(turning point,TP),依次连续安置水准仪,测定相邻各点间的高差(**连续水准测量**),最后取各个高差的代数和,可得到 A、B 两点间的高差。

每安置一次仪器,称为一个测站,依次测得高差:

$$\begin{cases} h_1 = a_1 - b_1 \\ h_2 = a_2 - b_2 \\ \cdots\cdots\cdots\cdots \\ h_n = a_n - b_n \end{cases} \tag{3-10}$$

$$h_{AB} = h_1 + h_2 + \cdots + h_n = \sum h \qquad (3\text{-}11)$$

若将式(3-10)代入式(3-11),即有

$$h_{AB} = (a_1 - b_1) + (a_2 - b_2) + \cdots + (a_n - b_n) = \sum a - \sum b \qquad (3\text{-}12)$$

式(3-12)可用于高差计算正确性的检核。

如果 A 为已知高程点,其高程为 H_A,则 B 点高程为:

$$H_B = H_A + h_{AB} = H_A + \sum a - \sum b \qquad (3\text{-}13)$$

现以图 3-25 为例,说明用水准仪测量各段高差的方法。

首先,在 A 点立水准尺,离 A 点 50~80m(最大不超过 100m)处安置水准仪,让另一扶尺员在观测前进方向选转点 1,在 1 点上安放尺垫并在尺垫上立尺。选转点时,可用步测的方法,尽量使前视、后视距离大致相同(这样可以消除因视准轴与水准管轴不平行而引起的误差)。然后,后视 A 点水准尺,仪器精平后,得到后视读数 $a_1 = 1890$mm;然后再前视转点 1,重新精平仪器后,得前视读数 $b_1 = 1145$mm,把它们均记入水准测量外业记录手簿中(见表 3-2),后视读数减去前视读数,即得到高差为 +0.745m,亦记入高差栏内。上述步骤即为一个测站上的工作。

保持转点 1 上的尺垫不动,把 A 点上的水准尺移到转点 2,仪器安置在转点 1 和转点 2 之间,同法进行观测和计算并依次测到 B 点。

两水准点之间设置的转点 1、2、3、4,起着高程传递的作用。为了保证高程传递的准确性,在相邻测站的观测过程中,必须使转点保持稳定(高程不变)。在计算过程中,由于转点处无固定地面标志,所以无须算出其高程。

2. 水准测量的检核

在进行连续水准测量时,若在其中任何一个测站上仪器操作有误,或任何一次前视或后视水准尺上读数有错误,都会影响高差观测值的正确性。因此,在每个测站的观测中,为了能及时发现观测中的错误,要进行测站检核,测站检核通常采用两次仪器高法或双面尺法。

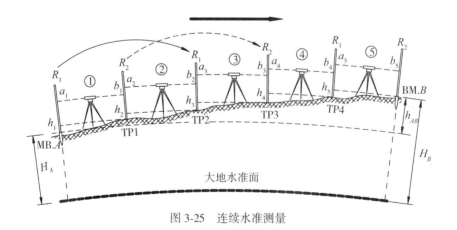

图 3-25　连续水准测量

表 3-2   **水准测量记录(两次仪器高法)**

测站	测点	后视读数 (mm)	前视读数 (mm)	高差(m)		平均高差 (m)	高程 (m)	备注
				正	负			
1	BM. A	1890 1992		0.745 0.741		+0.743	43.578	
	TP1		1145 1251					
2	TP1	2515 2401		1.102 1.100		+1.101		
	TP2		1413 1301					
3	TP2	2001 2114		0.850 0.854		+0.852		
	TP3		1151 1260					
4	TP3	1012 1142			0.601 0.603	−0.602		
	TP4		1613 1745					
5	TP5	1318 1421			0.906 0.904	−0.905	44.767	
	BM. B		2224 2325					
计算 检核	$\sum$后 = 17.806(m) $\sum$前 = 15.428(m) $\sum$后 − $\sum$前 = 2.378(m) $\left(\sum$后 − $\sum$前$\right)/2$ = 1.189(m)			$\sum h$ = +2.378		$\left(\sum h\right)/2$ = +1.189		

1)两次仪器高法

两次仪器高法又称**变更仪器高法**,在同一个测站上用两次不同的仪器高度,测得两次高差以相互比较进行检核。即测得第一次高差后,改变仪器高度(应大于 10cm)重新安置,再测一次高差。两次所测高差之差不超过容许值(例如等外水准容许值为 6mm),则认为符合要求,取其平均值作为最后结果(记录、计算列于表 3-2 中),否则必须重测。

瞄准水准尺和读数的次序为:后视—前视—前视—后视,可简写为:后—前—前—后。

2)双面尺法

仪器的高度不变,而立在前视点和后视点上的水准尺分别用黑面和红面各进行一次读数,测得两次高差以相互进行检核。若同一水准尺红面与黑面读数(加尺常数后)之差,不超过 4mm(等外水准容许值),且两次高差之差(红面所测高差须加或减 100mm)又未超过 6mm,则取其平均值作为该测站的观测高差。否则,需要检查原因,重新观测。

在每一测站上,仪器经过粗平后的观测程序如下:

(1)瞄准后视点水准尺黑面分划—精平—读数;

（2）瞄准前视点水准尺黑面分划—精平—读数；

（3）瞄准前视点水准尺红面分划—精平—读数；

（4）瞄准后视点水准尺红面分划—精平—读数。

对于立尺点而言，其观测程序为"后—前—前—后"；对于尺面而言，其观测程序为"黑—黑—红—红"。

记录和计算示例列于表3-3。

表 3-3　　　　　　　　　　　　　　水准测量记录（双面尺法）

测站	测点		后视读数（mm）	前视读数（mm）	后视−前视（m）	平均高差（m）	高程（m）	备注
	点号	尺号						
1	BM. A	05	1400 6187		+0.833 +0.932	+0.832	16.832	
	TP1	06		0567 5255				
2	TP1	06	1924 6611		−0.074 −0.175	−0.074		
	TP2	05		1998 6786				
3	TP2	05	1728 6515		−0.140 −0.041	−0.140		05 号尺的尺常数为 4.787m； 06 号尺的尺常数为 4.687m
	TP3	06		1868 6556				
4	TP3	06	1812 6499		−0.175 −0.274	−0.174		
	TP4	05		1987 6773				
5	TP5	05	0466 5254		−2.218 −2.117	−2.218	15.058	
	BM. B	06		2684 7371				
计算检核	①黑红面读数之差＝黑面读数＋尺常数−红面读数 ②黑红面所测高差之差＝黑面高差−（红面高差±0.100m） ③平均高差＝[黑面高差＋（红面高差±0.100m）]/2							

3.3.3　水准测量的内业

水准测量的外业工作结束后，要检查外业手簿，如发现有计算错误或超出限差之处，应及时改正或重测。如经检核无误，满足了规定等级的精度要求，就可以转入内业计算，进行成果整理工作。其主要内容是高差闭合差计算、高差的改正和各待定点的高程计算。

1. 高差闭合差计算

水准测量工作是在野外进行的，由于各种外界因素的影响，测量成果中不可避免地会含有一定的误差甚至错误，所以对水准测量成果要进行检核。由于误差的存在，水准测量的实测高差与其理论值往往不相符合，其差值称作水准路线的高差闭合差。

1)闭合水准路线

如图 3-24(a)所示,起点和终点为同一水准点(BM.A),路线的高差总和理论上应等于零,因此,高差闭合差为

$$f_h = \sum h_{\text{测}} \tag{3-14}$$

2)附合水准路线

如图 3-24(b)所示,附合水准路线的起点和终点水准点(BM.A,BM.B)的高程($H_{\text{始}}$,$H_{\text{终}}$)为已知,则水准测量的高差总和应等于两已知点的高差,故其闭合差为

$$f_h = \sum f_{\text{测}} - (H_{\text{终}} - H_{\text{始}}) \tag{3-15}$$

3)支水准路线

如图 3-24(c)所示,支水准路线一般需要往返观测,往测高差和返测高差应绝对值相等而符号相反,故支水准路线往、返观测的高差闭合差为

$$f_h = \sum h_{\text{往}} + \sum h_{\text{返}} \tag{3-16}$$

2. 高差闭合差的分配

1)允许高差闭合差

各种路线形式的水准测量,其高差闭合差均不应超过规定容许值,否则即认为水准测量结果不符合要求。高差闭合差容许值的大小,与测量等级有关。《工程测量标准》(GB50026—2020)中,对不同等级的水准测量作了高差闭合差容许值的规定。等外水准测量的高差闭合差容许值规定为:

$$f_{h\text{允}} = \pm 40\sqrt{L}(\text{mm})(\text{平地})$$
$$f_{h\text{允}} = \pm 12\sqrt{N}(\text{mm})(\text{山地}) \tag{3-17}$$

式中:L 为水准路线长度,以 km 为单位;N 为水准路线总的测站数。

2)高差闭合差调整

当水准路线中的高差闭合差小于允许值时,可以进行高差闭合差的分配与调整。支水准路线高差闭合差的调整方法很简单,只要把各段往返测高差的绝对值取平均值,并按往测方向取高差的正负号即可。

闭(附)合水准路线高差闭合差的分配,一般是将闭合差反号,按各测段的测站数多少或路线长短成正比分配闭合差。设第 i 测段的改正数为 v_i,则根据上述法则就有:

$$v_i = -\frac{f_h}{\sum L} \cdot L_i \tag{3-18}$$

或

$$v_i = -\frac{f_h}{\sum n} \cdot n_i \tag{3-19}$$

式中:$\sum L$ 为水准路线总长度,km;L_i 为第 i 测段水准路线的长度,km;$\sum n$ 为水准路线的总测站数;n_i 为第 i 测段的测站数;v_i 为第 i 测段的高差改正数。

闭合差分配后,可用下式检核计算的正确性:

$$\sum v_i = -f_h$$

计算高差改正数 v_i 之后，加入各测段的观测高差之中，计算出各测段的改正后高差：

$$h_{i改} = h_{i测} + v_i \qquad (3\text{-}20)$$

3. 计算待定点的高程

根据已知点的高程和各测段的改正高差即可推算出各未知点的高程，即

$$H_后 = H_前 + h_改 \qquad (3\text{-}21)$$

图 3-26 为某一附合水准路线观测成果略图。BM.A 和 BM.B 为已知高程的水准点，BM.1~BM.3 为待测高程点，各测段高差、测站数、距离如图 3-26 所示。计算步骤如表 3-4 所示：

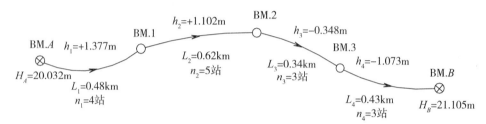

图 3-26　附合水准路线略图

表 3-4　　　　　　　　　　　　　附合水准测量成果计算表

测段编号	点号	距离（km）	测站数	实测高差（m）	改正数（m）	改正后高差（m）	高程（m）	备注
1	BM.A	0.48	4	+1.377	+0.004	+1.381	20.032	
2	BM.1	0.62	5	+1.102	+0.005	+1.107	21.413	
3	BM.2	0.34	3	-0.348	+0.003	-0.345	22.520	
4	BM.3	0.43	4	-1.073	+0.003	-1.070	22.175	
	BM.B						21.105	
$\sum$		1.87	16	+1.058	+0.015	+1.073		
辅助计算	高差闭合差 $f_h = \sum h_测 - (H_终 - H_始) = +1.058 - (21.105 - 20.032) = -0.015$m 容许值 $f_{h容} = \pm 40\sqrt{L} = \pm 40\sqrt{1.87} = \pm 54.7$mm 每公里高差改正数 $v_i = -\dfrac{f_h}{\sum L} \times 1000 = \dfrac{-0.015}{1.87} \times 1000 = +8.02$mm							

3.4 水准仪的检验与校正

3.4.1 水准仪的轴线及其应满足的条件

水准仪的轴线如图 3-27 所示，图中 CC_1 为视准轴，LL_1 为水准管轴，$L'L'_1$ 为圆水准轴，VV_1 为仪器旋转轴(纵轴)。

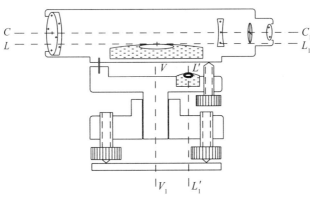

图 3-27　水准仪的轴线

根据水准测量原理，水准仪必须提供一条水平视线，据此在水准尺上读数，才能正确地测定地面两点间的高差。为此，水准仪应满足下列条件：

(1)圆水准器轴应平行于仪器的纵轴($L' /\!/ V$)；

(2)十字丝的中丝(横丝)应垂直于仪器的纵轴；

(3)水准管轴应平行于视准轴($L /\!/ C$)。

3.4.2 水准仪的检验和校正

1. 圆水准器的检验和校正

目的：使圆水准器轴平行于纵轴($L'L'_1 /\!/ VV_1$)。

检验：旋转脚螺旋，使圆水准气泡居中(见图 3-28(a))。然后将仪器绕纵轴旋转 180°，如果气泡偏于一边(见图 3-28(b))，说明 L' 不平行于 V，需要校正。

校正：转动脚螺旋，使气泡向圆水准器中心移动偏距的一半(见图 3-28(c))，然后用校正针拨圆水准器底下的 3 个校正螺丝，使气泡居中(见图 3-28(d))。

某些水准仪的圆水准器底下，除了有 3 个校正螺丝以外，中间还有一个固定螺丝(见图 3-29)。在转动校正螺丝之前，应先转松一下这个固定螺丝；校正完毕，再转紧固定螺丝。

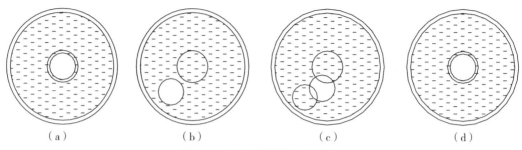

图 3-28　圆水准器的检验与校正

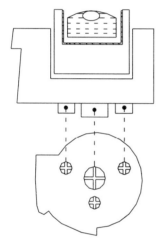

图 3-29　圆水准器的校正螺丝

检校原理：设圆水准轴不平行于纵轴，两者的交角为 α。转动脚螺旋，使圆水准器气泡居中，则圆水准轴位于铅垂位置，而纵轴则倾斜了一个角度 α（见图 3-30（a））。当仪器绕纵轴旋转 180° 后，圆水准器已转到纵轴的另一边，而圆水准轴与纵轴的夹角 α 未变，故此时圆水准轴相对于铅垂线就倾斜了 2α 的角度（见图 3-30（b）），气泡偏离中心的距离相应于 2α 的倾角。因为仪器的纵轴相对于铅垂线仅倾斜了一个 α 角，所以，旋转脚螺旋使气泡向中心移动偏距的一半，纵轴即处于铅垂位置（见图 3-30（c））。最后，拨动圆水准器校正螺丝，使气泡居中，则圆水准轴也处于铅垂位置（见图 3-30（d）），从而达到了使圆水准轴平行于纵轴的目的。

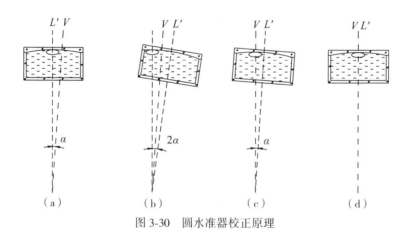

图 3-30　圆水准器校正原理

2. 十字丝的检验和校正

目的：水准仪整平后，十字丝的横丝应水平，纵丝应铅垂，即横丝应垂直于仪器的纵轴。

检验：整平仪器后，用十字丝交点瞄准一个清晰目标点 P（见图 3-31（a）），制紧制动螺旋，转动微动螺旋，如果 P 点在望远镜中左右移动时离开横丝，表示纵轴铅垂时横丝不水平，需要校正。

校正：旋下靠目镜处的十字丝环外罩，用螺丝刀松开十字丝组的四个固定螺丝（见图 3-31（b）），按横丝倾斜的反方向转动十字丝环，再进行检验。如果转动微动螺旋，P 点始终在横丝上移动，则表示横丝已水平（纵丝自然铅垂），最后转紧十字丝组的固定螺丝。

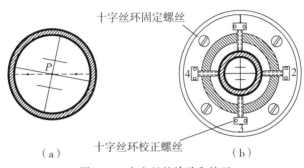

（a） 十字丝环校正螺丝 （b）

图 3-31 十字丝的检验和校正

3. 水准管轴平行于视准轴的检验和校正

目的：使水准管轴平行于视准轴（$L // C$）。

检验：设水准管轴不平行于视准轴，它们之间的交角为 i（见图 3-32）。当水准管气泡居中时，视准轴不在水平线上而是倾斜了 i 角，水准仪至水准尺的距离越远，由此引起的读数偏差也越大。当仪器至尺子的前后视距离相等时，则在两根尺子上的读数偏差 x 也相等，因此对所求高差不受影响。前、后视距离相差越大，则 i 角对高差的影响也越大。视准轴不平行于水准管轴的误差也称 i 角误差。

检验时，在平坦地面上选定相距 $60 \sim 80 m$ 的 A、B 两点，打木桩或安放尺垫，竖立水准尺。在第一个测站，将水准仪安置于 A、B 的中点 C，精平仪器后分别读取 A、B 点上水准尺的读数 a'_1、b'_1；改变水准仪高度 $10 cm$ 以上，再次读取两水准尺的读数 a''_1、b''_1。前后两次分别计算高差，对于 DS3 级水准仪，高差之差如果不大于 $5 mm$，则取其平均数，作为 A、B 两点间不受 i 角影响的正确高差：

$$h_1 = \frac{1}{2} \left[(a'_1 - b'_1) + (a''_2 - b''_2) \right] \tag{3-22}$$

将水准仪搬到与 B 点相距约 $2 m$ 处的第二个测站，精平仪器后分别读取 A、B 点水准尺读数 a_2、b_2，又测得高差 $h_2 = a_2 - b_2$。对于 DS3 级水准仪，如果 h_1 与 h_2 的差值不大于 $5 mm$，则可以认为水准管轴平行于视准轴。否则，按下列公式计算第二个测站上视准轴水平时的 A 尺应有读数 a'_2 以及水准管轴与视准轴的交角（视线的倾角）i：

$$a'_2 = h_1 + b_2$$
$$i = \frac{|a_2 - a'_2|}{D_{AB}} \cdot \rho'' \tag{3-23}$$

式中，D_{AB} 为 A、B 两点间的距离。

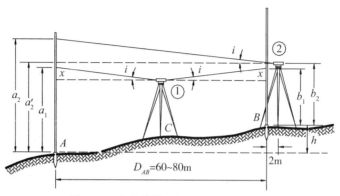

图 3-32　水准管轴平行于视准轴的检验

校正：对于 DS3 级水准仪，当 $i > 20''$ 时，需要进行水准管轴平行于视准轴的校正。校正的方法有以下两种。

1）校正水准管

在第二个测站上，转动微倾螺旋，使横丝在 A 尺上的读数从 a_2 移到 a_2'，此时视准轴已水平，但水准管气泡不居中。用校正针拨转水准管位于目镜一端的上、下两个校正螺丝，如图 3-33 所示，使水准管气泡两端的影像符合（居中）。此时，水准管轴也处于水平位置，满足 $L//C$ 的条件。

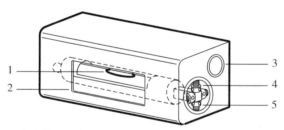

1. 水准管；2. 水准管照明窗；3. 气泡观察窗；4. 上校正螺丝；5. 下校正螺丝
图 3-33　水准管校正螺丝

校正水准管前，应首先确定是要抬高还是降低水准管有校正螺丝的一端（靠近目镜端），以决定校正螺丝的转动方向。如图 3-34（a）所示的气泡影像，表示水准管的目镜端需要抬高；应先旋进上面的校正螺丝，松开一定空隙，然后再旋出下面的校正螺丝，使其抬高并抵紧。如图 3-34（b）所示则相反，需要降低目镜一端，应先旋进下面的校正螺丝，松开空隙，然后再旋出上面的校正螺丝，使其降低并抵紧。这种成对的校正螺丝，在进行校正时，必须掌握螺丝旋进旋出的规律和遵照"先松后紧"的规则。否则，不但不能达到校正的目的，而且容易损坏校正螺丝。

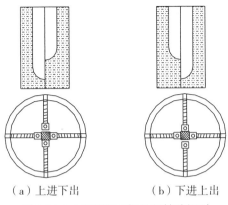

（a）上进下出　　　　（b）下进上出

图 3-34　水准管校正螺丝的转动规则

2）校正十字丝

在第二个测站上，使水准管气泡保持居中，水准管轴水平。旋下十字丝环外罩，转动十字丝环的上、下两个校正螺丝（图 3-35 中的 1，3），十字丝就会上、下移动，使横丝对准 A 尺上的正确读数 a_2'，使视准轴水平，满足 $L/\!/C$ 的条件。

用校正针转动十字丝校正螺丝前，必须先看清是需要抬高还是降低横丝，并遵照"先松后紧"的规则转动校正螺丝。例如，如需要抬高横丝，则先旋出上面的校正螺丝松开一定空隙，然后旋进下面的校正螺丝，使十字丝环抬高并抵紧。

对于自动安平水准仪，检验的方法是相同的，但目的和条件应该为：水准仪粗平，瞄准视线应水平。但不能校正补偿器而只能校正构成视准轴的十字丝。一种自动安平水准仪的十字丝校正设备如图 3-35 所示，靠近目镜端的望远镜筒内装有十字丝环，下面有一弹簧筒，上面的校正螺丝将十字丝环压紧。转动校正螺丝，就可以使十字丝环上下移动，对准 A 尺上的应有读数，以达到仪器粗平后视准轴水平的目的。

不论用哪一种方法校正，校正后还必须进行一次检验，以保证水准仪这一主要轴线条件得到满足。同时应注意：校正完毕，校正螺丝不应松动，而应处于旋紧状态。

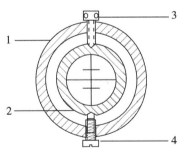

1. 望远镜筒；2. 十字丝环；3. 十字丝校正螺丝；4. 弹簧筒

图 3-35　自动安平水准仪的十字丝校正设备

3.5 水准测量误差及注意事项

水准测量误差包括仪器误差、观测误差和外界条件的影响等三个方面。在水准测量作业中应根据产生误差的原因,采取相应的措施,尽量减少或消除其影响。

3.5.1 仪器误差

1. 仪器校正后的残余误差

例如水准管轴与视准轴不平行,虽经校正但仍然残存少量误差等。这种误差的影响与距离成正比,观测时注意使前、后视距离大致相等,可消除或减弱此项误差的影响。根据不同等级的精度要求,对每一测站的后、前视距离之差和每一测段的后、前视距离的累积差规定一个限值。这样,就可把残余 i 角对所测高差的影响控制在可以忽略的范围内。

2. 水准尺误差

由于水准尺刻划不准确、尺长变化、弯曲等影响,会影响水准测量的精度,因此,水准尺必须经过检验才能使用。水准尺黑面零点应与其底面相合,但由于制造和使用产生磨损的原因,零点与尺底可能不一致,其差值称为一对水准尺黑面零点差。对于尺的黑面零点差,可在一测段中通过使测站数设定为偶数的方法予以消除。

3.5.2 观测误差

1. 精平误差

水准测量于读数前必须精平,精平的程度反映了视准轴水平程度。若水准器格值 $\tau = 20''/2mm$,视线长度为 100m。如果整平时,水准管气泡偏离中心 0.5 格,则引起的读数误差可达 5mm,故气泡严格居中是正确读数的前提。

这种误差在前视和后视读数中是不相同的,其误差不可忽视。因此,水准测量时一定要严格精平,并果断、快速地读数。

2. 调焦误差

在观测时,若在照准后、前尺之间调焦,将使在前、后尺读数时 i 角大小不一致,从而引起读数误差,前后视距相等可避免在一站中重复调焦。

3. 估读误差

普通水准测量中水准尺为厘米刻划,考虑仪器的基本性能,影响估读精度的因素主要与十字丝横丝的粗细、望远镜放大倍率及视线长度等因素有关。其中视线长度影响较大,有关规范对不同等级水准测量时的视线长度均作了规定,作业时应认真执行。

4. 水准尺倾斜影响

在水准测量读数时，若水准尺在视线方向前后倾斜，观测员很难发现，由此造成水准尺读数总是偏大。视线越靠近尺的顶端，误差就越大。消除或减弱由此引起的误差的办法是在水准尺上安装圆水准器，确保尺子的铅垂。如果尺子上水准器不起作用，应用"摇尺法"进行读数，读数时，尺子前、后俯仰摇动，使尺上读数缓慢改变，读变化中的最小读数，即尺子铅垂时的读数。

3.5.3 外界条件的影响

1. 水准仪、水准尺下沉误差

在土壤松软区测量时，水准仪在测站上随安置时间的增加而下沉。发生在两尺读数之间的下沉，会使后读数的尺子读数比应有读数小，造成高差测量误差。消除这种误差的方法是：仪器最好安置在坚实的地面，脚架踩实，快速观测，采用"后、前、前、后"的观测程序等方法均可减弱其影响。

水准尺下沉对读数的影响表现在以下两个方面：一种情况同仪器下沉的影响类似，其影响规律和采取的措施同上；二是在转站时，转点处的水准尺因下沉而致其在两相邻观测中不等高，造成往测高差增大，返测高差减小。消除方法有：踩实尺垫；观测间隔间将水准尺从尺垫上取下，减小下沉量；往返观测的方法中，取高差平均值减弱其影响。

2. 大气垂直折光的影响

视线在大气中穿过时，会受到大气垂直折光影响。一般视线离地面越近，光线的折射也就越大。观测时应尽量使视线保持一定高度，一般规定视线须高出地面 0.3m，可减少大气垂直折光的影响。

3. 日照及风力引起的误差

这种影响是综合的，比较复杂。如光照会造成仪器各部分受热不均使轴线关系改变，风大时会使仪器抖动、不易精平等这些都会引起误差。除选择好的天气条件下测量外，观测时给仪器打伞遮光等都是消除和减弱其影响的好方法。

◎ 思考题

1. 进行水准测量时，设 A 点为后视点，B 为前视点，A 点的高程为 20.016m。当后视水准尺读数 $a = 1124$，前视水准尺读数 $b = 1428$，试问：A、B 两点的高差 h_{AB} 是多少？B 点比 A 点高还是低？B 点高程是多少？并绘图说明。

2. 进行水准测量时，为何要求前、后视距离大致相等？

3. 水准仪由哪些主要部分组成？各起什么作用？

4. 何为视准轴？何为视差？怎样消除视差？

5. 转点在水准测量中起什么作用?

6. 试述使用水准仪时的操作步骤。

7. 如图 3-36 所示为一闭合水准路线,BM.A 为已知高程的水准点,BM.1,BM.2,BM.3 为高程待定水准点,各点间的路线长度、测站数、高差实测值及已知点高程如图 3-36 中所示。试按水准测量精度要求,进行闭合差的计算与调整,最后计算各待定水准点的高程(要求列表计算)。

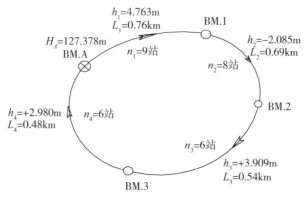

图 3-36 闭合水准路线略图

8. 水准仪有哪几条轴线?它们之间应满足什么条件?

9. 水准测量有哪些误差来源?如何防止?

10. 对一水准仪进行水准管平行于视准轴的检验与校正。首先将仪器放在相距 80m 的 A,B 两点中间,用两次仪器高法测得 A,B 两点的高差为 $h_1 = +0.310$m,然后将仪器移至 A 点附近,测得 A,B 两点的尺读数为 $a_2 = 1.527$m,$b_2 = 1.245$m,试问:(1)根据检验结果,是否需要校正?(2)如何进行校正?

11. 自动安平水准仪有什么特点?如何使用?

12. 精密水准仪有什么特点?

第4章 角度测量

4.1 角度测量原理

角度测量是确定地面点位时的基本测量工作之一，分为水平角观测和垂直角观测。前者用于测定平面点位，后者用于测定高程或将倾斜距离化为水平距离。角度测量的经典仪器是经纬仪，它可以用于测量水平角和垂直角。

4.1.1 水平角观测原理

水平角是空间两相交直线在水平面上的投影所构成的角度。如图 4-1 所示，A、B、C 为地面上任意 3 点，将 3 点沿铅垂线方向投影到水平面 H 上，得到相应的 A_1、B_1、C_1 点，则 B_1A_1 与 B_1C_1 的夹角 β 即为地面 BA 与 BC 两方向线间的**水平角**。由此可见，地面上任意两直线间的水平角度为通过该直线所作铅垂面间的两面角。

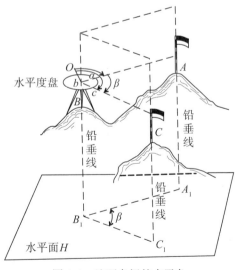

图 4-1　地面点间的水平角

为了测定水平角值，在角顶点 B 的铅垂线上安置一台经纬仪，仪器必须有一个能水平安置的刻度圆盘——水平度盘，度盘上有顺时针方向 $0°\sim360°$ 的刻度，度盘的中心放在 B 点的铅垂线上。另外，经纬仪还必须有一个能够瞄准远方目标的望远镜，望远镜不但可以在水平面内转动，而且还能在铅垂面内旋转。通过望远镜分别瞄准高低不同的目标 A 和 C 点，在水平度盘上的读数分别为 a 和 c，则水平角 β 为这两个读数之差。即

$$\beta = c - a \tag{4-1}$$

4.1.2　垂直角观测原理

在同一铅垂面内，某方向的视线与水平线的夹角称为**垂直角**（又称竖直角、高度角）α，角值范围为 $0°\sim\pm90°$，$\alpha=0°$ 瞄准目标的视线为水平线。瞄准目标的视线在水平线以上称为**仰角**，角值为正；瞄准目标的视线在水平线以下称为**俯角**，角值为负，如图 4-2 所示。视线与天顶方向（铅垂线反方向）之间的夹角 z 称为**天顶距**，角值范围为 $0°\sim180°$。$z=90°$ 为水平线，$z<90°$ 为仰角，$z>90°$ 为俯角。垂直角与天顶距的关系为

$$\alpha = 90° - z \tag{4-2}$$

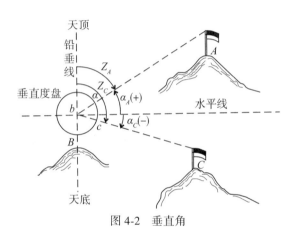

图 4-2　垂直角

为了测定垂直角或天顶距，经纬仪还必须在铅垂面内装有垂直度盘（简称**竖盘**），望远镜瞄准目标后，可以在竖盘上读数。垂直角（或天顶距）的角值也应是两个方向在度盘上的读数之差，但其中一个是水平视线（或铅垂线反方向）方向，其应有读数为 0° 或 90° 的倍数。因此，观测垂直角或天顶距时，只要瞄准目标，读出竖盘读数，即可算出垂直角或天顶距的值。

4.2　经纬仪的构造及度盘读数

4.2.1　经纬仪的等级和用途

经纬仪分为光学经纬仪和电子经纬仪两类。光学经纬仪利用几何光学器件的放大、反射、折射等原理进行度盘读数；电子经纬仪则利用物理光学器件、电子器件和光电转换原理显示度盘读数。二者在机械结构上基本相同。电子经纬仪后来又增加光电测距、电子微处理等功能，发展成为能测角、测距和对观测数据进行初步处理的**电子全站仪**（简称**全站仪**，详见第 6 章）。

经纬仪按其测角精度划分为 DJ1、DJ2、DJ6 等级别。其中 D、J 分别为"大地测量"和"经纬仪"的汉语拼音首字母，1、2、6 等分别为该经纬仪一测回方向中误差的秒数，表 4-1 列出了各等级经纬仪的主要技术参数和用途。

表 4-1   经纬仪系列技术参数及用途

参数名称		经纬仪等级		
		DJ1	DJ2	DJ6
一测回水平方向中误差		±1	±2	±6
望远镜物镜有效孔径(不小于)(mm)		60	40	40
望远镜放大倍数		30	28	20
水准管分划值不大于	水平度盘	6″/2mm	20″/2mm	30″/2mm
	垂直度盘	10″/2mm	20″/2mm	30″/2mm
主要用途		二等平面控制测量及精密工程测量	三、四等平面控制测量及一般工程测量	图根控制测量及一般工程测量

4.2.2 经纬仪的构造

从总体来说，经纬仪的构造分为三部分，如图 4-3(a)所示：基座 1，水平度盘 2，照准部 3。各部分的主要机械构件如图 4-3(b)所示：基座部分有脚螺旋 4，用于置平仪器；水平度盘部分有纵轴套 5 及套在其外围的水平度盘 6；照准部有仪器的纵轴 7，照准部水准管(又称平盘水准管)8，据此置平仪器，两侧有支架 9，支承望远镜的横轴 10，望远镜 11 和垂直度盘 12 与横轴固连在一起。

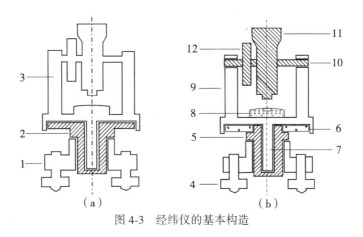

图 4-3 经纬仪的基本构造

4.2.3 DJ6 型光学经纬仪

图 4-4 所示为 DJ6 型光学经纬仪的外形及外部各构件名称，其功用说明如下。

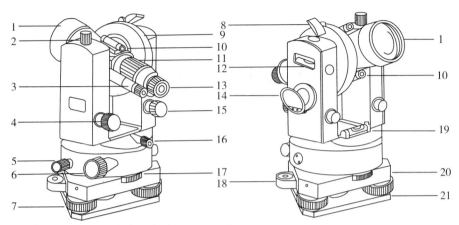

1. 望远镜物镜；2. 望远镜制动螺旋；3. 度盘读数镜；4. 望远镜微动螺旋；5. 水平制动螺旋；
6. 水平微动螺旋；7. 脚螺旋；8. 竖盘水准管观察镜；9. 竖盘；10. 瞄准器；11. 物镜调焦环；
12. 竖盘水准管；13. 望远镜目镜；14. 度盘照明镜；15. 竖盘水准管微动螺旋；16. 光学对中器；
17. 水平度盘位置变换轮竖直度盘；18. 圆水准器；19. 平盘水准管；20. 基座；21. 基座底板

图 4-4　DJ6 型光学经纬仪

1. 基座

基座上有 3 个脚螺旋，用以整平仪器。首先是依据基座上的圆水准器粗平仪器，然后依据平盘水准管精平仪器。基座底板中心有连接螺旋孔，安置仪器时，将三脚架上的连接螺旋旋入螺孔中，使仪器与三脚架固连。

2. 照准部

照准部是指仪器上部可水平转动的部分(其旋转轴称为纵轴)。照准部有平盘水准管、光学对中器、支架、横轴、竖直度盘、望远镜、度盘读数镜等构件。照准部在水平方向转动，瞄准目标时，由水平制动螺旋和水平微动螺旋来控制。望远镜的转动轴为横轴，瞄准目标时，由望远镜在竖直平面内转动的竖直制动螺旋和竖直微动螺旋来控制。光学对中器的小望远镜通过装置在纵轴中心的光路可以瞄准地面点，据此将仪器对中，使仪器纵轴与通过地面点的铅垂线相重合。

3. 度盘

经纬仪的水平度盘和竖直度盘用光学玻璃制成，上有精细的圆周刻度。水平度盘装置在纵轴套外围，与基座相对固定，不随照准部一起转动，但是可以通过水平度盘位置变换轮使它转动任意角度。垂直度盘以横轴为中心，并与横轴固连，随望远镜一起在竖直面内转动。

4. 度盘读数装置和读数方法

光学经纬仪的水平度盘和竖直度盘分划线通过一系列棱镜和透镜，成像于望远镜旁的读数显微镜内，观测者通过读数显微镜读取度盘上的读数。DJ6级光学经纬仪一般有测微尺读数系统和单平板玻璃测微器读数系统两种。

1）测微尺读数系统及读数方法

如图4-5所示，在读数显微镜中可以看到两个读数窗，分别是注有"H"（或"水平"）的是水平度盘读数窗和注有"V"（或"竖直"）的是竖直度盘读数窗。度盘分划值为度。每个读数窗上都刻有分成60小格的测微尺，其长度等于度间隔1°的两分划线之间的影像宽度，因此测微尺上一格的分划值为1′，可估读到0.1，即6″。

读数时，先调节反光镜和读数显微镜目镜，看清读数窗内度盘的影像；然后读出位于测微尺上的度盘分划线的注记度数，再以该度盘分划线为指标，在测微尺上读取不足度盘分划值的分数，并估读秒数，二者相加即得度盘读数。如图4-5中，水平度盘读数为73°04′30″，竖直度盘读数为87°06′18″。

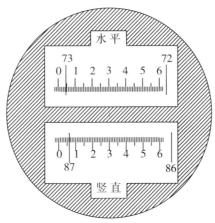

图4-5　DJ6型光学经纬仪读数窗

2）单平板玻璃测微器读数系统及读数方法

如图4-6所示为单平板玻璃测微器读数窗的示意图。下面为水平度盘读数窗，中间为竖直度盘读数窗，上面为两度盘合用的测微尺读数窗。安装于度盘读数光路中的测微器与安装于支架上的测微轮相连。测角时，望远镜瞄准目标后，转动测微轮，使度盘分划线精确地平分双指标线，然后读数：整度及二分之一读数（30′）根据被夹住的度盘分划线读出，30′以下的余数从测微分划尺上读得。测微尺上每一大格为1′，每一小格为20″，因此可估读到2″。如图4-6（a）中的水平度盘读数为4°30′+11′50″=4°41′50″，图4-6（b）中的竖直度盘读数为92°00′+17′36″=92°17′36″。

4.2.4　电子经纬仪

电子经纬仪与光学经纬仪的主要区别在于度盘读数系统，用微处理器控制的电子测角系统代替了光学度盘和光学读数系统，自动读数并显示于屏幕，可进行观测数据的自动记录和传输。图4-7为苏州一光DT202C电子经纬仪的外形及外部构件名称。

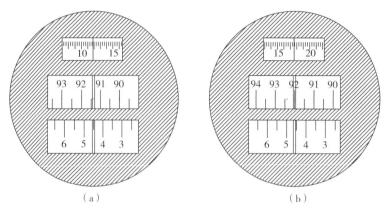

图 4-6　DJ6-1 型光学经纬仪读数窗

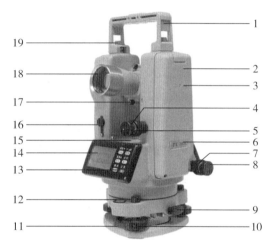

1. 提手；2. 电池；3. 仪器中心；4. 垂直微动螺旋；5. 垂直制动螺旋；6. 仪器型号；
7. 水平制动螺旋；8. 水平微动螺旋；9. 基座锁紧钮；10. 基座脚螺旋；11. 基座；
12. 圆水准器；13. 按键；14. 显示屏；15. 长水准器；16. 测距仪通信接口；
17. 望远镜粗瞄准器；18. 望远镜物镜；19. 提手紧固螺旋

图 4-7　DT202C 电子经纬仪的外型

　　电子测角系统的类型主要有：编码度盘测角系统、增量式光栅度盘测角系统及动态（光栅盘）测角系统等三种。光栅度盘如图 4-8 所示，在玻璃度盘的圆周上刻有等间距的黑色分划线，最多可刻 21600 根，相邻分划线间相当于角度 1′。度盘读数的基本原理为：将度盘分划线置于发光二极管和接收光敏二极管之间，当度盘与发光元件和接收元件之间有相对转动时，光线被不透光的度盘分划线有变化地遮隔，光电二极管接收到强弱变化的光信号，并将其转变成电信号，据此确定度盘的位置。

　　如图 4-9 所示，发光二极管 1 发出的光线经过准直透镜 2 将散射光变成平行光。指示光栅和发光二极管、接收二极管固连成一体，测角时不随照准部转动，主光栅盘则与照准部固连，测角时随照准部转动。测角过程中，随着照准部的转动，光线透过产生相对运动的主光栅和指示光栅时，产生一组明暗相间的光学图案称莫尔干涉条纹，如图 4-10 所示。当主光栅相对于指示光栅移动一个栅距 d 时，莫尔干涉条纹的径向移动量为 $s = d \times \cot\varepsilon$。莫尔干涉条纹使栅距放大了 $1/\varepsilon$ 倍，由于 ε 很小，故莫尔干涉条纹放大效果显著，它意味着光栅间相对移动很小的量，就可产生很大的条纹移动量，这一特点对测定微小角值具有重要意义。

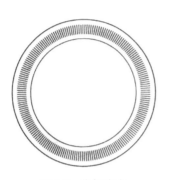

图 4-8　光栅度盘

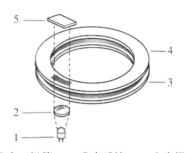

1. 发光二极管；2. 准直透镜；3. 主光栅盘；
4. 指示光栅盘；5. 接收二极管

图 4-9　光栅度盘与光电接收装置

　　图 4-11 所示为一种电子经纬仪的操作面板。上方为度盘读数显示屏，其中，"Vz：90°12′30″"表示垂直度盘的天顶距读数，"Hr：124°36′45″"表示水平度盘的水平方向读数。

图 4-10　莫尔干涉条纹

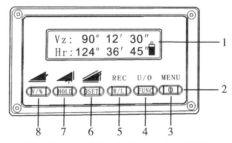

1. 度盘读数显示屏；2. 操作按钮；3. 开机/关机；4. 功能转换；5. 角度值增加方向转换；
6. 水平度盘读数置零；7. 水平度盘读数设置/锁定；8. 垂直角测量模式转换

图 4-11　电子经纬仪操作面板与度盘读数显示

4.3　水平角观测

4.3.1　经纬仪的安置

经纬仪安置包括对中和整平。对中的目的是使仪器的水平度盘中心与测站点标志中心在同一铅垂线上；整平的目的是使仪器的纵轴严格铅垂，从而使水平度盘和横轴处于水平位置，垂直度盘位于铅垂平面内。安置经纬仪可使用垂球、光学对中器进行对中。对中方法不同，仪器安置方法就不同。

首先，按观测者的身高调整好三脚架腿的长度，张开三脚架，使 3 个脚尖的着地点大致与测站点等距离，使三脚架头大致水平，如图 4-12 所示。从仪器箱中取出经纬仪，放到三脚架头上，一手握住经纬仪支架，一手将三脚架上的连接螺旋转入经纬仪基座中心螺孔。

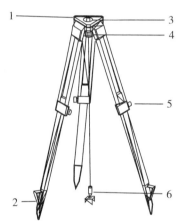

1. 三脚架头；2. 三脚架脚尖；3、4. 连接螺旋；5. 脚架腿伸缩制动螺旋；6. 垂球

图 4-12　垂球对中

1. 垂球对中

该方法分两步操作：

第一步，对中。把垂球挂在连接螺旋中心的挂钩上，调整垂球线长度，使垂球尖离地面点约 5mm。如果与地面点中心的偏差较大，可平移三脚架，使垂球尖大致对准地面点中心，将三脚架的脚尖踩入土中（在硬性地面上，则用力踩紧一下），使三脚架稳定。调整脚位时应注意，当垂球尖与测站点相差不大时，可只动一只脚，并要同时保持架顶大致水平；如果相差较大，则需移动三脚架的两只脚进行调整。当垂球尖与地面点中心偏差较小时，可稍放松连接螺旋，在三脚架头上移动仪器，使垂球尖对准地面点，然后将连接螺旋转紧。用垂球对中的误差应小于 2mm。

第二步，整平。具体步骤如下：

（1）松开水平制动螺旋，转动仪器照准部，使水准管大致平行于任意两个脚螺旋连线方向，如图4-13（a）所示，然后两手同时向内或向外转动脚螺旋，使气泡居中。气泡移动方向与左手大拇指转动方向相一致。

（2）将照准部旋转90°，如图4-13（b）所示，旋转第3个脚螺旋，使气泡严格居中。

以上操作重复1~2次，如果水准管位置正确（其检验校正方法见第4.5节），则照准部旋转到任何位置时，水准管气泡总是居中的，其容许偏差应小于1格。

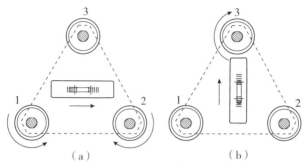

图4-13 转动脚螺旋整平仪器

2. 光学对中器对中

光学对中器是装在照准部的一个小望远镜，光路中装有直角棱镜，使通过仪器纵轴中心的光轴由铅垂方向转折成水平方向，便于从对中器目镜中观察对中情况，如图4-14所示。用光学对中器可使对中误差小于2~3mm。

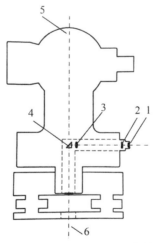

1. 目镜；2. 分划板；3. 物镜；4. 棱镜；5. 光学垂线；6. 纵轴中心

图4-14 光学对中

光学对中整平的操作步骤如下：

（1）粗略对中：固定三脚架的一只脚于适当位置，两手分别握住另外两条腿。在移动这两条腿的同时，从光学对中器中观察，使对中器对准测站标志中心（为提高操作速度，可调整经纬仪脚螺旋使对中器对准标志中心）。

（2）粗略整平：调节三脚架的架腿高度，使照准部大致水平。调整时观察圆水准器。一般只需反复调整两条架腿即可使圆水准气泡居中。

（3）精确整平：与垂球对中的整平步骤相似，旋转仪器脚螺旋，使平盘水准管在两个相互垂直的方向上气泡都居中。

（4）精确对中：从对中器目镜中观察，若对中器十字丝已偏离标志中心，则略松连接螺旋，平移（不可旋转）基座，使精确对中。

粗略对中整平只需操作一次，精确整平与精确对中需要交替进行若干次。

4.3.2　照准标志及瞄准方法

角度观测时，地面的目标点上必须设立照准标志后才能进行瞄准。照准标志一般是竖立于地面点上的标杆、测钎或架设于三脚架上的觇牌，如图 4-15 所示。标杆适用于离测站较远的目标，测钎适用于较近的目标，觇牌为较理想的照准标志，远近都适用。

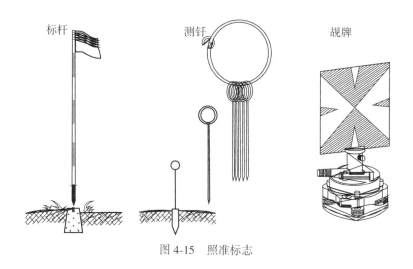

图 4-15　照准标志

用望远镜瞄准目标的方法和步骤如下：

（1）目镜调焦：将望远镜对向白色或明亮背景（例如白墙、天空等），转动目镜调焦螺旋，使十字丝最清晰。

（2）粗瞄目标：松开水平和垂直制动螺旋，通过望远镜上的瞄准器（缺口和准星），大致对准目标，然后制紧水平和垂直制动螺旋。

（3）物镜调焦：转动物镜调焦环，使目标的像最清晰，再旋转水平和垂直微动螺旋，使目标像靠近十字丝，如图 4-16（a）所示。

（4）消除视差：上下或左右移动眼睛，观察目标像与十字丝之间是否有相对移动；发现有移动，则存在视差，需要重新进行物镜调焦，直至消除视差为止。

（5）精确瞄准：水平和垂直微动螺旋，使十字丝纵丝对准目标，如图 4-16（b）所示；观测水平角时，以纵丝对准；观测垂直角时，以横丝对准；同时观测水平角和垂直角时，二者必须同时对准，即以十字丝中心对准目标中心。

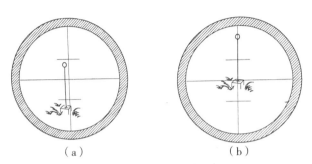

（a）　　　　　　　　　　（b）

图 4-16　瞄准目标

4.3.3　水平角观测方法

常用的水平角观测方法有**测回法**和**方向观测法**两种。测回法仅适用于观测两个方向形成的单角，一个测站上需要观测的方向数在两个以上时，要用方向观测法观测水平方向值。

1. 测回法

如图 4-17 所示，在测站点 B，需要测出 BA、BC 两方向间的水平角 β，在 B 点安置经纬仪，在 A 点和 C 点设置瞄准标志，按下列步骤进行测回法水平角观测：

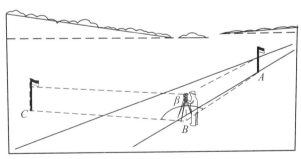

图 4-17　测回法观测水平角

（1）对中整平。

（2）盘左位置（竖盘在望远镜左边，又称**正镜**）瞄准左面目标 C，读得水平度盘读数 $c_{左}$。

（3）松开照准部制动螺旋，瞄准右面目标 A，得读数 $a_{左}$；则盘左位置所得半测回角值为：

$$\beta_{左} = a_{左} - c_{左} \tag{4-3}$$

（4）倒转望远镜成盘右位置(竖盘在望远镜右边，又称**倒镜**)，瞄准右目标 A，得读数 $a_右$。

（5）瞄准左目标 C，得读数 $c_右$，则盘右半测回角值为

$$\beta_右 = a_右 - c_右 \tag{4-4}$$

在盘左、盘右两个位置观测水平角(称为**正倒镜观测**)，可以抵消仪器误差对测角的影响，同时可以检核观测中有无错误。对于用 DJ6 级光学经纬仪观测水平角时，如果 $\beta_左$ 与 $\beta_右$ 的差数不大于 $40''$，则取盘左、盘右角值的平均值作为一测回观测的结果：

$$\beta = \frac{\beta_左 + \beta_右}{2} \tag{4-5}$$

表 4-2 为测回法观测记录手簿。

表 4-2　　　　　　　　　　　　　　　　　　**测回法观测手簿**

测站	测回数	竖盘位置	目标	水平度盘读数 (° ′ ″)	半测回角值 (° ′ ″)	一测回角值 (° ′ ″)	各测回平均角值 (° ′ ″)	备注
B	1	左	C	0　14　48	125　20　24	125　20　30	125　20　27	
			A	125　35　12				
		右	C	180　15　00	125　20　36			
			A	305　35　36				
	2	左	C	90　14　42	125　20　36	125　20　24		
			A	215　35　18				
		右	C	270　15　06	125　20　12			
			A	35　35　18				

2. 方向观测法

如果需要观测的水平方向的目标超过 3 个，则依次对各个目标观测水平方向值后，还应继续向前转到第一个目标进行观测，称为**归零**。此时的方向观测法因为旋转了一个圆周，所以又称为**全圆方向法**。

如图 4-18 所示，设在 O 点上要观测 A，B，C，D 四个目标的水平方向值，用方向法观测水平方向的步骤和方法如下：

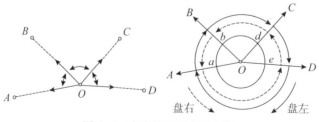

图 4-18　方向法观测水平方向

1）经纬仪盘左位置

（1）对中整平。

（2）大致瞄准起始方向的目标 A（又称零方向），旋转水平度盘位置变换轮，使水平度盘读数置于 $0°10'$ 左右（其目的是便于计算），精确瞄准目标 A，水平度盘读数为 a_1。

（3）顺时针旋转照准部，依次瞄准 B，C，D，得到相应的水平度盘读数 b、c、d。

（4）继续顺时针方向旋转照准部，再次瞄准目标 A，水平度盘读数为 a_2；读数 a_1 与 a_2 之差称为**"半测回归零差"**。若在允许范围内（见表4-3），则取 a_1 和 a_2 的平均值。

表 4-3 　　　　　　　　　　　　　　　　方向观测法观测手簿

测站	测回数	目标	水平度盘读数		2C	平均读数	一测回归零方向值	各测回归零平均方向值	角值
			盘左	盘右					
			° ′ ″	° ′ ″	″	° ′ ″	° ′ ″	° ′ ″	° ′ ″
O	1					(0 00 34)			
		A	0 00 54	180 00 24	+30	0 00 39	0 00 00	0 00 00	
									79 26 59
		B	79 27 48	259 27 30	+18	79 27 39	79 27 05	79 26 59	
									63 03 30
		C	142 31 18	322 31 00	+18	142 31 09	142 30 35	142 30 29	
									146 15 18
		D	288 46 30	108 46 06	+24	288 46 18	288 45 44	288 45 47	
									71 14 13
		A	0 00 42	180 00 18	+24	0 00 30			
	2					(90 00 52)			
		A	90 01 06	270 00 48	+18	90 00 57	0 00 00		
		B	169 27 54	349 27 36	+18	169 27 45	79 26 53		
		C	232 31 30	42 31 00	+30	232 31 15	142 30 23		
		D	18 46 48	198 46 36	+12	18 46 42	288 45 50		
		A	90 01 00	270 00 36	+24	90 00 48			

2）经纬仪盘右位置

（1）瞄准起始方向目标 A，得水平度盘读数 a_1'；

（2）逆时针方向转动照准部，依次瞄准目标 D，C，B，得相应的读数 d'、c'、b'；

（3）继续逆时针方向旋转照准部，再次瞄准目标 A，得读数 a_2'；a_1' 与 a_2' 之差为盘右半测回归零差，若在允许范围内，则取其平均值。

以上操作完成全圆方向法一个测回的观测。观测 2 个测回的全圆方向法观测记录如表 4-3 所示。

在一个测回中，同一方向水平度盘的盘左读数与盘右读数（$\pm180°$）之差称为 $2C$（**两倍视准差**）：

$$2C = R_{左} - (R_{右} \pm 180°) \tag{4-6}$$

式中，R 为任一方向的方向观测值。

2C 值是仪器误差和方向观测误差的共同反映。如果主要属于仪器的误差（**系统误差**），则对于各个方向，2C 值应该是一个常数；如果还含有方向观测的误差（**偶然误差**），则各个方向的 2C 值有明显的变化。如果 2C 值的变化在允许范围（见表 4-4）内，没有超限，则对于每一个方向，取盘左、盘右水平方向值的平均值，

$$R = \frac{1}{2}\left[R_{左} + (R_{右} \pm 180°) \right] \tag{4-7}$$

当测角精度要求较高时，往往需要观测几个测回。为了减小度盘分划误差的影响，各测回间要按 $180°/n$ 变动水平度盘的起始位置。例如观测 2 测回，则起始方向的水平度盘读数应分别在 0°和 90°附近；观测 3 测回，则起始方向的水平度盘读数应分别在 0°、60°和 120°附近。

为了便于将各测回的方向值进行比较和最后取其平均值，把各测回中的起始方向值都化为 0°00′00″，方法是将其余的方向值都减去原起始方向的方向值，称为**归零方向值**。各测回归零方向值就可以进行比较，如果同一目标的方向值在各测回中的互差未超过允许值（见表 4-4），则取各测回中每个归零方向值的平均值。

表 4-4　　　　　　　　　　　　　　　**方向观测法的各项限差**

经纬仪级别	半测回归零差(″)	一测回内 2C 值变化范围(″)	同一方向值各测回互差(″)
DJ2	8	13	9
DJ6	18	—	24

4.4　垂直角观测

4.4.1　垂直度盘构造

经纬仪上的垂直度盘称为**竖盘**，它被固定在望远镜横轴的一端，其中心与横轴中心重合，其平面与横轴相垂直，经纬仪整平后，竖盘位于铅垂平面内。用望远镜瞄准目标时，竖盘在铅垂面内随望远镜一起转动。竖盘的读数指标与竖盘水准管或垂直补偿器连在一起安装在支架上，不随望远镜转动。竖盘水准管的装置如图 4-19 所示，通过竖盘水准管微动螺旋，使水准管和竖盘读数指标绕横轴中心做微小的转动，使水准管气泡居中和读数指标位于正确位置。

现代经纬仪及全站仪中，竖盘水准管及其微动螺旋均以垂直补偿器代替，补偿器受地球重力作用，使竖盘读数指标线自动安置到铅垂线位置。

竖盘刻度通常有 0°～360°顺时针注记和逆时针注记两种形式，望远镜水平放置时，0°～180°的对径线位于水平方向，如图 4-20 所示。

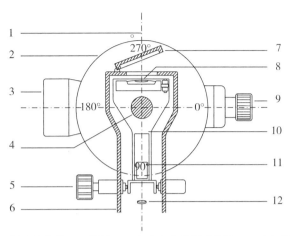

1. 铅垂线；2. 竖盘；3. 望远镜物镜；4. 横轴；5. 竖盘水准管微动螺旋；6. 支架外壳；7. 水准管观察镜；
8. 竖盘水准管；9. 望远镜目镜；10. 竖盘水准管支架；11. 竖盘读数棱镜；12. 竖盘读数透镜

图 4-19 垂直度盘的构造

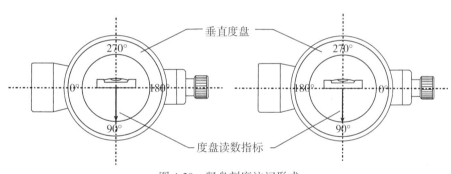

图 4-20 竖盘刻度注记形式

4.4.2 垂直角计算

若竖盘注记不同，则根据竖盘读数计算垂直角的公式也不同，如图 4-21 所示为 0°～360° 顺时针注记的一种。盘左，视线水平时的竖盘读数 90°；盘右，视线水平时的竖盘读数为 270°。当望远镜向上（或向下）瞄准目标时，竖盘也随之一起转动了同样的角度。因此，瞄准目标时的竖盘读数与视线水平时的竖盘读数之差，即所求的垂直角；瞄准目标时的竖盘读数与望远镜指向天顶时的竖盘读数之差即为所求的天顶距 Z。

如图 4-21 所示，设所用经纬仪的竖盘刻度为顺时针注记，瞄准某目标时，盘左垂直角为 $\alpha_{左}$，竖盘读数为 L；盘右垂直角为 $\alpha_{右}$，竖盘读数为 R，则垂直角的计算公式为

$$\begin{cases} \alpha_{左} = 90° - L \\ \alpha_{右} = R - 270° \end{cases} \tag{4-8}$$

如果所用经纬仪的竖盘为 0°～360° 逆时针注记时，垂直角的计算公式为

$$\begin{cases} \alpha_{左} = L - 90° \\ \alpha_{右} = 270° - R \end{cases} \tag{4-9}$$

从上面两式可以归纳出垂直角（竖角）计算的一般公式。根据竖盘读数计算垂直角时，首先应看清物镜向上抬高时（仰角）竖盘读数是增加还是减少，当

物镜抬高时，读数增加，则

$$竖角\ \alpha = 瞄准目标时读数 - 视线水平时读数$$

物镜抬高时，读数减少，则

$$竖角\ \alpha = 视线水平时读数 - 瞄准目标时读数$$

以上规定，不论是何种竖盘形式，不论是盘左还是盘右，都是适用的。

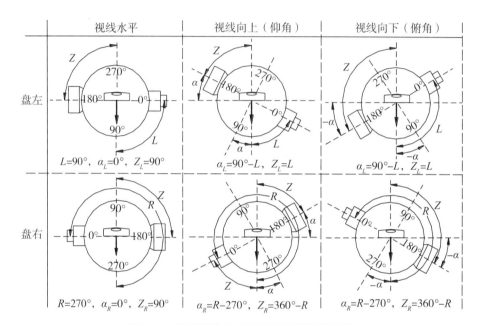

图 4-21　竖盘读数与垂直角和天顶距的计算

4.4.3　竖盘指标差

由于竖盘水准管或垂直补偿器未安装到正确的位置，使竖盘读数的指标线与铅垂线有一个微小的角度差 x，称为**竖盘指标差**，如图 4-22 所示。由于指标差的存在，则计算竖直角的式(4-8)和式(4-9)在盘左时应改为

$$\alpha_L = 90° - L - x \tag{4-10}$$

在盘右时应改为

$$\alpha_R = R - 270° + x \tag{4-11}$$

在盘左和盘右观测垂直角而取其平均值时，则

$$\alpha = \frac{1}{2}(\alpha_L + \alpha_R) \tag{4-12}$$

即盘左、盘右观测垂直角取平均值时，可以消除竖盘指标差的影响。根据式(4-10)和式(4-11)，可以得到计算竖盘指标差的公式为：

$$x = \frac{1}{2}\left[360° - (L + R)\right] \tag{4-13}$$

指标差互差可以反映观测成果的质量。对于 DJ6 光学经纬仪，相关规范规定，同一测站上不同目标的指标差互差或同一方向各测回指标差互差，不应超过 25″。当允许半测回测定竖直角时，可先测定仪器的指标差，然后按式(4-10)或式(4-11)计算竖直角。

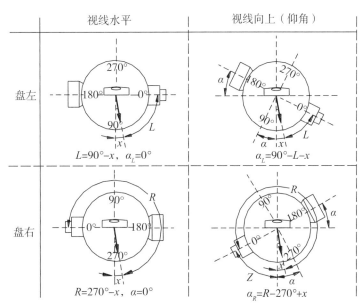

图 4-22 竖盘指标差

4.4.4 垂直角观测方法

垂直角观测前应看清竖盘的注记形式，确定垂直角计算公式。垂直角观测时，用经纬仪视场中的横丝瞄准目标的特定位置，例如标杆的顶部、觇牌的中心、标尺上的某一分划等，并需量出瞄准部位至地面点的高度(称为**目标高**)。垂直角观测的方法和步骤如下：

(1)安置经纬仪于测站点，经过对中和整平，用小钢卷尺量出经纬仪的**仪器高** i(从地面点到经纬仪横轴的高度)。

(2)盘左位置瞄准目标，用十字丝的横丝对准目标，转动竖盘水准管微动螺旋，使竖盘水准管气泡居中(经纬仪如有竖盘垂直补偿器，则免此操作)，读取竖盘读数 L。

(3)盘右位置瞄准目标，方法同第(2)步，读取竖盘读数 R，完成一测回的垂直角观测。

垂直角记录和计算见表 4-5，对于同一目标，一测回盘左、盘右观测，按式(4-8)算得垂直角之差($\alpha_L - \alpha_R$)，称为**两倍指标差**。用同一架经纬仪在同一段时间内观测，竖盘指标差应为定值。但由于观测误差的存在，使各测回的两倍指标差会有所变化，但指标差互差不能超过一定的限值，对于 DJ6 级经纬仪应不超过 ±25″。

表 4-5　　　　　　　　　　　　　　　　竖直角观测手簿

测站	目标	竖盘位置	竖盘读数 (° ′ ″)	半侧测回竖直角 (° ′ ″)	指标差 (″)	一测回竖直角 (° ′ ″)	备注
O	J	左	72 18 18	+17 41 42	−09	+17 41 51	$\alpha_左 = 90° - L$ $\alpha_右 = R - 270°$
		右	287 42 00	+17 42 00			
	K	左	95 33 12	−5 33 12	−05	−5 33 07	
		右	264 26 58	−5 33 02			

4.5　经纬仪的检验与校正

4.5.1　经纬仪的轴线及其应满足的条件

如图 4-23 所示，经纬仪的主要轴线有：水准管轴 LL_1、圆水准轴 $L'L_1'$、仪器的旋转轴(即纵轴) VV_1、望远镜视准轴 CC_1、望远镜的旋转轴(即横轴) HH_1。水准管轴为通过水准管内壁圆弧中点的切线，当水准管气泡居中时，水准管轴处于水平位置。圆水准轴为通过圆水准器内壁球面中心的法线，圆水准器气泡居中时，圆水准轴处于铅垂位置。

根据水平角和垂直角观测的原理，经纬仪经过整平以后，要求：①纵轴应铅垂，水平度盘应水平；②望远镜上、下转动时，视准轴应在一个铅垂平面内。根据第一个要求，圆水准轴必须与纵轴相垂直，才能据此粗平仪器；平盘水准管必须与纵轴相垂直，才能据此精平仪器。根据第二个要求，视准轴必须与横轴相垂直，横轴必须与纵轴相垂直。另外，为了能在望远镜中检查目标是否竖直和测角时便于瞄准，要求十字丝的竖丝应铅垂、横丝应水平；为了便于垂直角观测，竖盘的指标差应有一定的限制；为了减少仪器对中误差，

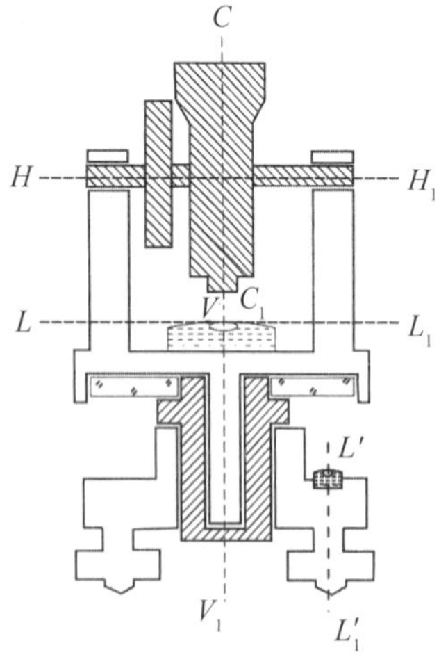

图 4-23　经纬仪的轴线

光学对中器的视准轴应与纵轴相重合。总之，各轴线之间应满足的几何条件有：

(1)水准管轴应垂直于纵轴($L \perp V$)；

(2)圆水准轴应平行于纵轴($L' /\!/ V$)；

(3)十字丝竖丝应垂直于横轴；

(4)视准轴应垂直于横轴($C \perp H$)；

(5)横轴应垂直于纵轴($H \perp V$)；

(6)竖盘指标差应小于规定的数值；

(7)光学对中器的视准轴应与纵轴相重合。

仪器在出厂时，以上各条件一般都能满足，但由于在搬运或长期使用过程中的震动、碰撞等原因，各项条件往往会发生变化。因此，在使用仪器作业前，必须对仪器进行检验与校正，即使新仪器也不例外。

4.5.2 经纬仪的轴线检验与校正

经纬仪轴线的检验和校正一般按下列步骤和方法进行。

1. 水准管轴应垂直于纵轴的检验与校正

检验：首先将仪器粗略整平，然后转动照准部使水准管平行于任意两个脚螺旋连线方向，调节这两个脚螺旋使水准管气泡居中，再将仪器旋转 180°，如果气泡仍然居中，表明条件满足，否则，需要校正。

校正：相对地转动平行于水准管的一对脚螺旋，使气泡向中央移动偏离格数的一半；然后用校正针拨动水准管一端的校正螺丝（注意先放松一个，再旋紧另一个），使气泡居中。这项检验校正需反复进行几次，直到照准部旋转 180° 后水准管气泡的偏离在一格以内。

检校原理：如图 4-24(a)所示，竖轴与水准管轴不垂直，偏离了 α 角。当仪器绕竖轴旋转 180° 后，竖轴不垂直于水准管轴的偏角为 2α，如图 4-24(b)。角 2α 的大小由气泡偏离的格数来度量。

图 4-24(c)所示为相对地转动一对脚螺旋向中间移动偏值的一半，此时的纵轴已经铅垂而水准管轴仍未水平，为气泡偏歪 α 角的反映。拨动水准管校正螺丝，使气泡居中（消除 α 角），如图 4-24(d)所示，则水准管轴与纵轴相垂直。

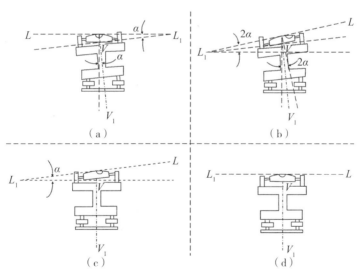

图 4-24　水准管轴垂直于竖轴的检验与校正

此项检校比较精细，需反复进行，直至仪器旋转到任意方向，气泡仍然居中，或偏离不超过一个分划格。

2. 十字丝的竖丝应垂直于横轴的检验与校正

检验：用十字丝竖丝的上端或下端精确对准远处一明显的目标点，固定水平制动螺旋和望远镜制动螺旋，用望远镜微动螺旋使望远镜上下作微小俯仰，如果目标点始终在竖丝上移动，说明条件满足。否则，需要校正，如图 4-25(a) 所示。

校正：卸下目镜处的十字丝环罩，如图 4-25(b) 所示，微微旋松十字丝环的四个固定螺丝，转动十字丝环，直至望远镜上下俯仰时竖丝与点状目标始终重合为止。最后拧紧各固定螺丝，并旋上护盖。

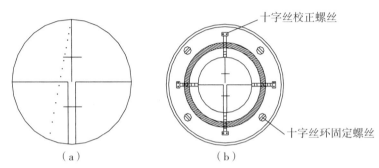

图 4-25 十字丝的检验与校正

3. 视准轴应垂直于横轴的检验与校正

检验：在大致水平方向选择一个清晰目标点 P，盘左，在十字丝交点附近瞄准 P 点，水平度盘读数为 L；盘右，瞄准 P 点，水平度盘读数为 R。如果满足
$$|L - (R \pm 180°)| > 20''$$
则认为视准轴垂直于横轴的条件未满足，需要进行校正。

校正：计算盘右瞄准目标 P 时的水平度盘应有读数（因检验时最后瞄准目标为盘右位置）为
$$\overline{R} = \frac{1}{2}[R + (L \pm 180°)] \tag{4-14}$$

旋转水平微动螺旋，使盘右的水平度盘读数为 $\overline{R}$，此时十字丝纵丝必定偏离目标，用校正针拨动左右一对十字丝校正螺丝，如图 4-25(b) 所示，使纵丝对准目标 P。

校正原理：视准轴 CC_1 与横轴 HH_1 的交角与 90° 的差值称为**视准轴误差** c，如图 4-26 所示。当存在视准轴误差时，盘左水平度盘读数 L 中包含误差 c，盘右水平度盘读数 R 中包含误差 $-c$。因此按式(4-14)取盘左、盘右水平度盘读数时，可以抵消视准轴误差 c，使度盘读数对准正确的应有读数，并矫正十字丝，使瞄准目标，即可消除视准轴误差 c，使视准轴垂直于横轴。

4. 横轴应垂直纵轴的检验与校正

检验：在距墙壁 15～30m 处安置经纬仪，在墙面上设置一明显的目标点 P（可事先做

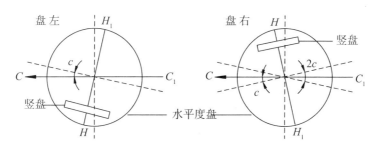

图 4-26　视准轴误差的检验与校正

好贴在墙面上），如图 4-27 所示，要求望远镜瞄准 P 点时的仰角在 30°以上。盘左位置瞄准 P 点，固定照准部，调整竖盘指标水准管气泡居中后，读竖盘读数 $\alpha_{左}$，然后放平望远镜，照准墙上与仪器同高的一点 P_1，做出标志。盘右位置同样瞄准 P 点，读得竖盘读数 $\alpha_{右}$，放平望远镜后在墙上与仪器同高处得出另一点 P_2，也做出标志。若 P_1、P_2 两点重合，说明条件满足。也可用带毫米刻划的横尺代替与望远镜同高时的墙上标志。若 P_1、P_2 两点不重合，则需要校正。

校正：如图 4-27 所示，在墙上定出的中点 P_1P_2 的中点 P_M。调节水平微动螺旋使望远镜瞄准 P_M 点，再将望远镜往上仰，此时，十字丝交点必定偏离 P 点而照准 P' 点。校正横轴一端支架上的偏心环，使横轴的一端升高或降低，移动十字丝交点位置，并精确照准 P 点。

由于近代光学经纬仪的制造工艺能确保横轴与竖轴垂直，且将横轴密封起来，故使用仪器时，一般对此项目只进行检验，如需校正，应由仪器修理人员进行。

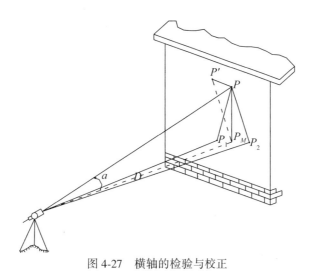

图 4-27　横轴的检验与校正

5. 竖盘指标差的检验与校正

检验：在地面上安置好经纬仪，用盘左、盘右分别瞄准同一目标，正确读取竖盘读数

$\alpha_{左}$ 和 $\alpha_{右}$，并按式（4-13）分别计算指标差 x。当 x 的绝对值大于 $30''$ 时，应加以校正。

校正：盘右位置，照准原目标，调节竖盘指标水准管微动螺旋，使竖盘读数对准正确读数 $\alpha_{右正}$：

$$\alpha_{右正} = \alpha + 盘右视线水平时的读数 \tag{4-15}$$

此时，竖盘指标水准管气泡不居中，调节竖盘指标水准管校正螺丝，使气泡居中，注意勿使十字丝偏离原来的目标。反复检校，直至指标差小于限差为止。

具有垂直补偿器的仪器，竖盘指标差的检验方法与上述相同，若指标差超限则必须校正，如校正，应送仪器检修部门进行检修。

6. 光学对中器的检验与校正

检验：光学对中器是由目镜、分划板、物镜和直角棱镜组成，如图 4-28 所示。检验时，将仪器架于一般工作高度，严格整平仪器，在脚架的中央地面放置一张白纸，在白纸上画一"十"字形的标志 A。移动白纸，使对中器视场中的小圆圈中心对准标志，将照准部在水平方向旋转 $180°$，如果小圆圈中心偏离标志 A，而得到另外一点 A'，则说明对中器的视准轴没有和仪器的纵轴相重合，需要校正。

校正：定出 A、A' 两点的中点 O，用对中器的校正螺丝使中心标志对准 O 点，然后再作一次旋转照准部 $180°$ 的检验。

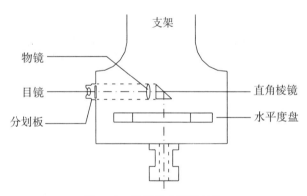

图 4-28 光学对中器的结构

经纬仪的各项检校均需反复进行，直至满足应具备的条件，但要使仪器完全满足理论上的要求是相当困难的。在实际检校中，一般只要求达到实际作业所需要的精度，这样必然存在仪器的残余误差。通过采用合理的观测方法，大部分残余误差是可以相互抵消的。

4.6 角度测量的误差分析

4.6.1 水平角测量误差

在水平角测量中影响测角精度的因素很多，主要有仪器误差、观测误差，以及外界条件的影响。

1. 仪器误差

仪器误差有属于制造方面的，如度盘偏心、度盘刻划误差、水平度盘与竖轴不垂直等；有属于校正不完善的，如竖轴与照准部水准管轴不完全垂直、视准轴与横轴存在残余误差等。在这些误差中，有的可用适当的观测方法来消除或降低其影响，有的误差本身很小，对测角精度的影响不大。

度盘刻划误差和水平度盘平面不与竖轴垂直的误差，就目前生产的仪器来说，一般都很小，而且当观测的测回数不止一个时，还可以采用变换度盘位置的方法来减少度盘刻划误差的影响。

1) 度盘偏心差

照准部旋转中心与水平度盘分划中心不重合，使读数指标所指的读数含有误差，称为度盘偏心差，如图 4-29 所示。

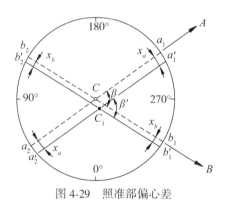

图 4-29　照准部偏心差

设 C 为度盘刻划中心，C' 为照准部旋转中心。此时经纬仪瞄准目标 A 和 B 时的实际读数为 a'_1 和 b'_1，而应有的读数为 a_1 和 b_1，分别增加了 x_a 和 x_b，称为偏心读数误差。在度盘不同位置上读数，偏心读数误差是不相同的。因此，在两个方向的读数相减以计算角度时，偏心读数误差不能得到抵消。

如果对同样的目标用盘左、盘右进行观测，相当于在度盘的对径方向读数，即倒转望远镜后瞄准目标 A 和 B 时的实际读数为 a'_2 和 b'_2，而应有的读数为 a_2 和 b_2，分别减少了 x_a 和 x_b。由此可以得到两点结论：①瞄准某一方向的目标后，在度盘对径处读数而取其平均值，可以消除照准部偏心差的影响；②盘右、盘右观测某一角度而取其平均值，可以消除照准部偏心差的影响。

2) 视准轴不垂直于横轴的误差

尽管仪器进行了检校，但校正不可能绝对完善，总是存在一定的残余误差。在观测过程中，通过盘左、盘右两个位置观测取平均值，可以消除此项误差的影响。

3) 横轴不垂直于竖轴的误差

与视准轴不垂直于横轴的误差一样，横轴不垂直于竖轴的误差通过盘左、盘右观测取平均值，可以消除此项误差的影响。

4）竖轴倾斜误差

由于水平度盘水准管轴应垂直于仪器竖轴（纵轴）的校正不完善而引起竖轴倾斜误差。此项误差不能用盘左盘右取平均值的方法来消除。这种残余误差的影响与视线竖直角的正切成正比。因此，在山区进行测量时，应特别注意平盘水准管轴垂直于竖轴的检校。在观测过程中，应随时注意平盘水准管气泡的居中，尤其当观测目标的垂直角较大的时候。

2. 观测误差

1）仪器对中误差

安置经纬仪时，向地面点对中的误差引起水平角观测的误差，如图 4-30 所示，C 为测站点，C' 为仪器中心偏至，偏离量 CC' 为 e，称为**测站偏心距**，θ 为水平角观测的起始方向与偏心方向的水平夹角，称为测站偏心角。测站 C 至目标点 A、B 的距离分别为 S_1、S_2。β 为无对中误差时的正确角度，β' 为有对中误差时的实测角度，其角度偏差为

$$\Delta\beta = \beta - \beta' = \varepsilon_1 + \varepsilon_2 \tag{4-16}$$

而

$$\varepsilon_1 \approx \frac{e \cdot \sin\theta}{S_1}\rho''$$

$$\varepsilon_2 \approx \frac{e \cdot \sin(\beta' - \theta)}{S_2}\rho''$$

则

$$\Delta\beta \approx e\rho''\left[\frac{\sin\theta}{S_1} + \frac{\sin(\beta' - \theta)}{S_2}\right] \tag{4-17}$$

由上式可知：①仪器对中误差的影响与偏心距 e 成正比，与角度两边的边长成反比；②当水平角近于 180° 和偏心角接近 90° 时，对中误差影响最大。

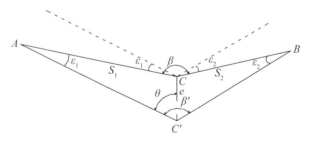

图 4-30　仪器对中误差影响

例　当 $e = 3\text{mm}$，$\theta = 90°$，$\beta' = 180°$，$S_1 = S_2 = 100\text{m}$ 时，由对中误差引起的角度偏差是多少？

解

$$\Delta\beta = \frac{3 \times 206265''}{100000} \times 2 = 12.4''$$

因此，在观测目标较近或水平角接近 180° 时，应特别注意仪器对中。

2）目标偏心误差

目标偏心误差是因瞄准的目标点上竖立的标志(例如标杆、测钎、觇牌等)的中心不在目标点的铅垂线上而引起测角误差。如图 4-31 所示，O 为测站点，A、B 为目标点。若立在 A 点的标杆是倾斜的，在水平角观测中，因瞄准标杆的顶部，则投影位置由 A 偏离至 A'，产生**目标偏心距** e，θ 为观测方向与偏心方向的夹角，称为目标偏心角。目标偏心误差对水平角观测的影响为

$$\Delta\beta = \beta - \beta' = \frac{e\rho''}{S}\sin\theta \tag{4-18}$$

由上式可知，垂直于瞄准方向的目标偏心影响最大，并且与偏心距 e 成正比，与距离 S 成反比。

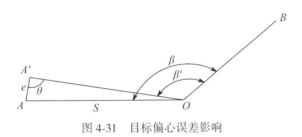

图 4-31　目标偏心误差影响

例　当 $e=10\text{mm}$，$S=50\text{m}$，$\theta=90°$时，目标偏心引起的角度误差是多少？
解

$$\Delta\beta = \frac{10 \times 206265''}{50000} = 41.3''$$

可见，目标偏心差对水平角的影响不能忽视。尤其是当目标较近时，影响更大。因此，在竖立标杆或其他照准标志时，应立在通过测点的铅垂线上。观测时，望远镜应尽量瞄准目标的底部。当目标较近时，可在测站点上悬吊锤球线作为照准目标，以减少目标偏心对角度的影响。

3)仪器整平误差

水平角观测时必须保持水平度盘水平、竖轴竖直。若气泡不居中，导致竖轴倾斜而引起的角度误差，不能通过改变观测方法来消除。因此，在观测过程中，应特别注意仪器的整平。在同一测回内，若气泡偏离超过 2 格，应重新整平仪器，并重新观测该测回。

4)照准误差

望远镜照准误差一般用下式计算：

$$m_V = \pm\frac{60''}{V} \tag{4-19}$$

式中：V 为望远镜的放大率。

照准误差除取决于望远镜的放大率以外，还与人眼的分辨能力，目标的形状、大小、颜色、亮度和清晰度等有关。因此，在水平角观测时，除适当选择经纬仪外，还应尽量选择适宜的标志、有利的气候条件和观测时间，以削弱照准误差的影响。

5)读数误差

读数误差与读数设备、照明情况和观测者的经验有关，其中主要取决于读数设备。一般认为，对 DJ6 经纬仪最大估读误差不超过 ±6″，对 DJ2 经纬仪一般不超过 ±1″。但如果照明情况不佳，显微镜的目镜未调好焦距或观测者技术不够熟练，估读误差可能大大超过上述数值。

3. 外界条件影响带来的误差

外界环境的影响比较复杂，一般难以由人力来控制。大风可使仪器和标杆不稳定，雾汽会使目标成像模糊；松软的土质会影响仪器的稳定；烈日曝晒可使三脚架发生扭转，影响仪器的整平，温度变化会引起视准轴位置变化；大气折光变化致使视线产生偏折等。这些都会给角度测量带来误差。因此，应选择有利的观测条件，尽量避免不利因素，使其对角度测量的影响降低到最小限度。

4.6.2　垂直角测量误差

测量垂直角时，同样受到仪器误差、观测误差及外界条件的影响而产生测角误差。

1. 仪器误差

仪器误差主要是竖盘的指标差。如果考虑指标差改正，则影响测角精度的是指标差的测定误差。由竖直角测量可知，当用盘左、盘右观测取平均值时，则指标差的影响可以自动消除。

2. 观测误差

观测误差主要是指标水准管的整平误差、照准误差及读数误差。在每次读数时，都要十分注意指标水准管的气泡是否居中。因为气泡偏移的角值，就是竖直角观测误差的相应影响值。关于照准和读数误差，与测水平角的影响相同。

3. 外界条件的影响

除了有与水平角测量的一些共同因素外，主要是地面的竖直折光。因为视线通过不同高度的大气层时，由于大气密度的变化会引起视线的弯曲，产生竖直折光差。

◎ 思考题

1. 什么是水平角？在同一铅垂面内，瞄准不同高度的目标，在水平度盘上的读数是否一样？
2. 什么是竖直角？为什么瞄准一个目标即可测得竖直角？
3. 经纬仪由哪几部分组成？各起什么作用？
4. 观测水平角时，为什么要进行对中、整平？简述光学经纬仪对中和整平的方法？
5. 试述用测回法、方向观测法测量水平角的操作步骤。
6. 整理表 4-6 中采用测回法观测水平角的记录。

表 4-6 测回法观测手簿

测站	测回数	竖盘位置	目标	水平度盘读数 (° ′ ″)	半测回角值 (° ′ ″)	一测回角值 (° ′ ″)	各测回平均角值 (° ′ ″)	备注
O	1	左	A	01 12 00				
			B	91 45 00				
		右	A	181 11 30				
			B	271 45 00				
	2	左	A	91 11 24				
			B	181 44 30				
		右	A	271 11 48				
			B	01 45 00				

7. 整理表 4-7 中采用方向观测法观测水平角的记录。

表 4-7 方向观测法观测手簿

测站	测回数	目标	水平度盘读数 盘 左 ° ′ ″	水平度盘读数 盘 右 ° ′ ″	2C ″	平均读数 ° ′ ″	一测回归零方向值 ° ′ ″	各测回归零平均方向值 ° ′ ″	角值 ° ′ ″
O	1	A	0 01 12	180 01 18					
		B	96 53 06	276 53 00					
		C	143 32 48	323 32 48					
		D	214 06 12	34 06 06					
		A	0 01 24	180 01 18					
	2	A	90 01 22	270 01 24					
		B	186 53 00	6 53 18					
		C	233 32 54	53 33 06					
		D	304 06 36	124 06 48					
		A	90 01 36	270 01 36					

8. 整理表 4-8 中采用竖直角观测的记录。

表 4-8 竖直角观测手簿

测站	目标	竖盘位置	竖盘读数 (° ′ ″)	半侧测回竖直角 (° ′ ″)	指标差 (″)	一测回竖直角 (° ′ ″)	备注
O	J	左	92 47 30				
		右	267 12 10				
	K	左	84 15 30				
		右	275 45 30				

9. 什么是竖直度盘指标差？在观测中如何抵消指标差？

10. 水平角测量的误差来源有哪些？在观测中如何抵消或削弱这些误差的影响？

11. 经纬仪有哪些轴线？各轴线之间应满足什么几何条件？为什么？

12. 电子经纬仪有哪些主要特点？它与光学经纬仪的根本区别是什么？

第5章 距离测量与直线定向

距离测量是确定地面点位的基本测量工作之一，按照施测原理和手段的不同，可分为卷尺量距、视距测量、电磁波测距等方法。卷尺量距是用钢尺或皮尺沿地面丈量距离，属于**直接量距**，适用于平坦地区的近距离测量。视距测量是利用经纬仪或水准仪望远镜中的视距丝和标尺，按几何光学原理进行测距，属于**间接测距**，适合于低精度的近距离测量。电磁波测距是用光学和电子仪器向目标发射并接收反射回来的电磁波(光波或微波，前者称为光电测距，后者称为微波测距)进行测距，属于**电子物理测距**，适用于高精度的远距离测量，也可应用于近距离的精密量距，如手持激光测距仪。

5.1 卷尺量距

5.1.1 量距工具

1. 钢卷尺(钢尺)

普通钢尺是钢制带状尺，尺宽 10~15mm，长度有 30m 和 50m 等数种，一把钢尺的全长称为"一尺段"。为了便于携带和保护，将钢尺卷在圆形尺壳内或金属尺架上，如图 5-1(a)所示。钢尺的最小分划为毫米，最小注记为厘米。钢尺的零分划位置有两种，一种是在钢尺前端有一条零分划线，称为刻线尺；另一种零点位于尺端，即拉环外沿，称为端点尺，如图 5-1(b)所示。

2. 皮尺(布卷尺)

用麻线与金属丝合织而成的带状尺，有 20m、30m、50m 数种，最小分划为厘米，尺面每 10 厘米和整米注有数字。皮尺耐拉强度较差，容易被拉长，只适用于碎部测量、施工放样土石方工程等精度要求较低的距离丈量。

3. 辅助工具

钢尺量距中的辅助工具有标杆、测钎、垂球、弹簧秤和温度计等。标杆又称花杆，长 3m，杆上涂以 20cm 间隔的红、白漆，用于直线定线；测钎是用直径 5mm 左右的粗铁丝磨尖制成，长约 30cm，6 根或 11 根为一束，用来标志所量尺段的起点和止点；垂球用于不平坦地面量距时将尺的端点垂直投影到地面；弹簧秤用于测定拉直尺子时施加规定的拉力；温度计用于测定钢尺丈量时的温度并对钢尺长度进行改正。

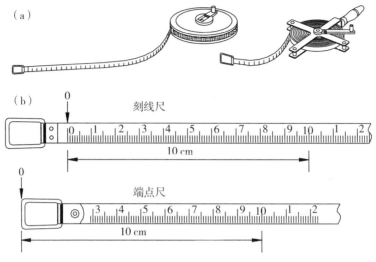

图 5-1　钢卷尺及其分划注记

5.1.2　直线定线

当地面上两点相距较远时，用卷尺的一尺段不能量完，需在直线方向上在地面标定若干点，以便钢尺能沿此直线丈量，这项工作称为**直线定线**。一般情况下，可用标杆目测定线；对于定线精度要求较高的情况或距离很远时，需要用经纬仪定线。

1. 目测定线

如图 5-2 所示，设 *A*、*B* 两点可以通视，需在 *AB* 方向线上标出 1，2 等点。步骤如下：在 *A*、*B* 两点上竖立标杆，甲站在 *A* 点标杆后约 1m 处，指挥乙左右移动标杆，直到甲从 *A* 点沿标杆的同一侧看到 *A*、1、*B* 三支标杆在同一直线上为止。

若两点间需标定若干个点，一般应由远及近进行定线，以免待定点受到已定点的影响。

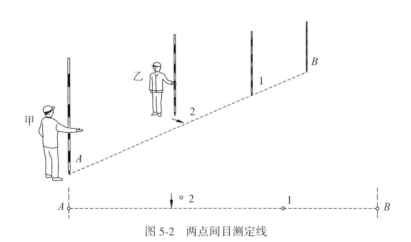

图 5-2　两点间目测定线

2. 经纬仪定线

1）用经纬仪在两点间定线

A、B 两点可以通视，在 A 点安置仪器，对中整平后，望远镜十字丝的纵丝瞄准 B 点标杆，水平制动照准部，望远镜上下转动，指挥待定点处的持标杆者左右移动标杆，直到标杆像为纵丝平分。精密定线时，标杆应该用直径更小的测钎代替，或采用更适合于精确瞄准的觇牌。

2）用经纬仪延长直线

如图 5-3 所示，若需将直线 AB 延长至 C 点，方法如下：在 B 点安置仪器，对中整平后，盘左位置以纵丝瞄准 A 点，水平制动照准部，旋松望远镜制动螺旋，倒转望远镜，在需要延长之处，以纵丝定出 C' 点；再在望远镜盘右位置瞄准 A 点，同法定出 C'' 点。取 $C'C''$ 的中点，即为精确位于 AB 延长线上的 C 点。以上方法称为**经纬仪正倒镜分中法**，可以消除经纬仪可能存在的视准轴误差和横轴误差对延长直线的影响。

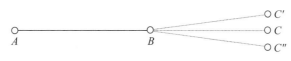

图 5-3　经纬仪正倒镜分中法延长

5.1.3　钢尺量距的一般方法

用钢尺进行距离丈量，对于较长的距离（例如长度有多个尺段）一般需要 3 人，分别担任前尺手、后尺手和记录员（或定线员）。在地势起伏较大地区或行人车辆较多的地区，还需增加辅助人员。丈量较短距离一般仅需 2 人。

1. 平坦地面的量距方法

采用边定线边量距的方法，如图 5-4 所示，为丈量多个尺段。先于直线两端点 A、B 竖立标杆；丈量时，后尺手（甲）持钢尺的末端在起点 A，前尺手（乙）持钢尺的前端（零点一端）和一根标杆、一套测钎沿直线方向前进，走到约一整尺段（钢尺的长度）时，在定线员的指挥下将标杆移动到 AB 直线上，在地面上做好标志；然后前尺手（乙）使尺子通过地上定线标志，对准直线方向和拉紧钢尺后，乙喊"预备"，甲把钢尺末端分划对准起点 A 后喊"好"，乙在听到"好"的同时，把测钎对准钢尺零点分划垂直地插入地面，如为硬性地面可用测钎或铅笔在地面画线作记号，这样完成第一尺段的丈量。甲、乙二人同时将钢尺抬起（悬空勿在地面拖拉），甲到达测钎或画线记号处，二人重复第一尺段的工作，量完第二尺段，甲拔起地上的测钎；依次操作，直至 AB 直线的最后一段，该段距离不会刚好是一整尺段的长度，称为**余长**。丈量余长时，乙将钢尺零点分划对准 B 点，甲在钢尺上读取余长值。在平坦地区，沿地面丈量的结果即为水平距离。A、B 两点间的水平距离为

$$D_{AB} = n \times 尺段长 + 余长 \tag{5-1}$$

式中，n 为整尺段数。

图 5-4　平坦地面量距

为了提高量距精度，一般采用往、返丈量。返测时是从 $B{\rightarrow}A$，要重新定线。取往返距离的平均值为丈量结果。

量距的精度用相对误差来表示，通常化为分子为 1 的分子形式。例如某距离 AB，往测时为 185.32m，返测时为 185.38m，距离平距值为 185.35m，故其相对误差为

$$K = \frac{\left| D_{往} - D_{返} \right|}{D_{平均}} = \frac{\left| 185.32 - 185.38 \right|}{185.35} \approx \frac{1}{3100}$$

相对误差的分母越大，说明量距的精度越高。在平坦地区，钢尺量距的相对误差不应低于 1/3000；在量距困难地区，相对误差应不大于 1/1000。若丈量的相对误差不超限，取往、返测的平均值作为两点间的水平距离 D。

2. 倾斜地面的量距方法

当地面坡度较大，但地面起伏均匀，大致成一倾斜面，如图 5-5 所示，可沿地面丈量倾斜距离 S(简称**斜距**)，再用水准仪测定两点间的高差 h，按以下两式计算水平距离 D(简称**平距**)：

$$D = \sqrt{S^2 - h^2} \tag{5-2}$$

或

$$D = S + \Delta D_h \tag{5-3}$$

式中，$\Delta D_h = -\dfrac{h^2}{2S}$ 称为量距的倾斜改正(高差改正)。

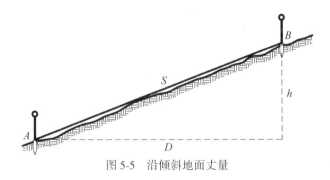

图 5-5　沿倾斜地面丈量

5.1.4　钢尺长度检定

钢尺两端点分划线之间的标准长度称为钢尺的**实际长度**，端点分划的注记长度（如30m、50m等）称为钢尺的**名义长度**。实际长度往往不等于名义长度，存在差值，量距时易产生误差累积。因此，为了得到准确的距离，除了要掌握好量距的方法外，还必须进行钢尺检定，以便对量距结果进行改正。

由于钢尺受到不同拉力时尺长会有微小变化，在不同温度下钢尺的热胀冷缩性也会影响尺长变化，因此，在一定拉力下，用以温度为自变量的函数来表示尺长 l 即为**尺长方程式**（简称"尺方程式"），如下式所示：

$$l = l_0 + \Delta k + \alpha l_0 (t - t_0) \tag{5-4}$$

式中，l 为钢尺的实际长度（m）；l_0 为钢尺的名义长度（m）；Δk 为尺长改正值（mm），即钢尺在温度 t_0 时的实际长度与名义长度之差；α 为钢的线膨胀系数，即钢尺当温度变化 1℃ 时 1m 长度的变化量，其值一般为 $0.0115 \sim 0.0125\text{mm}/(\text{m} \cdot ℃)$；$t_0$ 为标准温度（℃），一般取 20℃；t 为量距时的实际温度（℃）。

尺长方程式中的尺长改正值 Δk 必须经过钢尺检定，与标准长度相比较而求得。

5.1.5　钢尺量距的长度改正

钢尺量距的长度改正，在理论上应包括尺长改正、温度改正和高差改正，计算经各项改正后的水平距离。实际上，如果距离丈量的相对精度要求高于 1/3000 时，在下列情况下，才需要进行有关项目的改正：

（1）尺长改正值大于尺长的 1/10000 时，应加尺长改正；

（2）量距时温度与标准温度（一般为 20℃）相差±10℃时，应加温度改正；

（3）沿地面丈量的地面坡度（高差与平距之比）大于 1% 时，应加高差改正。

各项改正的计算如下：

1. 尺长改正

尺长方程式中的尺长改正值 Δk 除以卷尺的名义长度 l_0，可得每米尺长改正值，再乘以量得长度 D'，即得该段距离的尺长改正为

$$\Delta D_k = D' \cdot \frac{\Delta k}{l_0} \tag{5-5}$$

2. 温度改正

将距离丈量时的平均温度 t 与标准温度 t_0 之差乘以钢尺的膨胀系数 α（取自尺长方程式）再乘以量得长度 D'，即得该段距离的温度改正为

$$\Delta D_t = D'\alpha (t - t_0) \tag{5-6}$$

3. 高差改正

在倾斜地面沿地面丈量时，用水准仪测得两端点的高差 h，按式（5-7）可得该段距离

81

的高差改正。如果沿线的地面倾斜不是同一坡度，则分段测定高差，分段计算高差改正。

$$\Delta D_h = -\frac{h^2}{2D'} \tag{5-7}$$

按量得长度，经过各项改正后的水平距离为

$$D = D' + \Delta D_k + \Delta D_t + \Delta D_h \tag{5-8}$$

例如，使用一 30m 长的钢尺，用标准的 100N 拉力沿地面往返丈量 AB 边的长度。钢尺的尺长方程式为

$$l = 30\text{m} - 1.8\text{mm} + 0.36(t - 20℃)\text{mm}$$

用水准仪测得 AB 之间的高差为 $h = 1.89\text{m}$，往测丈量时的地面平均温度 $t = 26.8℃$，返测时 $t = 27.2℃$，各项改正按式(5-5)~式(5-7)计算，最后按式(5-8)计算往返丈量水平距离，计算结果见表 5-1。

表 5-1   钢尺量距成果整理

线段 （端点号）	丈量长度 D'(m)	地面温度 t(℃)	高差 h(m)	尺长改正 ΔD_k(m)	温度改正 ΔD_t(m)	高差改正 ΔD_h(m)	水平距离 D(m)
A—B	189.875	26.8	1.89	−0.0114	0.0155	−0.0094	189.870
B—A	189.880	27.2	−1.89	−0.0114	0.0164	−0.0094	189.876

根据改正后的水平距离计算往返丈量的相对误差为

$$K = \frac{\left|189.870 - 189.876\right|}{189.873} = \frac{1}{31600}$$

5.1.6　钢尺量距误差及注意事项

1. 主要误差来源

1）尺长误差

对于新买来的钢尺必须经过严格检定才能使用，使用过程中也应定期检定。尺长检定一般只能达到±0.5mm 的精度，检定后仍有残余误差，在精密量距成果整理时应根据尺长方程式进行相应的尺长改正。

2）温度变化的误差

除钢尺本身长度随温度变化外，温度测量也存在误差，量距时测定的是空气温度，而非钢尺本身的温度。夏季白天的日晒，两者温差可达 10℃ 以上。因此，应选择半导体温度计直接测量钢尺本身的温度。

3）尺子不水平的误差

直接丈量水平距离时，如果钢尺不水平，则会使所量的距离增大。对于 30m 钢尺，若目估水平而实际两端高差达 0.3m 时，由此产生的误差为

$$\Delta D = 30 - \sqrt{30^2 - 0.3^2} = 0.0015\text{m}(\text{即 } 1.5\text{mm})$$

4）定线不直的误差

由于标定的尺段点不完全落在所要测量的直线上，导致丈量的距离是折线而非直线距离。对于 30m 长的钢尺，若两端各向相对方向偏离直线 0.15m，则将使所量距离增加 1.5mm。

5）钢尺垂曲和反曲的误差

在凹地或悬空丈量时，尺子因自重而产生下垂的现象，称为垂曲。在凹凸不平地面丈量时，凸起部分将使尺子产生上凸现象，称为反曲。此类误差与前述尺子不水平误差相似，影响较大。例如，钢尺中部下垂 0.3m，对 30m 钢尺将产生 6mm 的误差（因为 $30-2\sqrt{15^2-0.3^2}=0.006\text{m}$）。

6）丈量本身误差

丈量本身误差包括钢尺刻划对点误差、测钎安置误差和读数误差等。所有这些误差是偶然误差，其值可大可小，可正可负。在丈量结果中会抵消一部分，但不能全部抵消，故此项误差是丈量工作的一项主要误差来源。

2. 钢尺量距注意事项

为了保证丈量成果达到预期的精度要求，必须针对上述误差来源，注意做到以下几点：

(1) 钢尺应送检定机构进行检定，以便进行尺长改正和温度改正；

(2) 使用钢尺前应认清钢尺分划注记及零点的位置；

(3) 丈量时应将尺子拉紧拉直，拉力要均匀，前后尺手要配合好；

(4) 钢尺前后端要同时对点、插测钎和读数；

(5) 需加温度改正时，最好使用点温度计测定钢尺的温度；

(6) 读数应准确无误，记录应工整清晰，记录者应回报所记数据，以便当场校验；

(7) 爱护钢尺，避免人踩、车压。不可擦地拖行。出现环结时，应先解开理顺后再拉，否则将会折断钢尺。使用完毕后，应将钢尺擦净上油保存，以防生锈。

5.2 视距测量

视距测量是一种光学间接测距方法，它利用测量望远镜内十字丝平面上的视距丝及刻有厘米分划的视距标尺（与普通水准尺通用），就可以测定测站和目标点之间的水平距离和高差。视距测量观测速度快，操作简单，受地形限制小，但相对精度较低，为 1/300～1/200，低于用钢尺直接量距，可用于精度要求不高的距离测量，例如水准测量中前视、后视的距离测定和地形测量中的碎部测量。

5.2.1 视距测量的基本原理

1. 视准轴水平时

在经纬仪或水准仪望远镜的十字丝平面内，与横丝平行且上、下等间距的两根短丝称为视距丝，如图 5-6(b) 所示。由于上、下视距丝的间距固定，因此，从这两根视距丝引出去的视线在竖直面内的夹角 φ 也是一个固定的角度。在测站 A 安置水准仪或经纬仪，

83

并使视准轴水平；在 1，2 点依次竖立标尺，则视准轴与标尺垂直。上视距丝（简称**上丝**）在标尺上读数 a，下视距丝（简称**下丝**）在标尺上的读数为 b，上、下丝读数之差称为视距间隔 n，即

$$n = a - b \qquad\qquad (5\text{-}9)$$

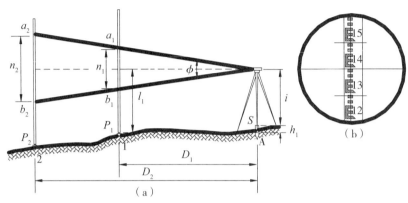

图 5-6　视准轴水平时的视距测量

由于 ϕ 角固定，因此视距间隔 n 和立尺点离开测站的水平距离 D 成正比，即

$$D = C \cdot n \qquad\qquad (5\text{-}10)$$

上式中的比例系数 C 称为**视距常数**，由上、下两根视距丝的间距所决定。仪器在设计时，使 $C = 100$。因此，当视准轴水平时，测站至立尺点的水平距离计算公式为

$$D = 100n = 100(a - b) \qquad\qquad (5\text{-}11)$$

此时，若十字丝的横丝（此时称为**中丝**）在标尺上的读数为 l（称为**中丝读数**），测站桩顶至仪器横轴的高度用卷尺量得 i（称为**仪器高**），则可得视准轴水平时测站至立尺点的高差计算公式如下

$$h = i - l \qquad\qquad (5\text{-}12)$$

如果已知测站点的高程 H_A，则立尺点 B 的高程为

$$H_B = H_A + h = H_A + i - l \qquad\qquad (5\text{-}13)$$

2. 视准轴倾斜时

如图 5-7(a)所示，地面起伏较大时，视准轴需倾斜一个垂直角 α，才能在标尺上进行视距读数。由于视准轴不垂直于视距尺，而相交成 $90° \pm \alpha$ 的角度，故上述公式不适用。如果能将标尺以中丝读数 l 这一点为中心，转动一个 α 角，则标尺仍与视准轴垂直，如图 5-7(b)所示。此时，上、下视距丝在标尺上的读数为 a'、b'，视距间隔 $n' = a' - b'$，则倾斜距离为

$$S' = Cn' = C(a' - b')$$

倾斜距离化为水平距离的表达式如下：

$$D = S'\cos\alpha = Cn'\cos\alpha \qquad\qquad (5\text{-}14)$$

在实际测量过程中，标尺总是直立的，不可能转到与视准轴垂直的位置，视距丝在标尺上的读数为 a、b，视距间隔 $n = a - b$。为了能利用公式(5-14)，必须找出 n 与 n' 之间的

关系。图中 ϕ 角很小，约为 34.38′，故可把 $\angle aa'l$ 和 $\angle bb'l$ 视为直角，则

$$n' = n\cos\alpha \qquad (5\text{-}15)$$

将上式代入式(5-14)，得到视准轴倾斜时水平距离的计算公式

$$D = Cn\cos^2\alpha = 100(a - b)\cos^2\alpha \qquad (5\text{-}16)$$

根据垂直角 α，仪器高 i 及中丝读数 l，按下式计算两点间的高差：

$$h = D\tan\alpha + i - l \qquad (5\text{-}17)$$

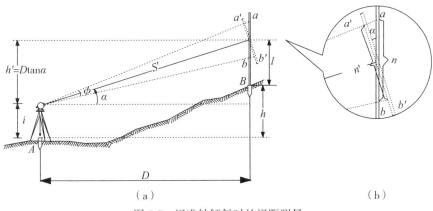

图 5-7　视准轴倾斜时的视距测量

5.2.2　视距测量和计算

视距测量主要用于地形测量的碎部测量过程中，测定测站至地形特征点的水平距离及其高程，其观测按下列步骤进行：

(1)在测站点 A 安置经纬仪，量取仪器高 i(取至 cm)，并抄录 A 点高程 H_A(取至 cm)；

(2)立标尺于待测点，使尺子竖直，尺面对准仪器；

(3)以盘左位置瞄准标尺，读取下丝 a(估读至 mm)、上丝 b(估读至 mm)和中丝读数 l(读到 cm 即可)；

(4)使竖盘水准管气泡居中，读竖盘读数(若竖盘指标自动归零，则直接读数)。

以上完成一个点的观测，重复步骤(2)(3)(4)测定其他待测点。表 5-2 为记录和计算结果。

表 5-2 　　　　　　　　　　　　　　　**视距测量记录**

测站：A　　　　　　　　　　　　测站高程：23.12m　　　　　　　　　　仪器高：1.37m

特征点号	下丝读数 上丝读数 视距间隔	中丝读数 l(cm)	竖盘读数 L (° ′)	垂直角 α (° ′)	水平距离 D (m)	高差 h (m)	高程 H (m)
1	1.635 0.897 0.738	1.25	92°43′	2°43′	73.63	3.62	26.74

续表

特征点号	下丝读数上丝读数视距间隔	中丝读数 l(cm)	竖盘读数 L(° ′)	垂直角 α(° ′)	水平距离 D(m)	高差 h(m)	高程 H(m)
2	1.892 1.243 0.649	1.56	87°34′	-2°26′	64.78	-2.95	20.17
3	1.354 0.885 0.469	1.03	93°07′	3°07′	46.76	2.89	26.01

注：竖直角计算公式为 $\alpha = L - 90°$。

5.3　光电测距

电磁波测距是用电磁波(光波或微波)作为载波传输测距信号，以测量两点间距离的一种方法。电磁波测距具有测程远、精度高、作业快、不受地形限制等优点，目前已成为大地测量、工程测量和地形测量中距离测量的主要方法。电磁波测距的仪器按其所采用的载波可分为以下三种：①用红外光作为载波的红外测距仪；②用激光作为载波的激光测距仪；③用微波段的无线电波作为载波的微波测距仪。前二者又总称为光电测距仪，在工程测量和地形测量中得到广泛应用。本节主要介绍光电测距仪的基本工作原理和测距方法。

5.3.1　光电测距的基本原理

光电测距的基本原理是：利用已知光速 c，测定它在两点间的传播时间 t，以计算距离。如图 5-8 所示，欲测定 A、B 两点间的距离，将一台发射和接收电磁波的测距仪主机放在一端 A 点，另一端 B 放反射棱镜，经过光的发射、接收和时间测定，两点间的距离 S 可按式(5-18)计算。

$$S = \frac{1}{2}ct \tag{5-18}$$

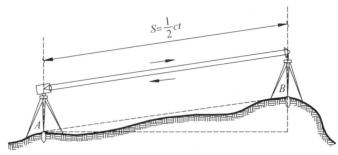

图 5-8　光电测距原理

 A、B 两点一般并不同高,光电测距测定的是斜距 S,应再通过垂直角观测,将斜距归算为平距 D 和高差 h。

 光在大气中的传播速度约为 $3×10^8\mathrm{m/s}$,由式(5-18)可知,测量距离的精度主要取决于测量时间 t 的精度。在光电测距中,一般采用直接法和间接法测量时间。对于直接测时法,若要求测距误差不超过 $±10\mathrm{mm}$,测时误差应小于 $±\dfrac{2}{3}×10^{-10}\mathrm{s}$,要达到这样的测时精度是极其困难的。因此,对于精密测距,多采用间接测距法。目前大多数光电测距仪器是通过测量光波往返传播产生的相位移来间接测时,据此测定距离,这种测距方式称为相位式测距。

 相位式测距仪的基本工作原理如下:利用周期为 T 的高频电振荡将测距仪的发射光源(红外测距仪采用砷化镓发光二极管)进行振幅调制,使光强随电振荡的频率而产生周期性的明暗变化,如图 5-9 所示。调制光波在待测距离上往返传播,使同一束的发射光与接收光产生相位差 $\Delta\varphi$,如图 5-10 所示。根据相位差间接计算出传播时间,从而计算距离。

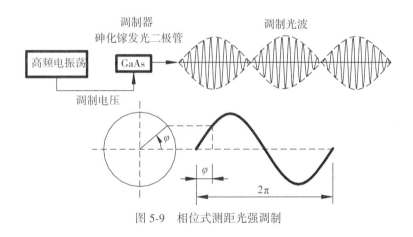

图 5-9 相位式测距光强调制

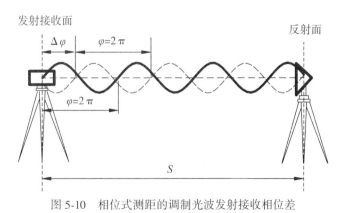

图 5-10 相位式测距的调制光波发射接收相位差

 设光速为 c,调制信号的振荡频率为 f(每秒振荡次数),则该信号每振荡一次所需时

间(即周期)为 $T = 1/f$，该调制光的波长为

$$\lambda = cT = \frac{c}{f} \tag{5-19}$$

因此

$$c = \lambda f = \frac{\lambda}{T} \tag{5-20}$$

调制光在测程的往返传播时间 t 内，调制光的相位变化了 N 个整周(NT)和不足一整周的余数 ΔT，即

$$t = NT + \Delta T \tag{5-21}$$

由于一整周相位差变化为 2π，不足一整周的余数为 $\Delta\varphi$，如图 5-10 所示，因此

$$\Delta T = \frac{\Delta\varphi}{2\pi} \cdot T \tag{5-22}$$

$$t = NT + \frac{\Delta\varphi}{2\pi} \cdot T = T\left(N + \frac{\Delta\varphi}{2\pi}\right) \tag{5-23}$$

将式(5-20)、式(5-23)代入式(5-18)便可得到相位式测距的基本公式：

$$S = \frac{\lambda}{2}\left(N + \frac{\Delta\varphi}{2\pi}\right) \tag{5-24}$$

与卷尺量距相仿，相位式测距相当于用一把长度为 $\lambda/2$ 的"测尺"来丈量距离，"整尺段数"为 N，"余长"为 $(\lambda/2) \times (\Delta\varphi/2\pi)$。

根据式(5-19)可知，"测尺"的长度由调制信号的频率来确定，当 $f_1 = 15\text{MHz}$ 时，"测尺"长度 $\lambda_1/2 = 10\text{m}$；当 $f_2 = 150\text{kHz}$ 时，"测尺"长度 $\lambda_2/2 = 1000\text{m}$。在测距仪的构造中，用相位计按相位比较的方法只能测定往、返调制信号相位差的尾数 $\Delta\varphi$，而无法测定整周数 N。因此，只有当待测距离小于"测尺"长度时，式(5-24)才能有确定的数值。另外，用相位计一般也只能测定 4 位有效数值。因而在相位式测距仪中有两种调制信号，构成两种"测尺"长度。以短测尺(或精尺)保证精度，以长测尺(或粗尺)保证测程，配合测距。

例如：某种相位式测距仪上安装测程分别为 1000m 和 10m 的两个测尺，欲测约 585m 的某段距离，两个测尺测量的距离分别为 586.2m 和 5.985m，距离的个位以上取粗尺的结果为 580m，个位及以下取精尺的结果 5.985m，二者结合，则距离的测量结果取 585.985m。

5.3.2　光电测距仪及反射器

1. 光电测距仪

自从 20 世纪中期发明光电测距仪以来，随着微电子学、激光、半导体和发光二极管等技术的发展，测绘工作所用的测距仪的部件得到很大的改进，体积变小，精度提高，操作也越来越方便。测距仪从体积庞大的单体仪器(图 5-11(a))，发展为可以架设于经纬仪上方的测角和测距的联合体(见图 5-11(b))，以致最后将测距仪中的光电反射和接收的光学系统，以及光调制器、脉冲计、相位计等微电子元件和经纬仪的瞄准望远镜组装在一

起，而成为同时可以测距和测角，且使用更加方便的电子全站仪，而不再单独使用测距仪。

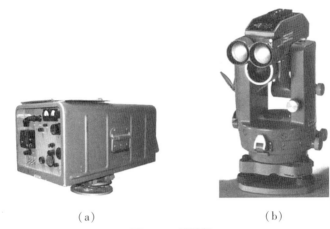

（a）　　　　　　　　　　　　　　（b）

图 5-11　测距仪

2. 反射器

用光电测距仪进行距离测量时，在目标点上一般需要安置反射器。反射器分为全反射棱镜和反射片两种。前者经常用于控制测量中长距离的精密测距；后者用于近距离的测距，例如地形测量和工程测量。

全反射棱镜（简称**反射棱镜**或**反光镜**）是使用光学玻璃磨制成的四面体，如同从正立方体上切下的一个角锥体，如图 5-12 所示。角锥顶点为 D，底面为 ABC。ABC 面是反射棱镜的正面，而 ADB、ADC 和 BDC 三个反射面要求严格互相垂直。这样，入射光线 L_I（在 ABC 平面的入射点为 P_I）和经过三个垂直面的三次全反射（反射点为 1、2、3）后的反射光线 L_R（在 ABC 平面的折射点为 P_R）相互平行，也可以说是入射光线按原路线返回。在棱镜的实物加工时，磨去 ABC 面的三个棱角，成为以 ABC 平面为底面的圆柱体和三个相互垂直的顶面，然后装入塑料外框，仅露出底面。实际应用的反射棱镜有单块棱镜的单棱镜（见图 5-13（a））和三块棱镜装在一起的三棱镜（见图 5-13（b））等，适合于远近不同距离的测定。

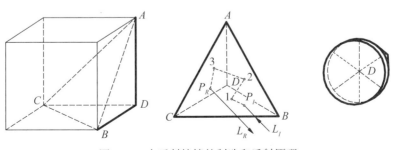

图 5-12　全反射棱镜的制造和反射原理

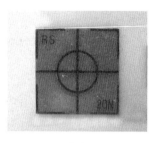

(a)   (b)   (c)

图 5-13 常用棱镜和棱镜组

反射片为塑料制成的透明薄片(见图 5-13(c)),厚度小于 1mm,按全反射棱镜的反光原理,底面由许多正立方体的角锥阵列组成,同样能起到使入射光线与反射光线平行的作用。单个反射片的平面尺寸有 1cm×1cm,2cm×2cm,5cm×5cm 等多种,一般适合于数十米至数百米的各种不同距离的测量。

测距仪如果采用高频脉冲激光作为光源,则在近距离可以接收目标体上产生的激光漫反射进行测距,此时可以不用反射棱镜或反射片,称为无棱镜测距或免棱镜测距。

5.3.3 距离测量

测距时,将测距仪和反射镜分别安置在测线两端,并仔细对中。接通测距仪电源,然后照准反射镜,开始测距。为防止出现粗差和减少照准误差的影响,可进行若干测回的观测。这里一测回的含义是指照准目标 1 次,读数 2~4 次。一测回内读数次数可根据仪器读数出现的离散程度和大气透明度作适当增减。根据不同精度要求和测量规范规定测回数。往返测回数各占总测回数的一半,在精度要求不高时,可只作单向观测。

测距读数值记入手簿中,接着读取竖盘读数,记入手簿的相应栏内。测距时尚应由温度计读取大气温度值,由气压计读取气压值。观测完毕可按气温和气压进行气象改正,按测线的竖角值进行倾斜校正,最后求得测线的水平距离。

测距时应避免各种不利因素影响测距精度,如避开发热物体(散热塔、烟囱等)的上空及附近,安置测距仪的测站应避免受电磁场干扰,距离高压线应大于 5m,测距时的视线背景部分不应有反光物体等。要严格防止阳光直射测距仪的照准头,以免损坏仪器。

5.3.4 测距成果整理

测距仪观测到的是测线两端点的斜距,必须经过改正才能得到测线两端正确的水平距离。

1. 测距仪常数改正

仪器在使用的过程中，由于电子元件老化等原因，实际的调制频率与设计的标准频率可能会有微小的差别(犹如尺长误差)，其影响与距离的长度成正比。因此，需要定时(一般为每隔一年)进行测距仪检定，可以得到改正距离用的比例系数，称为**测距仪的乘常数** R，其单位为 mm/km。距离的乘常数改正值 ΔS_k 为

$$\Delta S_k = RS' \tag{5-25}$$

式中，S' 为距离的观测值。

由于测距仪的距离起算中心与测距仪的安置中心不一致，以及反射棱镜的等效反射面与棱镜安置中心不一致，使测得距离与实际距离有一个固定的差数，称为**测距仪的加常数** C。当测距仪与反射棱镜构成一套固定的设备后，加常数为一个固定值，可以设置在仪器中，使其自动改正。一般以"棱镜常数"的名义设置加常数。但在仪器使用过程中，此常数可能会发生变化，因此也需要定时进行检定，必要时，应对观测成果加以改正。距离的加常数改正值 ΔS_C 为

$$\Delta S_C = C \tag{5-26}$$

2. 气象改正

影响光速的大气折射率 n 为光的波长 λ_g、气温 t 和气压 p 的函数。对于某一型号的测距仪，其发射光源的波长 λ_g 为一定值。因此，根据距离测量时测定的气温和气压，可以计算距离的气象改正系数 A。距离的气象改正值与距离的长度成正比，单位取 mm/km，在仪器说明书中一般都有 A 的计算公式。距离的气象改正值 ΔS_A 为

$$\Delta S_A = AS' \tag{5-27}$$

3. 改正后的斜距、平距和高差计算

斜距观测值 S' 经过乘常数改正、加常数改正和气象改正后，得到改正后的斜距

$$S = S' + \Delta S_k + \Delta S_C + \Delta S_A \tag{5-28}$$

式中，S 为经过以上三项改正后的斜距值。

两点间的平距 D 和两点间仪器和棱镜的高差 h' 是斜距在水平和垂直方向的分量，即

$$\begin{cases} D = S \cdot \cos\alpha \\ h' = S \cdot \sin\alpha \end{cases} \tag{5-29}$$

式中，α 为斜距方向的竖直角，测距时可通过角度测量获得。

5.4 直线定向

确定地面两点在平面上的位置，不仅需要量测两点间的距离，还要确定该直线的方向。为此选择一个基准方向，根据直线与基准方向之间的关系确定直线方向，这项工作称为直线定向。

5.4.1　基准方向

测量中常用的基准方向有真子午线方向、磁子午线方向和坐标纵轴方向。

（1）真子午线方向：通过地球表面上一点的真子午线的切线方向称为该点的真子午线方向，真子午线方向通常用天文测量方法或陀螺经纬仪方法观测。

（2）磁子午线方向：在地球磁场的作用下，磁针自由静止时其轴线所指的方向称为磁子午线方向。磁子午线方向可用罗盘仪测定。

（3）坐标纵轴方向：第 4 章已讲过，我国采用高斯平面直角坐标系，每一投影带中央子午线的投影为该带的坐标纵轴方向，因此，该带内直线定向采用该带的坐标纵轴方向作为标准方向。如果采用假定坐标系，则用假定坐标纵轴作为直线定向的标准方向。

5.4.2　方位角

为了确定两点间连线的方向，必须先规定一个基准方向。与人类的生活和生产关系最密切的方向为地球自转轴的方向，即子午线方向。对于某一具体点位而言，即为其正北或正南方向。以直线开始一端的正北子午线为起始方向（零方向），在平面上顺时针旋转至该直线方向的水平角度称为**方位角**（A），方位角的数值范围为 $0° \sim 360°$。地面上直线的方位角可以用天文测量、陀螺仪测量或 GNSS 测量方法测定。由于地面上各个点的子午线都向南极和北极收敛，因此，任意两点的子午线方向不相平行，而存在一个交角 γ，称为两点间的**子午线收敛角**。如图 5-14 所示，P、P_1 为地球的北极和南极，EQ 为赤道；通过地面上 1，2 两点，分别作子午线 $1P$、$2P$，则 1 点至 2 点的方位角 $A_{1,2}$ 和 2 点至 1 点的方位角 $A_{2,1}$ 称为 1，2 两点的正、反方位角。二者存在下列关系：

$$A_{2,1} = A_{1,2} \pm 180° \pm \gamma \tag{5-30}$$

两点间子午线收敛角的近似计算公式为

$$\gamma'' = \Delta\lambda'' \sin\varphi = \rho'' \frac{\Delta y}{R} \tan\varphi \tag{5-31}$$

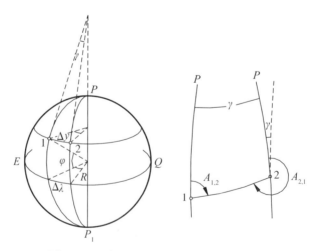

图 5-14　两点间正反方位角和子午线收敛角

式中，$\Delta\lambda$ 和 Δy 为两点的经度差和横坐标差，φ 为两点的平均纬度，R 为两点的平均地球曲率半径。1—2 方向偏向东，则 $\Delta\lambda$ 和 Δy 为正；1—2 方向偏西，则 $\Delta\lambda$ 和 Δy 为负。例如，在中纬度地区，设两点间的 $\Delta y = 1\mathrm{km}$，则 γ 约等于 30″。子午线收敛角值虽然很小，但在平面控制网中方位角推算时，不能忽略，因而在计算上是不方便的。

在高斯分带投影建立的平面直角坐标系中，该投影带的中央子午线为 X 轴。在该坐标系中任一点，统一将平行于 X 轴的方向作为起始方向，在平面上顺时针旋转至另一点的直线方向的水平角称为**坐标方位角**(α)，其数值为 0°~360°。由于在平面控制测量的计算中涉及的都是坐标方位角，因此，一般将坐标方位角简称为**方位角**，或称为**方向角**。

5.4.3 正、反坐标方位角

任一直线都具有正、反两个方向，直线前进方向的坐标方位角叫做正方位角，其相反方向的方位角就叫反方位角。如图 5-15 所示，α_{12} 和 α_{21} 分别为直线 $\overrightarrow{12}$ 的正、反坐标方位角，两者之间存在下列关系：

$$\alpha_{21} = \alpha_{12} \pm 180° \tag{5-32}$$

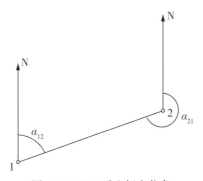

图 5-15 正、反坐标方位角

5.4.4 坐标方位角的推算

测量工作中直线的坐标方位角不是直接测定的，而是通过测定待求方向线与已知边的连接角以及各相邻边之间的水平夹角，来推算待求边的坐标方位角。如图 5-16 所示，B、A 为已知点，AB 边的坐标方位角为已知，通过联测求得 AB 边与 $A1$ 边的连接角为 β'，测出了各点的右(或左)角 β_A、β_1、β_2、β_3 和 β_4，现在要推算 $A1$、12、23、34、$4A$ 各边的坐标方位角。所谓右(或左)角是指以编号顺序为前进方向的右(或左)侧的角度。从图中可以看出，

$$\alpha_{A1} = \alpha_{AB} + \beta'$$
$$\alpha_{12} = \alpha_{1A} - \beta_1$$

每一边的正反坐标方位角相差 180°，因此，$\alpha_{1A} = \alpha_{A1} + 180°$，由此得到

$$\alpha_{12} = \alpha_{A1} + 180° - \beta_1$$

同理可得

$$\alpha_{23} = \alpha_{21} - \beta_2 = \alpha_{12} + 180° - \beta_2$$

$$\alpha_{34} = \alpha_{23} + 180° - \beta_3$$

……

归纳上述公式，可以推算出按后面一边的坐标方位角 $\alpha_{后}$ 和导线右角 $\beta_{右}$ 表示导线前进方向相邻边坐标方位角 $\alpha_{前}$ 的公式，

$$\alpha_{前} = \alpha_{后} + 180° - \beta_{右} \qquad (5\text{-}33)$$

由于导线左角和右角的关系为 $\beta_{左} + \beta_{右} = 360°$，因此，按导线左角推算导线前进方向各边坐标方位角的一般公式为

$$\alpha_{前} = \alpha_{后} + \beta_{左} - 180° \qquad (5\text{-}34)$$

5.4.5 象限角

从 X 轴的一端顺时针或逆时针转至某直线的水平角度（0~90°）称为象限角，以 R 表示，如图 5-17 所示。由于三角函数运算时，从三角函数表或计算器中只能得到绝对值小于或等于 90° 的象限角，因此，需要进行象限角和坐标方位角的换算。象限角与坐标方位角的换算关系列于表 5-3。

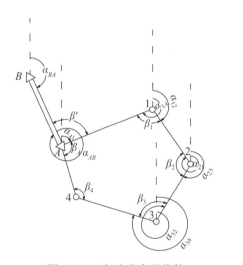

图 5-16 坐标方位角的推算

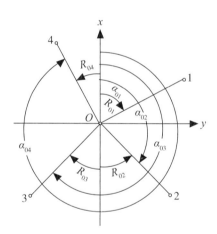

图 5-17 象限角与坐标方位角

表 5-3 象限角与坐标方位角的关系

象 限	关 系
Ⅰ	$\alpha = R$
Ⅱ	$\alpha = 180° - R$
Ⅲ	$\alpha = 180° + R$
Ⅳ	$\alpha = 360° - R$

5.4.6 直角坐标与极坐标的换算

1. 地面点的坐标和两点间的坐标增量

第 1 章已介绍过，在测量工作中，为了确定地面点的点位，用高斯分带投影的方法建立平面直角坐标系，中央子午线方向为 X 轴方向，与之相垂直的方向为 Y 轴方向，处于该投影带中任一点的位置可用坐标对 (x, y) 表示。如图 5-18 所示，点 1、2 的平面直角坐标分别为 (x_1, y_1) 和 (x_2, y_2)。两点坐标值之差为坐标增量

$$\begin{cases} \Delta x_{12} = x_2 - x_1 \\ \Delta y_{12} = y_2 - y_1 \end{cases} \tag{5-35}$$

由上式可得

$$\begin{cases} x_2 = x_1 + \Delta x_{12} \\ y_2 = y_1 + \Delta y_{12} \end{cases} \tag{5-36}$$

即根据点 1 的坐标及点 1 至点 2 的坐标增量，可计算点 2 的坐标。

需要注意的是，由 1 到 2 的坐标增量和由 2 到 1 的坐标增量绝对值相等而符号相反，即 $\Delta x_{12} = -\Delta x_{21}$，$\Delta y_{12} = -\Delta y_{21}$。

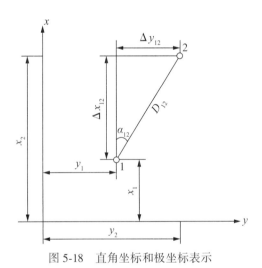

图 5-18　直角坐标和极坐标表示

2. 直角坐标和极坐标的换算

在高斯平面直角坐标系中，两点之间的位置关系有两种表达方式：直角坐标表示法和极坐标表示法。前者以两点间的坐标增量 Δx、Δy 表示，后者以两点间连线（边）的坐标方位角 α 和边长（水平距离）D 表示。

图 5-18 为两点间直角坐标和极坐标的关系。在平面控制网的内业计算中，经常需要进行这两种坐标的换算。若已知两点间的边长和坐标方位角，计算两点间的坐标增量，称

为坐标正算；若已知两点间的坐标增量，计算两点间的边长和坐标方位角，则称为坐标反算。

1）坐标正算

由图 5-18，若已知 1、2 两点间的边长 D_{12} 及其坐标方位角 α_{12}，则两点间坐标增量的计算公式为

$$\begin{cases} \Delta x_{12} = D_{12}\cos\alpha_{12} \\ \Delta y_{12} = D_{12}\sin\alpha_{12} \end{cases} \tag{5-37}$$

2）坐标反算

根据直角坐标计算两点间边长和坐标方位角的公式如下：

$$D_{12} = \sqrt{\Delta x_{12}^2 + \Delta y_{12}^2} \tag{5-38}$$

$$R_{12} = \arctan\left|\frac{\Delta y_{12}}{\Delta x_{12}}\right| \tag{5-39}$$

此时可根据坐标增量的正负决定坐标方位角所在的象限，然后按表 5-3 将象限角换算为坐标方位角。各象限坐标增量的正负号如图 5-19 所示。

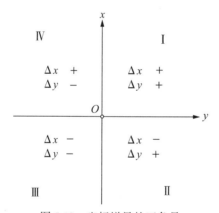

图 5-19　坐标增量的正负号

◎ **思考题**

1. 某钢尺的名义长度为 30m，经检定实际长度为 29.998m，检定温度 $t=20℃$，拉力 $P=100N$，用该尺对某距离的丈量长度为 182.260m，丈量时温度 $t=33.6℃$，$P=100N$，两点间高差为 1.36m，求水平距离。

2. 如何衡量距离测量精度？现测量了两段距离 AB 和 CD，AB 往测 289.37m，返测 289.33m；CD 往测 367.22m，返测 367.28m，问哪段距离的测量精度较高？

3. 表 5-4 是用经纬仪进行视距测量的记录，计算测站至照准点的水平距离及各照准点的高程。

4. 简述相位式测距原理，电磁波测距需要进行哪些成果改正？

5. 何谓直线定向，基准方向有哪几种，如何进行直线定向？

表 5-4 视距测量记录与计算表

测站：A   测站高程：68.39m   仪器高：1.24m

特征点号	下丝读数 上丝读数 视距间隔	中丝读数 l	竖盘读数 L	垂直角 α	水平距离 D	高差 h	高程 H
1	1.845 0.891 	1.45	93°15′				
2	1.880 1.343 	1.68	96°34′				
3	1.954 0.975 	1.36	88°24′				

注：竖直角计算公式为 $\alpha = L - 90°$。

6. 已知顶点为顺时针编号的四边形内角为 $\beta_1 = 94°$，$\beta_2 = 89°$，$\beta_3 = 86°$，$\beta_4 = 91°$，现已知 $\alpha_{12} = 29°46′$，试求其他各边的坐标方位角。

7. 已知点 1 的坐标 $x_1 = 150\text{m}$，$y_1 = 273\text{m}$，点 2 的坐标 $x_2 = 50\text{m}$，$y_1 = 100\text{m}$，试确定直线 12 的坐标方位角 α_{12}。

第6章 全站仪测量

6.1 概述

全站仪(total station instrument)是全站型电子速测仪的简称,它集电子经纬仪、光电测距仪和微处理器于一体。全站仪的发展经历了从组合式即光电测距仪与光学经纬仪组合,或光电测距仪与电子经纬仪组合,到整体式即将光电测距仪的光波发射接收系统的光轴和经纬仪的视准轴组合为同轴的整体式全站仪。全站仪可以同时测量角度和距离,并在此基础上扩展功能,被广泛应用于控制测量、细部测量、施工放样、变形测量等项目的测量作业中。

6.1.1 全站仪结构

全站仪的测角和测距原理与电子经纬仪和测距仪的原理基本相同,只是结构不同,全站仪将它们两者结合到仪器。图6-1是苏一光RTS102全站仪的结构。

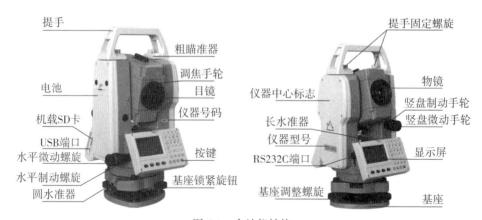

图6-1 全站仪结构

相比电子经纬仪,全站仪增加了许多特殊部件,这些特殊部件形成了全站仪在结构方面的特点。

1. 同轴望远镜

全站仪的望远镜实现了视准轴、测距光波的发射、接收光轴同轴化,如图6-2所示。

同轴化的基本原理是：在望远物镜与调焦透镜间设置分光棱镜系统，通过该系统实现望远镜的多功能，即既可瞄准目标，使之成像于十字丝分划板，进行角度测量。同时其测距部分的外光路系统又能使测距部分的光敏二极管发射的调制红外光在经物镜射向反光棱镜后，经同一路径反射回来，再经分光棱镜作用使回光被光电二极管接收；为测距需要在仪器内部另设一内光路系统，通过分光棱镜系统中的光导纤维将由光敏二极管发射的调制红外光也传送给光电二极管接收，进而由内、外光路调制光的相位差间接计算光的传播时间，计算实测距离。同轴性使得望远镜一次瞄准即可实现同时测定水平角、垂直角和斜距等基本测量要素。

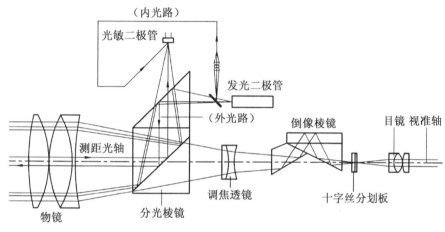

图 6-2　全站仪望远镜的光路图

2. 键盘

键盘是全站仪在测量时输入操作指令或数据的硬件，全站型仪器的键盘和显示屏均为双面式，便于正、倒镜作业时操作。

3. 通信接口

全站仪可以通过 BS-232C 通信接口和通信电缆将内存中存储的数据输入计算机，或将计算机中的数据和信息经通信电缆传输给全站仪，实现双向信息传输。

6.1.2　全站仪电子电路

全站仪电子电路包括以下两部分：一部分是由光栅度盘或编码度盘、光电转换器、放大器、计数器、显示器和逻辑电路等组成的测角部分；另一部分是由发光二极管、接收二极管、电子电路组成的距离测量部分，两者之间用串行通信连接成一个整体，从而完成电子经纬仪及测距仪的全部功能。

全站仪由电子测角、电子测距、电子补偿、微机处理装置四部分组成。其中微机处理装置由微处理器、存储器、输入和输出部分组成。由微处理器对获取的倾斜距离、水平方向、天顶距、竖轴倾斜误差、视准轴误差、垂直度盘指标差、棱镜常数、气温、气压等信息加以处理，从而获得各项改正后的观测数据和计算数据。在仪器的存储器中固化了测量程序，测量过程由程序完成。仪器的设计框图如图 6-3 所示。

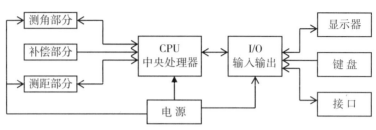

图 6-3　全站仪各组成部分框图

6.1.3　全站仪种类划分

全站仪采用了光电扫描测角系统，其类型主要有：编码盘测角系统、光栅盘测角系统及动态(光栅盘)测角系统等三种。

1. 按外观结构分类

1) 积木型(modular，又称组合型)

早期的全站仪，大多是积木型结构，即电子速测仪、电子经纬仪、电子记录器各是一个整体，可以分离使用，也可以通过电缆或接口把它们组合起来，形成完整的全站仪。

2) 整体性(integral)

随着电子测距仪进一步的轻巧化，现代的全站仪大多把测距、测角和记录单元在光学、机械等方面设计成一个不可分割的整体，其中测距仪的发射轴、接收轴和望远镜的视准轴为同轴结构。这对保证较大垂直角条件下的距离测量精度非常有利。

2. 按测量功能分类

1) 经典型全站仪(classical total station)

经典型全站仪也称为常规全站仪，它具备全站仪电子测角、电子测距和数据自动记录等基本功能，有的还可以运行厂家或用户自主开发的机载测量程序。其经典代表为徕卡公司的 TC 系列全站仪、苏一光 RTS112 系列全站仪。

2) 机动型全站仪(motorized total station)

在经典全站仪的基础上安装轴系步进电机，可自动驱动全站仪照准部和望远镜的旋转。在计算机的在线控制下，机动型系列全站仪可按计算机给定的方向值自动照准目标，并可实现自动正、倒镜测量。徕卡 TCM 系列全站仪、苏一光 RTS812M 电动全站仪就是典型的机动型全站仪。

3) 无合作目标型全站仪(reflectorless total station)

无合作目标型全站仪是指在无反射棱镜的条件下，可对一般的目标直接测距的全站仪。因此，对不便安置反射棱镜的目标进行测量，无合作目标型全站仪具有明显优势。如徕卡 TCR 系列全站仪、苏一光 RTS342R10 系列全站仪，无合作目标距离测程可达 1500m，可广泛用于地籍测量、房产测量和施工测量等。

　　4）智能型全站仪（robotic total station）

　　在机动化全站仪的基础上，仪器增加自动目标识别与照准的新功能，因此在自动化的进程中，全站仪进一步克服了需要人工照准目标的重大缺陷，实现了全站仪的智能化。在相关软件的控制下，智能型全站仪在无人干预的条件下可自动完成多个目标的识别、照准与测量，因此，智能型全站仪又称为"测量机器人"，典型的代表有徕卡的 TCA 型全站仪、苏一光 RTS010A 测量机器人等。

3. 按测距仪测距分类

　　1）短距离测距全站仪

　　测程小于 3km，一般精度为±（5mm+5ppm），主要用于普通测量和城市测量。

　　2）中测程全站仪

　　测程为 3~15km，一般精度为±（5mm+2ppm），±（2mm+2ppm）通常用于一般等级的控制测量。

　　3）长测程全站仪

　　测程大于 15km，一般精度为±（5mm＋1ppm），通常用于国家三角网及特级导线的测量。

6.2　全站仪功能

　　全站仪可以同时完成水平角、垂直角和距离测量，加之仪器内部有固化的测量应用程序，因而可以现场完成多种测量工作，提高了野外测量的效率和质量。

6.2.1　基本测量

1. 角度测量

　　全站仪具有电子经纬仪的测角系统，除一般的水平角和垂直角测量外，还具有以下附加功能：

　　（1）水平角设置：将某方向水平读数设置为零或任意值；任意方向值的锁定（照准部旋转时方向值不变）；右角/左角的测量（照准部顺时针旋转时角值增大/照准部逆时针旋转时角值增大）；角度重复测量模式（多次测量取平均值）。

　　（2）垂直角显示变换：可以用天顶距、高度角、倾斜角、坡度等方式显示垂直角。

　　（3）角度单位变换：可以 360°、400gon 等方式显示角度。

　　（4）自动改正视准轴误差、横轴误差和指标差：预先测定视准轴误差、横轴误差和指标差并储存在仪器中，在水平方向和竖直角观测时，对半测回观测水平方向和天顶距读数自动进行改正。

（5）竖轴倾斜的自动补偿：使用电子水准器，可以测定出仪器在各个方向的倾斜量，从而自动改正竖轴倾斜对水平方向和竖直角的影响。

2. 距离测量

全站仪具有光电测距仪的测距系统，除了能测量仪器至反射棱镜的距离（斜距）外，还可根据全站仪的类型、反射棱镜数目和气象条件，改变其最大测程，以实现不同的测量目的和满足不同的作业要求。

（1）测距模式：全站仪的测距模式有精测模式、跟踪模式、粗测模式三种。精测模式是最常用的测距模式，测量精度高，需要数秒测量时间；跟踪模式，自动跟踪反射棱镜进行测量或放样时连续测距，测量精度低；粗测模式，测量精度低，可快速测量。在距离测量或坐标测量时，可根据需要选择不同的测距模式。

（2）各种改正功能：在测量前设置相关参数，距离测量结果可自动进行棱镜常数改正、气象（温度和气压）改正和大气折射率误差等改正。

（3）倾斜归算功能：由测量的垂直角（天顶距）和斜距可计算出仪器至棱镜的平距和高差，并立即显示出来。如事先输入仪器高和棱镜高，测距测角后便可计算出测站点与目标点之间的平距和高差。

6.2.2　应用程序

全站仪内部配置有微处理器、存储器和输入输出接口，可以运行复杂的应用程序，因而具有对测量数据进行进一步处理和存储的功能。其存储器有三类：ROM 存储器用于操作系统和厂商提供的应用程序；RAM 存储器用于存储测量数据和计算结果；PC 存储卡用于存储测量数据、计算结果和应用程序。各厂商提供的应用程序在数量、功能、操作方法等方面不尽相同，使用时可参阅其操作手册，但基本原理是一致的。全站仪较为常见的机载应用程序有以下几种。

1. 三维坐标测量

如图 6-4 所示，将全站仪安置于测站点 S 上，选定三维坐标测量模式后，首先输入仪器高 i，目标高 v 及测站点的三维坐标值 (x_S, y_S, H_S)；然后照准另一已知点 B 设定方位角；接着再照准目标点 T 上的反射棱镜；按下坐标测量键，仪器就会按下式利用自身内存的计算程序自动计算并瞬时显示目标点 T 的三维坐标值 (x_T, y_T, H_T)：

$$\begin{cases} x_T = x_S + D\cos\alpha\cos\theta \\ y_T = y_S + D\cos\alpha\sin\theta \\ H_T = H_S + D\sin\alpha + i - v \end{cases} \tag{6-1}$$

式中，D 为仪器至反射棱镜的斜距（m）；α 为仪器至反射棱镜的竖直角；θ 为仪器至反射棱镜的方位角。

2. 三维坐标放样

如图 6-5 所示，将全站仪安置于测站点 S 上，选定三维坐标放样模式后，首先输入仪

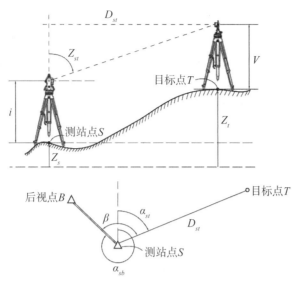

图 6-4 三维坐标测量

器高 i，目标高 v，以及测站点 S 和待测设点 P 的三维坐标值 $(x_S，y_S，H_S)$、$(x_P，y_P，H_P)$，并照准另一已知点 B 设定方位角；然后照准竖立在待测设点 P 的概略位置 P_1 处的反射棱镜；按键测量即可自动显示出水平角偏差 $\Delta\beta$、水平距离偏差 ΔD 和高程偏差 ΔH：

$$\begin{cases} \Delta\beta = \beta_{测} - \beta_{设} \\ \Delta D = D_{测} - D_{设} \\ \Delta H = H_{测} - H_{设} \end{cases} \qquad (6\text{-}2)$$

其中，
$$H_{测} = H_S + D\sin\alpha + i - v \qquad (6\text{-}3)$$

最后，按照所显示的偏差移动反射棱镜，当仪器显示为零时即为设计的放样点位。

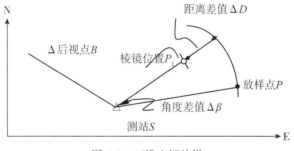

图 6-5 三维坐标放样

3. 对边测量

对边测量是在不移动仪器的情况下，测量两棱镜站点间斜距、平距、高差、方位、坡度的功能。

如图 6-6 所示，即在两目标点 P_1、P_2 上分别竖立反射棱镜，在与 P_1、P_2 通视的任意

点 P 安置全站仪后，先选定对边测量模式，然后分别照准 P_1、P_2 上的反射棱镜进行测量，仪器就会自动按下式计算并显示出 P_1、P_2 两目标点间的平距 D_{12} 和高差 h_{12}：

$$D_{12} = \sqrt{S_1^2 \cos^2\alpha_1 + S_2^2 \cos\alpha_2 - 2S_1S_2\cos\alpha_1\cos\alpha_2\cos\beta} \tag{6-4}$$

$$h_{12} = S_2\sin\alpha_2 - S_1\sin\alpha_1 \tag{6-5}$$

式中，S_1、S_2 为仪器至两反射棱镜的斜距（m）；α_1、α_2 为仪器至两反射棱镜的竖直角；β 为 PP_1 与 PP_2 两方向间的水平夹角。

但需指出，应用上述公式计算地面点 P_1、P_2 间高差的前提条件是 P_1、P_2 两点间的目标高 v_1、v_2 应相等。否则，应按下式计算

$$h_{12} = S_2\sin\alpha_2 - S_1\sin\alpha_1 + (v_1 - v_2) \tag{6-6}$$

因此，在实际工作中，应尽量使两目标高相等；否则应在全站仪显示的高差中加入改正数 $(v_1 - v_2)$。

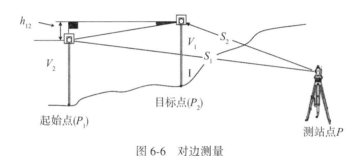

图 6-6　对边测量

4. 悬高测量

悬高测量功能用于无法在其上设置棱镜的物体，如高压输电线、悬空电缆、桥梁、管道等高度的测量。

如图 6-7 所示，把全站仪安置于适当位置并选定悬高测量模式后，把反射棱镜设立在欲测高度的目标点 C 的天底 B（即过目标点 C 的铅垂线与地面的交点）处，输入反射棱镜高 h_1；然后照准反射棱镜进行测量；再转动望远镜照准目标点 C，便能实时显示出目标点 C 至地面的高度 H。

显示的目标点高度 H，由全站仪自身内的计算程序按下式计算：

$$H = h_1 + h_2 = S\sin\theta_{z1}\arctan\theta_{z2} - S\cos\theta_{z1} + h_2 \tag{6-7}$$

式中，S 为仪器至反射棱镜的斜距；θ_{z1}、θ_{z2} 为仪器至反射棱镜和目标点 C 的天顶距。

上面的测量原理是在反射棱镜置于欲测高度的目标点 C 的天底 B 而且不考虑投点误差的条件下进行的。如果该条件不能保证，全站仪将无法测得 C 点距地面点 B 的正确高度；即使使用这一功能，测出的结果也是不正确的。当测量精度要求较高时，应先投点后观测。

5. 面积测量

通过顺序测定地块边界点坐标，按照任意多边形面积的计算方法，可确定地块面积。

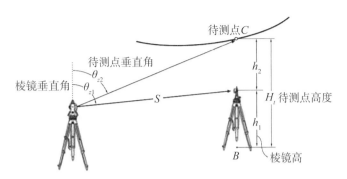

图 6-7　悬高测量

　　图 6-8 为一任意多边形，欲测定其面积，可在适当位置安置全站仪，选定面积测量模式后，按顺时针方向依次将反射棱镜竖立在多边形的各顶点上进行观测。观测完毕仪器就会瞬时地显示出该多边形的面积值。其原理为：通过观测多边形各顶点的水平角 β_i，竖直角 α_i 以及斜距 S_i，先根据式(6-8)自动计算出各顶点在测站坐标系 xOy (x 轴指向水平度盘的零度分划线，原点 O 为仪器的中心)中的坐标

$$\begin{cases} x_i = S_i\cos\alpha_i\cos\beta_i \\ y_i = S_i\cos\alpha_i\sin\beta_i \end{cases} \tag{6-8}$$

　　然后，再利用式(6-9)自动计算并显示被测 n 边形的面积：

$$P = \frac{1}{2}\sum_{i=1}^{n} x_i(y_{i+1} - y_{i-1}) \tag{6-9}$$

或

$$P = \frac{1}{2}\sum_{i=1}^{n} y_i(x_{i-1} - x_{i+1}) \tag{6-10}$$

当 $i = 1$ 时，$y_{i-1} = y_n$，$x_{i-1} = x_n$；当 $i = n$ 时，$y_{i+1} = y_1$，$x_{i+1} = x_1$。

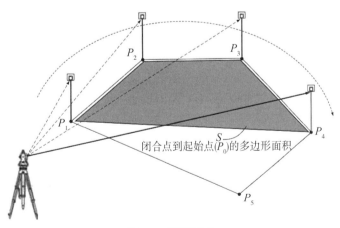

图 6-8　面积测量

6. 偏心测量

全站仪偏心测量是指反射棱镜不是放置在待测点的铅垂线上而是安置在与待测点相关的某处间接地测定出待测点的位置。偏心测量用于无法直接设置棱镜的点位或至不通视点的距离和角度的测量，目前全站仪偏心测量有三种常用方式：单距偏心测量、角度偏心测量、两距偏心测量。

1）单距偏心测量

单距偏心测量适合于待测点与测站点不通视的情况。如图 6-9 所示，现欲测定 P 点坐标，将全站仪安置在已知点 A，并照准另一已知点 B 进行定向；将棱镜设置在待测点 P 的附近一适当位置 C，偏心点 C 与测站 A 通视。然后输入待测点 P 与偏心点 C 间的距离 d，并对偏心点 C 进行观测，仪器就会自动显示出待测点 P 的坐标(x_P, y_P) 或测站点至待测点的距离 D 和方位角 T_{AP}。其计算公式如下：

$$\begin{cases} x_C = x_A + S\sin Z \cdot \cos\beta \\ y_C = y_A + S\sin Z \cdot \sin\beta \end{cases} \tag{6-11}$$

$$\begin{cases} x_P = x_C + d\sin\beta \\ y_P = y_C - d\cos\beta \end{cases} \tag{6-12}$$

式中，Z 为测线 AC 的天顶距，S 为测线 AC 的斜距，(x_C, y_C) 为偏心点 C 的坐标；β 为 AC 边与已知边 AB 的水平夹角，d 为偏心点 C 到待测点 P 的偏心距。

当偏心点设于待测点左右两侧时，应使其至测站之间的夹角为 $90°$；当偏心点设于待测点前后方向上时，应使其位于测站与待测点的连线上。显然，单距偏心测量适合于待测点与测站点不通视的情况。

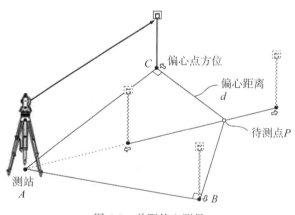

图 6-9　单距偏心测量

2）角度偏心测量

角度偏心测量适合于待测点与测站点通视但其上无法安置反射棱镜的情况。

如图 6-10 所示，将全站仪安置在某一已知点 A，并照准另一已知点 B 进行定向；然后，将偏心点 C（棱镜）设置在待测点 P 的左侧（或右侧），使测站点 A 至偏心点 C 与待测

点 P 的距离相等；接着对偏心点进行测量；最后再照准待测点方向，仪器就会自动计算并显示出待测点的坐标。其计算公式如下：

$$\begin{cases} x_P = x_A + S\cos\alpha \cdot \cos(T_{AB} + \beta) \\ y_P = y_A + S\cos\alpha \cdot \sin(T_{AB} + \beta) \end{cases} \tag{6-13}$$

式中，S，α 分别为仪器到偏心点 C(棱镜)的斜距和竖直角，(x_A, y_A) 为已知点 A 的坐标，T_{AB} 为已知边的坐标方位角；β 为未知边 AP 与已知边 AB 的水平夹角，当未知边 AP 在已知边 AB 的左侧时，上式取"$-\beta$"。

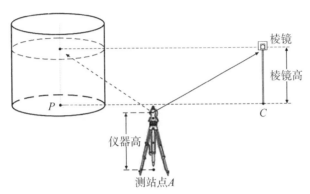

图 6-10 角度偏心测量

3) 两距偏心测量

两距偏心测量通过对隐蔽待测点位于同一空间直线上的两个偏心点的测量来确定待测点的位置。如图 6-11 所示，将全站仪安置在某一已知点 A，照准另一已知点 B 进行定向；在与待测点 P 位于同一空间直线的位置上设立偏心点 C 和偏心点 D，量取偏心点 C 至待测点 P 的偏心距 d，仪器便可计算并显示出待测点 P 的坐标(x_P, y_P) 或测站点至待测点的距离 D 和方位角 T_{AP}。其计算公式如下：

D 点的坐标为

$$\begin{cases} x_D = x_A + S_D\cos\alpha_D \cdot \cos(T_{AB} + \beta_D) \\ y_D = y_A + S_D\cos\alpha_D \cdot \sin(T_{AB} + \beta_D) \end{cases} \tag{6-14}$$

C 点的坐标为

$$\begin{cases} x_C = x_A + S_C\cos\alpha_C \cdot \cos(T_{AB} + \beta_C) \\ y_C = y_A + S_C\cos\alpha_C \cdot \sin(T_{AB} + \beta_C) \end{cases} \tag{6-15}$$

P 点的坐标为

$$\begin{cases} x_P = x_C + d\cos T_{DC} \\ y_P = y_C + d\sin T_{DC} \end{cases} \tag{6-16}$$

测站点至待测点的距离 D 和方位角 T_{AP}为

$$\begin{cases} D = \sqrt{(x_P - x_A)^2 + (y_P - y_A)^2} \\ T_{AP} = \arctan\dfrac{y_P - y_A}{x_P - x_A} \end{cases} \tag{6-17}$$

式中，β_C，β_D 为 AC 边和 AD 边与已知边 AB 的水平夹角。

当未知边 AC 和 AD 边在已知边 AB 的左侧时，式(6-14)、式(6-15)取"$-\beta_C$"和"$-\beta_D$"代入计算。

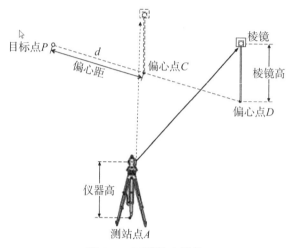

目标点P
d
偏心距
偏心点C
棱镜
棱镜高
偏心点D
仪器高
测站点A

图 6-11　两距偏心测量

7. 后方交会测量

将全站仪安置在未知点上，选定后方交会模式后，输入已知点的坐标；然后分别照准附近的两已知点进行测量，即可得到两已知点在测站坐标系 xOy 中的坐标；再通过坐标转换公式联立转换参数(当已知点多于两个时，则按最小二乘间接平差求解)，最后通过坐标转换公式求得未知点在测量坐标系中的坐标。以上计算工作由全站仪自动完成。

6.2.3　辅助功能

(1)休眠和自动关机功能：当仪器长时间不工作时，为了省电，仪器可自动进入休眠状态，需要操作时可按功能键唤醒，仪器则恢复到先前状态。也可设置仪器在一定时间内无操作时自动关机，以免电池电量耗尽。

(2)电子水准器：由仪器内部的倾斜传感器检测竖轴的倾斜状态，以数字和图形形式显示，指导测量员高精度置平仪器。

(3)照明系统：在夜晚或黑暗环境下观测时，仪器可对显示屏、操作面板和十字丝进行照明。

(4)导向光引导：在进行放样作业时，利用仪器发射的持续和闪烁可见光，引导持镜员快速找到方位。

(5)数据管理功能：测量数据可存储到仪器内存、扩展存储器(如 PC 卡)，还可由数据输出端口实时输出到其他记录设备中，以实时查询测量数据。

6.3 全站仪的检验

全站仪观测数据的记录，随仪器的结构不同有三种方式：①通过电缆，将仪器的数据传输接口和外接记录器连接起来，数据直接存储在外接记录器中，外接记录器可以是电子手簿、掌上电脑、智能手机、笔记本等；②仪器内部有一个大容量的存储器，用于记录数据。仪器内存记录的数据可以通过数据电缆传输到电脑上，或通过 USB 接口直接复制到移动存储器上；③采用数据记录卡，测量数据直接记录到数据卡上，再通过读卡器或数据电缆将数据传输到电脑上。

全站仪除了可以实时显示测量结果，存储测量数据到内存或存储卡中外，还可以将数据通过输出端口传输到其他设备。外业测量中常用电脑或专用电子手簿作为接收设备，对测量数据进行现场检核、处理和存储。另外，通过外接设备可以对仪器进行参数设置和指令控制，让仪器完成特定的测量工作。已知控制点数据和放样数据文件等都可以上传到仪器内存或存储卡中，在作业时使用，上述操作多数全站仪是通过串行通信实现的。为此，本节将主要介绍串行通信的概念、全站仪与外设的连接、全站仪的数据结构以及通信过程的实现方法。

6.3.1 经纬仪部分的检验

1. 照准部水准管轴垂直于竖轴的检验和校正

1）检验

（1）如图 6-12 所示，松开水平制动螺旋，转动仪器使管水准器平行于某一对脚螺旋 A、B 的连线，再旋转脚螺旋 A、B，使管水准器气泡居中。

（2）将仪器绕竖轴旋转 90°，再旋转另一个脚螺旋 C，使管水准器气泡居中。

（3）再次将仪器旋转 90°，重复步骤（1）（2），直到 4 个位置上气泡居中为止。

2）校正

（1）在检验时，若管水准器的气泡偏离了中心，先用与管水准器平行的脚螺旋进行调整，使气泡向中心移动近一半的偏离量。剩余的一半用校正针转动水准器校正螺丝（在水准器右边）进行调整至气泡居中。

（2）将仪器旋转 180°，检查气泡是否居中。如果气泡仍不居中，重复步骤（1），直至气泡居中。

（3）将仪器旋转 90°，用第三个脚螺旋调整气泡居中。

重复检验与校正步骤直至照准部转至任何方向气泡均居中为止。

2. 圆水准器的检验与校正

1）检验

管水准器检校正确后，若圆水准器气泡亦居中就不必校正。

2）校正

如图 6-13 所示，若气泡不居中，用校正针或内六角扳手调整气泡下方的校正螺丝使气泡居中。校正时，应先松开气泡偏移方向对面的校正螺丝(1 或 2 个)，然后拧紧偏移方向的其余校正螺丝使气泡居中。气泡居中时，3 个校正螺丝的紧固力均应一致。

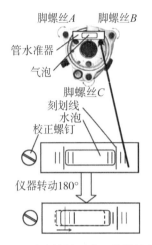

图 6-12　水准管轴垂直于纵轴的检校　　　图 6-13　圆水准器轴垂直于纵轴的检校

3. 十字丝竖丝垂直于横轴的检验与校正

1) 检验

(1) 整平仪器后在望远镜视线上选定一目标点 A，用分划板十字丝中心照准 A 并固定水平和垂直制动手轮。

(2) 转动望远镜垂直微动手轮，使 A 点移动至视场的边缘(A'点)。

(3) 如图 6-14(a) 所示，若 A 点是沿十字丝的竖丝移动，即 A'点仍在竖丝之内的，则十字丝不倾斜不必校正。若 A'点偏离竖丝中心，则十字丝倾斜，需对分划板进行校正。

2) 校正

(1) 如图 6-14(b) 所示，首先取下位于望远镜目镜与调焦手轮之间的分划板座护盖，便看见四个分划板座固定螺丝。

(2) 用螺丝刀均匀地旋松该四个固定螺丝，绕视准轴旋转分划板座，使 A'点落在竖丝的位置上。

(3) 均匀地旋紧固定螺丝，再用上述方法检验校正结果。

(4) 将护盖安装回原位。

4. 望远镜视准轴垂直于横轴的检验与校正

1) 检验

(1) 距离仪器同高的远处(20m 外)设置目标 A，精确整平仪器并打开电源。

(2) 在盘左位置将望远镜照准目标 A，读取水平角 L'。

(3) 松开垂直及水平制动手轮，将仪器倒镜(盘右)再次照准同一 A 点(照准前应旋紧

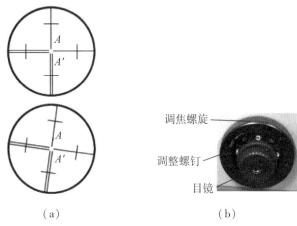

图 6-14 十字丝的检验与校正

水平及垂直制动手轮)读取水平角 R'。

(4)$C=[L'-(R'\pm180°)]/2$，取 C 的绝对值，对于 DJ2 经纬仪不超过 4″，对于 DJ6 经纬仪不超过 15″，则认为视准轴垂直于横轴的条件得到满足，否则需进行校正。

2)校正

(1)用水平微动手轮将水平角读数调整到消除 C 后的正确读数$[L'+(R'\pm180°)]/2$。

(2)如图 6-15 所示，取下位于望远镜目镜与调焦手轮之间的分划板座护盖，调整分划板上水平左右两个十字丝校正螺丝，先松一侧后紧另一侧的螺丝，移动分划板使十字丝中心照准目标 A。

(3)重复检验步骤，校正至符合要求为止。

(4)将护盖安装回原位。

5. 横轴垂直于竖轴的检验与校正

检验：此项检验是保证当竖轴铅直时，横轴应水平；否则，视准轴绕横轴旋转轨迹不是铅垂面，而是一个倾斜面。检验时，在距墙 30m 处安置全站仪，在盘左位置瞄准墙上一个明显高点 P，如图 6-16 所示。要求仰角应大于 30°。固定照准部，将望远镜大致放平。在墙上标出十字丝中点所对位置 P_1，再用盘右瞄准 P 点，同法在墙上标出 P_2 点。若 P_1 与 P_2 重合，表示横轴垂直于竖轴；若 P_1 与 P_2 不重合，则条件不满足，对水平角测量影响为 i 角，可用下式计算

$$i = \frac{p_1p_2}{2} \times \frac{\rho}{D}\cot\alpha$$

式中，ρ 以秒计，D 为仪器至 P_M 的距离。对于 DJ6 型经纬仪，若 $i>20″$则需校正。

校正：用望远镜瞄准 P_1、P_2 直线的中点 P_M，固定照准部；然后抬高望远镜使十字丝交点移到 P' 点。由于 i 角的影响，P' 与 P 不重合。校正时应打开支架护盖，放松支架内的校正螺丝，使横轴一端升高或降低，直到十字丝交点对准 P 点。注意：由于经纬仪横轴

密封在支架内，该项校正应由专业维修人员操作。

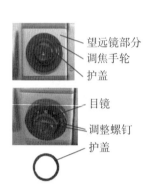 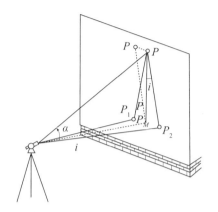

图 6-15 视准轴垂直于横轴的检校　　　　图 6-16 横轴垂直于竖轴的检校

6. 激光对点器的检验与校正

检验：将仪器安置到三脚架上并固定好，仪器正下方放置一个十字标志。如图 6-17（a）所示，转动仪器基座的 3 个脚螺旋，使激光点与地面十字标志重合。使仪器转动 180°，观察激光点与地面十字标志是否重合；如果重合，则无须校正；如果有偏移，则需进行调整。

校正：将仪器从三爪基座上卸下；将仪器底部的保护盖螺丝逆时针旋转，卸下对点器保护盖（图 6-17（b））；将仪器重新安装在三爪基座上。在三脚架架上将仪器固定好，正下方放置一十字标志；转动仪器基座的脚螺旋，使激光对点的中心与地面十字标志重合；将仪器水平转动 180°，用校正针调整两颗调整螺钉，使地面十字标志向激光对点中心移动一半（一共有三颗螺钉，如图 6-17（c）（d）所示，此颗螺钉不可用校正针调整）。这项工作要反复进行，直至任意方向转动仪器，地面十字标志与激光对点中心始终重合为止。

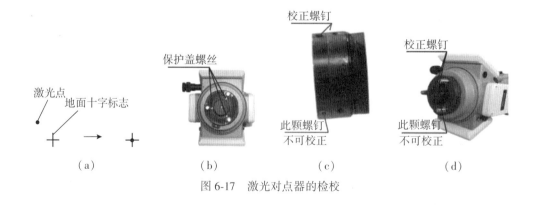

图 6-17 激光对点器的检校

6.3.2 测距仪部分的检验

1. 三段法测距仪加常数测定

在长约 60m 至 100m 的直线上取三段，并设置 4 个强制对中测量点 A、B、C、D，其 A、B、C、D 四点偏离该直线的距离不得大于 1mm。往返测量各点间的距离。

加常数计算：取 4 个加常数的平均值：

$$K_1 = AB + BC - AC$$
$$K_2 = AC + CD - AD$$
$$K_3 = AB + BD - AD$$
$$K_4 = BC + CD - BD$$

加常数 K 为

$$K = \frac{K_1 + K_2 + K_3 + K_4}{4} \tag{6-18}$$

加常数 K 单次测量标准差为

$$\sigma_K = \frac{\omega_n}{d_n} = \frac{1}{d_n}(K_{i\max} - K_{i\min}) \tag{6-19}$$

式中：ω_n 为级差，即最大测量值与最小测量值之差；d_n 为系数，当 $n = 4$ 时，$d_n = 2.059$；$i = 1$，2，3，4。

加常数 K 单次测量标准差可用简化式：

当 $n \leqslant 15$ 时，$d_n \approx \sqrt{n}$。式 (6-19) 可简化为

$$\sigma_K \approx \frac{\omega_n}{\sqrt{n}} \tag{6-20}$$

此法适用于经常性的检测，但求出的加常数精度不高。

2. 用六段比较法测定测距仪的加、乘常数

比较法是通过被检测的仪器在基线场上取得观测值，将测定值与已知基线值进行比较，从而求得加常数 K 和乘常数 R 的方法。下面介绍"六段比较法"。

为提高测距精度，需增加多余观测，故采用全组合观测法，此法共需观测 21 个距离值。

在六段法中，点号一般取 0，1，2，3，4，5，6，则需测定的距离如下：

$$
\begin{array}{cccccc}
D_{01} & D_{02} & D_{03} & D_{04} & D_{05} & D_{06} \\
 & D_{12} & D_{13} & D_{14} & D_{15} & D_{16} \\
 & & D_{23} & D_{24} & D_{25} & D_{26} \\
 & & & D_{34} & D_{35} & D_{36} \\
 & & & & D_{45} & D_{56} \\
 & & & & & D_{56}
\end{array}
$$

为了全面考察仪器的性能，最好将 21 个被测量的长度大致均匀地分布于仪器的最佳测程以内。

设 $D_{01} \sim D_{56}$ 为距离观测值；$v_{01} \sim v_{56}$ 为 21 段距离改正数；$\overline{D}_{01} \sim \overline{D}_{56}$ 为 21 段基线值。

距离观测值加上距离改正数、加常数和乘常数改正数等于已知基线值，则

$$\begin{cases} D_{01} + v_{01} + K + D_{01}R = \overline{D}_{01} \\ D_{02} + v_{02} + K + D_{02}R = \overline{D}_{02} \\ \cdots\cdots\cdots\cdots\cdots\cdots\cdots\cdots \\ D_{56} + v_{56} + K + D_{56}R = \overline{D}_{56} \end{cases}$$

则误差方程式为：

$$\begin{cases} v_{01} = -K - D_{01}R + l_{01} \\ v_{02} = -K - D_{02}R + l_{02} \\ \cdots\cdots\cdots\cdots\cdots\cdots \\ v_{56} = -K - D_{56}R + l_{56} \end{cases}$$

式中，$l_{01} \sim l_{56}$ 为基线值与观测值之差，如 $l_{01} = \overline{D}_{01} \sim D_{01}$，进而可组成法方程式求得加常数 K 和乘常数 R。

◎ 思考题

1. 简述全站仪的基本结构和组成。
2. 简述全站仪的基本功能。
3. 简述全站仪三维坐标测量的基本原理。
4. 简述全站仪三维坐标放样的基本原理。
5. 简述全站仪对边测量的基本原理。
6. 简述全站仪悬高测量的基本原理。
7. 简述全站仪面积测量的基本原理。
8. 简述全站仪偏心测量的基本原理。

第7章　全球卫星导航定位系统

7.1　概述

全球定位系统的卓越性能和宽广应用领域使得其应用越来越广泛。从 20 世纪 90 年代开始，国际民航组织、国际移动卫星组织和欧洲空间局等倡导发展完全由民间控制的、多个卫星导航系统组成的全球导航卫星系统 GNSS（Global Navigation Satellite System）。目前正在运行的全球卫星导航定位系统有中国"北斗"卫星导航定位系统、美国 GPS 系统、俄罗斯 GLONASS 系统和欧洲 GALILEO 系统。全球卫星导航定位系统作为测绘领域的核心技术，必将主导大地测量、工程测量、海洋测量和数字测图领域。下面主要对"北斗"卫星导航系统（BDS）和 GPS 系统进行简要介绍。

7.1.1　中国北斗卫星导航系统

中国北斗卫星导航系统（BeiDou Navigation Satellite System，BDS）是中国自行研制的全球卫星导航系统。20 世纪后期，中国开始探索适合国情的卫星导航系统发展道路，逐步形成了"三步走"发展战略：2000 年年底，建成北斗一号系统，利用地球同步卫星为用户提供快速定位、简短数字报文通信和授时服务的一种全天候、区域性的卫星定位系统，能实现一定区域的导航定位、通信等多种用途，主要向中国提供服务；2012 年年底建成北斗二号系统，是继 GPS、GLONASS 之后第三个成熟的卫星导航系统，主要向亚太区域提供服务；2020 年，建成北斗三号系统，向全球提供服务。

北斗卫星导航系统由空间段、地面段和用户段三部分组成，建成后可在全球范围内全天候、全天时为各类用户提供高精度、高可靠定位、导航、单双向授时和短报文通信服务。如图 7-1 所示，其空间星座设计由 3 类轨道、共计 35 颗卫星组成，包括 5 颗地球同步轨道卫星（GEO）、3 颗倾斜地球同步轨道卫星（IGSO）、27 颗中高度轨道卫星（MEO）。到 2016 年 6 月，北斗卫星系统已发射 23 颗卫星，初步具备区域导航、定位和授时能力，单点定位精度可达到 5 米以内，测速精度 0.2 米/秒，授时精度 10 纳秒，静态相对定位精度则可达到厘米级水平。此外，BDS 具有短报文通信能力，用户可以一次传送多达 120 个汉字的信息，在远洋航行、应急救灾中具有重要价值，这是其他卫星导航系统所没有的。

截至 2024 年 9 月 19 日，西昌卫星发射中心成功发射了第 59 颗和第 60 颗北斗导航卫星，这两颗卫星是北斗三号系统的最后两颗备份卫星。这些卫星的稳定运行不仅保证了北斗系统的功能性能优异，还为其规模化应用、产业化发展及全球服务提供了坚实的保障。

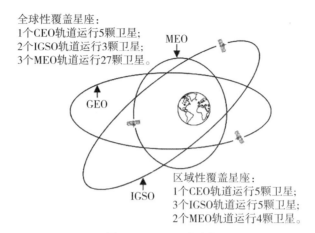

全球性覆盖星座：
1个CEO轨道运行5颗卫星；
2个IGSO轨道运行3颗卫星；
3个MEO轨道运行27颗卫星。

MEO

GEO

区域性覆盖星座：
1个CEO轨道运行5颗卫星；
3个IGSO轨道运行5颗卫星；
2个MEO轨道运行4颗卫星。

IGSO

图 7-1　BDS 卫星星座

7.1.2　GPS 系统的组成

全球定位系统(GPS)是"全球测时与测距导航定位系统"(navigation system with time and ranging global positioning system)的简称，是美国于 20 世纪 70 年代开始研制的一种用卫星支持的无线电导航和定位系统。由于能独立、快速地确定地球表面空间任意点的点位，并且其相对定位精度较高。因此，从一开始的军事领域迅速地扩展到大地测量领域。起先 GPS 仅用于控制测量，目前已应用于工程测量、海洋测量和数字测图领域。GPS 主要由空间星座部分、地面监控部分和用户设备部分三大部分组成。

1. 空间星座部分

全球定位系统的空间星座部分，由 24 颗卫星组成，其中包括 3 颗可随时启用的备用卫星。工作卫星分布在 6 个近圆形轨道面内，每个轨道面上有 4 颗卫星。卫星轨道面相对地球赤道面的倾角为 55°，各轨道平面升交点的赤经相差 60°，同一轨道上两卫星之间的升交角距相差 90°，轨道平均高度为 20200km，卫星运行周期为 11 小时 58 分。同时在地平线以上的卫星数目随时间和地点而异，最少为 4 颗，最多时达 11 颗，如图 7-2 所示。

上述 GPS 卫星的空间分布，保障了在地球上任何地点、任何时刻均至少可同时观测到 4 颗卫星，加之卫星信号的传播和接收不受天气的影响，因此 GPS 是一种全球性、全天候的连续实时定位系统。

卫星的主要功能包括：接收和执行地面监控站的控制指令，调整卫星的位置和姿态，以两种不同频率的载波(L1 = 1575.42MHz，L2 = 1227.60MHz)向地面监控站和用户发送时间标准、导航和定位信号。

2. 地面监控部分

地面监控系统包括 1 个主控站、3 个注入站和 5 个监测站。监测站装有 GPS 信号接收机和数据处理设备等，接收信号经初步处理后被传送到主控站，经主控站汇总后，确定卫

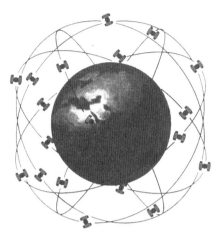

图 7-2　GPS 卫星星座

星精密轨道，推算卫星星历、卫星钟差和大气折射改正参数等，据此提供全球定位的时间标准、编制调整卫星轨道命令等，通过注入站发送给 GPS 卫星，使其沿预定轨道运行，并为用户提供实时性的导航和定位信息。

3. 用户设备部分

用户部分的 GPS 信号接收机分为导航型接收机和大地型接收机，导航型接收机用于确定飞机、舰艇、车辆等运动载体在空间坐标系中的位置（绝对定位）和运动姿态；大地型接收机用于大地测量中静态的地面点的精密相对定位，相对定位的定位精度远高于绝对定位。图 7-3 所示为接收机中的两种。

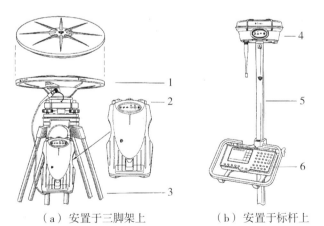

（a）安置于三脚架上　　　（b）安置于标杆上

1. 接收天线；2. 信号处理器；3. 三脚架；4. 天线及信号处理器；
5. 可伸缩标杆；6. 控制器
图 7-3　两种 GPS 接收机

7.2　用全球导航卫星系统测定点位

7.2.1　GNSS 定位的基本原理

　　GNSS 定位的基本原理是以 GNSS 卫星和用户接收机天线之间的距离观测量为基准，根据已知的卫星瞬时坐标，来确定用户接收机天线所在的位置，其实质是空间距离后方交会。由于卫星距地面两万多公里，方向观测无法实现，但可间接获取卫星至待定点的距离 ρ，因此按照距离后方交会的几何原理可以得到确定待定点位置(X, Y, Z)的方程如下：

$$\begin{cases} \rho_1^2 = (X - X_1)^2 + (Y - Y_1)^2 + (Z - Z_1)^2 \\ \rho_2^2 = (X - X_2)^2 + (Y - Y_2)^2 + (Z - Z_2)^2 \\ \rho_3^2 = (X - X_3)^2 + (Y - Y_3)^2 + (Z - Z_3)^2 \end{cases} \tag{7-1}$$

公式中(X_i, Y_i, Z_i)是第 i 颗卫星的顺时坐标。可见，观测 3 颗卫星至待定点之间的距离便可确定待定点的坐标。事实上，式(7-1)中的距离 ρ_i 是第 i 颗观测卫星至待定点的几何距离，按照电磁波测距原理，其表达式应为

$$\rho = c \cdot \Delta t \tag{7-2}$$

对于地面的激光测距，式(7-2)中的 c 为常数，Δt 可由测距仪(或全站仪)的计时装置准确测定。而对卫星测距而言，光速 c 穿过大气层的电离层和对流层时会发生变化，Δt 也会因卫星钟和接收机钟的计时偏差而对距离观测值产生影响。因而将对卫星的观测距离 $\tilde{\rho}$ 称为伪距，若其与星地间几何距离 ρ 之间的差异以 $\delta\rho$ 表示，即 $\rho = \tilde{\rho} - \delta\rho$，则 GNSS 绝对定位的原理可表示为

$$\begin{cases} \tilde{\rho}_1 = \sqrt{(X - X_1)^2 + (Y - Y_1)^2 + (Z - Z_1)^2} + \delta\rho \\ \tilde{\rho}_2 = \sqrt{(X - X_2)^2 + (Y - Y_2)^2 + (Z - Z_2)^2} + \delta\rho \\ \tilde{\rho}_3 = \sqrt{(X - X_3)^2 + (Y - Y_3)^2 + (Z - Z_3)^2} + \delta\rho \end{cases} \tag{7-3}$$

式(7-3)中包含 4 个未知数，因此单点定位至少应观测 4 颗卫星。

7.2.2　GNSS 定位基本模式

　　如前所述，GNSS 卫星定位的基本原理是空间距离交会。其测定空间距离的方法主要有伪距测量和载波相位测量两种。按定位模式不同，可分为绝对定位和相对定位(或差分定位)。按待定点的状态不同，可分为静态定位、快速静态定位和动态定位。按获得定位成果的时间不同，可分为实时定位(点位的坐标数据实时可得)和非实时定位(点位的坐标数据后处理)。

1. 伪距测量和载波相位测量

1)伪距测量

伪距测量是通过测定某颗卫星发射的 GNSS 测距码信号到达接收机天线的传播时间和

电磁波在大气中的传播速度而解得卫星至接收机天线的距离。由于存在卫星钟误差和接收机钟误差以及卫星信号在大气中传播的延迟误差，接收机的时间测定存在误差，所以求得的距离并非测站至卫星的真正几何距离，通常称为伪距。利用伪距作空间交会来定点位的方法称为伪距定位法。

伪距测量定位法的优点是对定位的条件要求低，数据处理简单，不存在"整周模糊度"(见后文)的问题，容易实现实时定位。其缺点是时间不易测准，观测值精度低。但伪距测量还可以用于在载波相位测量中解决整周模糊度问题。

2)载波相位测量

载波相位测量是测定卫星的 GNSS 载波信号在传播路程上的相位变化(如同第 5 章 5.3 节"光电测距"相位法所述，是一种间接测定时间的方法)，以解得卫星至接收机天线的距离，如图 7-4 所示。载波相位测量时的观测量可分为三部分：相位不足一周的小数部分 Fr(ϕ)、整周未知数 N 和整周计数 Int(ϕ)，其中 Fr(ϕ)和 Int(ϕ)是接收机的观测量，N 则是待定的未知数。

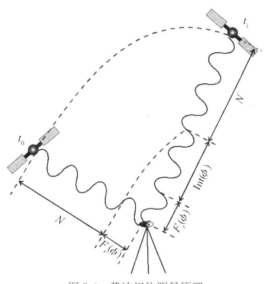

图 7-4 载波相位测量原理

由于载波信号是一种周期性的正弦信号，相位测量只能测量其不足一个波长的相位 Fr(ϕ)，其余的整周部分无法直接确定。在接收机收到信号的初始时刻 t_0，通过将卫星信号与接收机内的振荡器产生的基准信号进行对比，可以得到该时刻卫星信号的相位 Fr(ϕ)。显然，为了得到卫星端与接收机端信号的相位差，还需要知道信号传播的整周数 N。但由于载波信号的周期性，整周数是无法测量的。在载波相位测量中，任意时刻都存在整周数不确定的问题，为解决这个问题，GPS 接收机增加了整周计算器对整周数进行计数，只要接收机持续地跟踪卫星信号，就可以确定从初始时刻开始到任意测量时刻 t_i 的载波相位整周数，即图 7-4 中的 Int(ϕ)。然而，初始时刻的整周数仍然无法直接确定，只能作为未知数在数据处理时进行解算，称为整周未知数或整周模糊度。确定整周模糊度常用的方法有以下几种：伪距法；采用两台仪器同时观测同一卫星的相对定位法；将整周未知数作为数据处理中的待定参数来求定的方法。

2. 绝对定位和相对定位

1）绝对定位

绝对定位是以地球质心为参考点，测定接收机天线在 WGS-84 坐标系中的绝对位置。由于定位作业仅需使用一台接收机，又称为单点定位。该方法外业工作和数据处理较简单，但定位结果受卫星星历误差和信号传播延迟误差影响显著，定位精度较低。一般飞机、船舶、车辆等交通工具以及勘探作业的定位方式都属于绝对定位。

2）相对定位

相对定位有时也称差分定位，该模式以地面某固定点为参考点，利用两台或两台以上的接收机，同时观测同一组卫星，确定各观测站在 WGS-84 坐标系中的相对位置或基线向量，如图 7-5 所示。该方法由于观测了同一组卫星，其观测量及其误差具有相关性，可以通过观测值之间的线性组合来消除或削弱误差影响，从而提高定位结果精度。但外业实施和内业计算都比较复杂，获得的直接结果是各个待定点之间的基线向量（即三维坐标差）而不是待定点坐标，主要应用于大地测量、工程测量、地壳形变监测等精密定位领域。

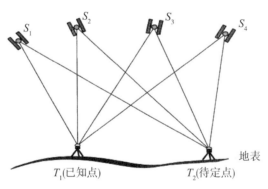

图 7-5　相对定位原理

3. 静态定位和动态定位

1）静态定位

静态定位是在 GNSS 定位过程中，测站接收机天线的位置相对固定，用多台接收机在不同的测站上进行相对定位的同步观测。在城市建立 CORS 系统时，则各测站应与 CORS进行同步观测。通过大量的重复观测测定测站间的相对位置，其中包括与若干已知点的联测，以求得待定点的坐标，成果处理在外业观测结束以后（非实时的后处理）进行，测量的精度较高，一般用于控制测量。

2)实时动态定位

在数字测图和工程测量的应用中,对于定位精度的要求远远高于普通的导航,目前广泛采用的是实时载波相位差分技术,主要包括实时动态定位技术(real time kinematic,RTK)和连续运行参考站系统(continuous operational reference system,CORS),在一定区域内能够达到厘米级的定位精度。

实时动态定位的原理:将测站分为基准站(一般即利用城市的 CORS,其城市坐标为已知)和流动站(用户站,测站坐标待定的点),如图 7-6 所示;在 CORS 上安置 GNSS 接收机,对所有可观测卫星进行连续观测;通过无线电台将 CORS 站的已知三维坐标和接收到的卫星观测值(差分信号)实时发送给各用户的流动观测站,称为数据通讯链;流动站接收机将其接收的 GNSS 卫星信号与通过无线电台传来的差分信号进行相对定位计算,并结合基准站已知坐标实时解算得到流动站点的三维坐标。实时动态定位作业效率高,精度低于静态定位,一般用于细部测量。

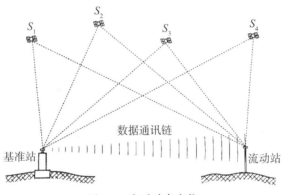

图 7-6 实时动态定位

7.2.3 苏一光 70Pro 系列测地型接收机的使用

图 7-7 为苏一光 70Pro 系列测地型接收机外观、按键及相应的指示灯。图 7-7(b)右侧为 SIM 卡槽,图 7-7(c)中四个指示灯依次指示卫星、数据链、蓝牙和电源状况,可通过接入 CORS 网和架设网络模式基站两种模式进行工作。接入 CORS 网模式主要包括移动站架设操作和移动站设置操作。

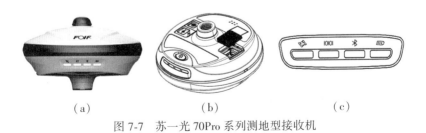

(a)   (b)   (c)

图 7-7 苏一光 70Pro 系列测地型接收机

1. 移动站架设操作

当使用当地 CORS 作为基准站时，用户无须架设基站，只要向 CORS 站服务方购买索取网络地址及用户名密码即可。若使用主机网络方式，需在移动站主机内装好手机 SIM 卡。若需使用手簿网络，需在手簿内先装好手机卡，或将手簿连接 Wi-Fi 热点。将主机安放到对中杆上。按下主机电源键一秒，听到"嘀"的提示音后，松开按键，即可开机。将手簿安放到手簿托架上，按下电源键三秒，看到开机画面即可开机。

注意，如果上次已经设好移动站，则无须再次设置，仪器会自动恢复上次设置。只需先将主机开机，半分钟后打开手簿软件，即自动连接主机蓝牙。如果需要修改设置，则使用手簿重新启动移动站，修改设置参数即可。

2. 移动站设置操作

手簿运行 FOIF Surpad4.0 软件，如图 7-8 所示选择"仪器"→"通讯设置"→"搜索"移动站主机蓝牙，搜到以后选中编号，点击"连接"，等待进度条结束后即可连接主机；选择"仪器"→"移动站模式"，"高度截止角"设置为"5-15"，"启用 PPK"保持关闭，"开启星链续航"保持关闭，"数据链"选择"主机网络"（手机卡装在主机 SIM 卡槽内）或者"手簿网络"（手机卡装在手簿 SIM 卡槽内），"连接模式"一般选"NTRIP"，点击"应用"，即可设置启动移动站。

图 7-8　移动站设置操作

3. RTK 测量操作

为了确定坐标转换的四参数或七参数，需要在测量前进行点校正。一般键入 4 个已知控制点的坐标。选择"项目"→"坐标点库"→"增加"，输入控制点的"名称""北坐标""东坐标""高程"，"属性类型"选"控制点"。反复选择"增加"，将项目控制点的已知坐标都输入坐标点库中备用。在计算完转换参数后，向右滑动屏幕，可以看到"水平精度"（至少3 个控制点）、"垂直精度"（至少 4 个控制点）。

点测量可通过点击"测量"→"点测量"完成。采集完成后点击"确定"，弹出"控制点报告已生成"对话框，点击"确定"可以查看控制点测量报告。

◎ 思考题

1. 试述用全球导航卫星系统(GNSS)测定点位的基本概念。
2. 试述全球导航卫星系统(GNSS)相对定位和载波相位测量的基本原理。
3. 试述用 GNSS 接收机进行 RTK 测量的基本操作方法。
4. 简述北斗卫星导航系统(BDS)的组成及其功能。

第8章 测量误差基础知识

8.1 测量误差的概念

8.1.1 测量误差产生的原因

在测量工作中,对于某一未知量,例如某一段距离,某一角度或某两点间的高差等,进行多次重复观测时,尽管使用了合格的测量仪器,采取了合理的观测方法,多次重复观测的结果总是存在差异,这种差异实质上表现为观测值与未知量的理论值(也称真值)之间存在差值,这种各观测值相互之间,或观测值与其理论值之间存在的某些差异现象,在测量工作中是普遍存在的,这种差值称为**测量误差**。测量误差的产生原因,概括起来有以下三个方面:

1. 仪器的原因

测量工作中所使用的仪器工具都有一定的精密度,仪器本身也存在一定的误差。例如测角仪器的度盘分划误差可能达到 2″,使所测的角度产生误差;又如水准测量时水准仪的视准轴不水平也会引起测量误差。

2. 观测者的原因

由于观测者感觉器官的鉴别能力和技术水平的限制和差异,在仪器的安置、瞄准、读数等过程中都会产生一定的误差。

3. 外界环境的影响

测量工作进行时所处的外界自然条件,如温度、气压、湿度、风力、日光照射、大气折光、雾霾等客观情况时刻在变化,容易使测量结果产生误差。例如风吹和日照使仪器的安置不稳定,大气折光使望远镜的瞄准产生偏差等。

观测者、仪器和客观环境三个方面是测量工作得以进行的必要条件,也是引起测量误差的主要因素,通常把这三个因素综合起来称为**观测条件**。由于观测条件本身的局限性,测量成果中的误差是不可避免的。通常把观测成果的精确度称为精度,误差的大小决定观测的精度。在相同的观测条件下进行的同类观测,称为**等精度观测**;观测条件不同的同类观测则称为**不等精度观测**。

8.1.2 测量误差的分类与处理原则

观测误差根据其产生的原因和对测量结果影响性质的不同，可分为系统误差、偶然误差和粗差三类。

1. 系统误差

在相同观测条件下，对某一量进行一系列的观测，若误差的大小及符号在测量过程中不变，或按一定的规律变化，这种误差称为**系统误差**。系统误差具有累积性。例如一把名义长 30m 的钢尺，经检定后实际长只有 29.998m，若用该尺丈量距离，每 30m 要长 2mm，这每尺段 2mm 的误差，在数值和符号上都是固定的，显然丈量尺段越多，误差越大。再如，水准测量中，视准轴与水准管轴不平行的 i 角误差对读数的影响随仪器与尺子之间的距离而变化，距离越长影响越大，也表现出很强的规律性。

系统误差具有规律性和累积性，对测量结果的影响很大。但由于系统误差有规律可循，所以可以通过计算改正系统误差的影响，或用一定的测量方法抵消或削弱其影响。

2. 偶然误差

在相同观测条件下，对某量作一系列的观测，若误差的大小及符号没有一定的规律，其数值忽大忽小，符号或正或负，但就误差的整体来说，却服从统计规律，这种误差称为**偶然误差**。例如，在 cm 分划的标尺上读数，估读 mm 时有时偏大有时偏小；又如大气折光使望远镜中目标成像不稳定，瞄准目标时有时偏左有时偏右，等等。

偶然误差是不可避免的，在相同的观测条件下观测某一量，所出现的大量偶然误差具有统计规律，称为具有概率论的规律。

3. 粗差

在测量工作中，除了不可避免的误差外，由于观测者粗心或受到某种干扰造成的特别大的测量错误称为粗差。如测量人员不正确地操作仪器，以及观测过程中测错，读错，记错等，粗差也称错误。粗差是可以避免的，为了杜绝粗差，除了认真作业外，常采用一些检核措施，如重复观测。本书测量误差理论的研究对象不包含粗差。

4. 误差处理原则

为了提高观测成果的质量，同时也为了发现和消除错误，在测量工作中，一般都要进行多于绝对需要的观测，称为**多余观测**。例如，测量一平面三角形的内角，只需要测得其中的任意两个角，即可确定其形状，但实际上也测出第三个角，以便检校内角和，从而判断观测结果的准确性。

在测量工作中，系统误差和偶然误差总是同时存在的，由于系统误差具有累积性，它对观测结果的影响更为显著，所以在测量时要尽可能地根据其产生的原因和规律加以改正、抵消或削弱。例如，在量距前将所用钢尺与标准长度比较，得出差数，进行尺长改正；进行水准测量时，仪器安置在离两水准尺等距离的地方，可以消除水准管轴不平行于视准轴的误差；又如用盘左、盘右两个位置观测水平角，可以消除经纬仪视准轴不垂直于横轴的误差。

系统误差被消除后，测量误差中偶然误差将处于主导地位。学习误差理论知识的目的，是为了了解偶然误差的规律，合理地处理观测数据，即根据一组带有偶然误差的观测值，求出未知量的最可靠值，并衡量其精度；同时，根据偶然误差的理论指导实践，使测量成果达到预期要求。学习测量误差方面的知识，对于今后从事科学研究工作，处理观测资料和实验数据，也是不可缺少的基础知识。

8.1.3　偶然误差的特性

偶然误差产生的原因纯系随机性，不能用计算改正或用一定的观测方法简单地加以消除，只有通过大量的观测才能揭示其内在的规律。设某一量的理论值(或真值)为 x，在相同的观测条件下对此量进行 n 次观测，第 i 次观测得到的观测值为 $l_i(i=1, 2, \cdots, n)$，与其对应的真误差为 Δ_i，将其定义为

$$\Delta_i = x - l_i \qquad (8\text{-}1)$$

真误差属于偶然误差，观察单个偶然误差，其符号的正负和数值的大小没有规律，但是通过多次观测，观察大量的偶然误差，就能发现误差总体的统计性规律。例如，在相同的观测条件下，对 360 个三角形的三个内角进行独立观测，由于三角形内角和的真值 (180°) 为已知，因此，可以按式(8-1)计算每个三角形内角和的偶然误差 $\Delta_i(i=1, 2, \cdots, 200)$。

以误差区间的间隔 $\mathrm{d}\Delta = 3''$ 对这一组误差进行统计，将它们按正负号与误差值的大小排列次序。出现在某区间内误差的个数称为频数，用 k 表示，频数除以误差的总个数 n 得 k/n，称为误差在该区间的频率。统计结果列于表 8-1，此表称为频率分布表。

表 8-1　　　　　　　　　　　　　　　　误差频率分布表

误差区间 $\mathrm{d}\Delta$	$+\Delta$		$-\Delta$		$|\Delta|$	
	k	k/n	k	k/n	k	k/n
$0''\sim3''$	45	0.125	46	0.128	91	0.253
$3''\sim6''$	40	0.111	41	0.114	81	0.225
$6''\sim9''$	33	0.092	33	0.092	66	0.184
$9''\sim12''$	23	0.064	22	0.061	45	0.125
$12''\sim15''$	17	0.047	16	0.044	33	0.091
$15''\sim18''$	13	0.036	13	0.036	26	0.072
$18''\sim21''$	6	0.017	5	0.014	11	0.031
$21''\sim24''$	4	0.011	3	0.008	7	0.019
$4''$以上	0	0	0	0	0	0
和	181	0.503	179	0.497	360	1

为了直观地表示偶然误差的分布情况，可以根据表 8-1 的数据作图，如图 8-1 所示。

该图以各区间内误差出现的频率与区间间隔值的比值为纵坐标，以误差的大小为横坐标，称为误差频率直方图。如果继续观测更多的三角形，即增加观测次数 n，当 $n\to\infty$ 时，各误差出现的频率也就趋近一个确定的值，这个数值就是误差出现在各区间的概率。此时如将误差区间无限地缩小，那么图 8-1 中各长方条顶边所形成的折线将成为一条光滑的连续曲线，这条曲线称为误差分布曲线，呈正态分布。曲线上任一点的纵坐标 y 均为横坐标 Δ 的函数，其函数形式为

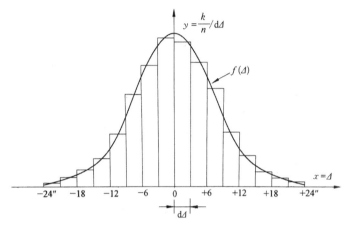

图 8-1　误差频率直方图

$$f(\Delta) = \frac{1}{\sqrt{2\pi}\sigma}e^{-\frac{\Delta^2}{2\sigma^2}} \tag{8-2}$$

公式(8-2)是以偶然误差 Δ 为自变量，以标准差 σ 为唯一参数的函数式，称为正态分布的密度函数。式中 e(2.7183)为自然对数的底；σ 为观测值的标准差，其平方 σ^2 称为方差。方差为偶然误差平方的理论平均值：

$$\sigma^2 = \lim_{n\to\infty}\frac{\Delta_1^2 + \Delta_2^2 + \cdots + \Delta_n^2}{n} = \lim_{n\to\infty}\frac{[\Delta\Delta]}{n} \tag{8-3}$$

式中，方括号[ ]表示取括号中数值的代数和。

因此，标准差的计算公式为

$$\sigma = \lim_{n\to\infty}\sqrt{\frac{[\Delta\Delta]}{n}} \tag{8-4}$$

可见，标准差的大小取决于在一定条件下出现的偶然误差绝对值的大小。根据公式(8-4)，计算标准差值时要取各偶然误差的平方和，因此，较大绝对值的偶然误差会明显影响标准差值的大小。

通过上面的实例，可以概括偶然误差的统计特性如下：

(1)**有限性**。在一定条件下的有限次观测中，其误差的绝对值不会超过一定的界限，或者说，超过一定限值的误差，其出现的概率为零。

(2)**单峰性**。绝对值较小的误差比绝对值较大的误差出现的次数多，或者说，小误差

出现的概率大，大误差出现的概率小。

（3）**对称性**。绝对值相等的正误差与负误差出现的次数大致相等，或者说，它们出现的概率相等。

（4）**抵偿性**。当观测次数无限增多时，其算术平均值趋近于零。

$$\lim_{n \to \infty} \frac{[\Delta]}{n} = 0 \tag{8-5}$$

式（8-5）表示偶然误差的数学期望等于零。

上述偶然误差的第一个特性说明误差出现的范围；第二个特性说明误差绝对值大小的规律；第三个特性说明误差符号出现的规律；第四个特性可由第三个特性导出，它说明偶然误差具有抵偿性。

8.2　评定精度的标准

8.2.1　中误差

为了衡量在一定观测条件下观测结果的精度，取标准差 σ 是比较合适的，然而在实际测量工作中，不可能对某一量作无穷多次观测，因此定义按有限 n 次观测的偶然误差求得的标准差作为**中误差 m**，即

$$m = \pm \sqrt{\frac{\Delta_1^2 + \Delta_2^2 + \cdots + \Delta_n^2}{n}} = \pm \sqrt{\frac{[\Delta\Delta]}{n}} \tag{8-6}$$

比较式（8-4）与式（8-6）可以看出，标准差 σ 与中误差 m 的不同在于观测次数的区别，标准差为理论上的观测精度指标，而中误差则是观测次数 n 为有限时的观测精度指标。所以，中误差实际上是标准差的近似值，统计学上称为估值。例如，对 7 个三角形的内角进行了两组观测，根据两组观测中三角形内角和的偶然误差，分别按公式（8-6）计算其中误差，列于表 8-2 中。

表 8-2　　　　　　　　　　按观测值的真误差计算中误差

次序	甲组观测值			乙组观测值		
	观测值 l	$\Delta(")$	Δ^2	观测值 l	$\Delta(")$	Δ^2
1	179°59′53″	−7	49	180°00′03″	+3	9
2	180°00′02″	+2	4	180°00′04″	+4	16
3	179°59′57″	−3	9	179°59′58″	−2	4
4	180°00′00″	0	0	180°00′02″	2	4
5	180°00′01″	+1	1	179°59′57″	−3	9
6	180°00′06″	+6	36	179°59′56″	−4	16
7	179°59′59″	−1	1	180°00′02″	+2	4

续表

次序	甲组观测值			乙组观测值		
	观测值 l	$\Delta(")$	Δ^2	观测值 l	$\Delta(")$	Δ^2
$\sum \mid \mid$		20	100		20	62
中误差 m	$m_1 = \pm\sqrt{\dfrac{[\Delta\Delta]}{n}} = \pm 3.8$			$m_2 = \pm\sqrt{\dfrac{[\Delta\Delta]}{n}} = \pm 3.0$		

由此可以看出甲组观测值比乙组观测值的精度低，因为甲组观测值中有较大的偶然误差（ $-7"$, $+6"$ ），用平方能反映较大误差的影响，因此，计算出来的中误差就比较大，或者说其精度较低。

必须指出，在相同的观测条件下进行的一组观测，测得的每一个观测值都为同精度观测值，也称为等精度观测值。在一组观测值中，如果标准差（其估值为中误差）已经确定，就可以画出它所对应偶然误差的正态分布曲线。在公式（8-2）中，当 $\Delta = 0$ 时， $f(\Delta)$ 有最大值 $\dfrac{1}{\sqrt{2\pi}\,m}$ ；若对 $f(\Delta)$ 关于 Δ 取二阶导数，并令其等于 0 ，可确定曲线两个拐点的横坐标 $\pm m$ 。

图 8-2 为两种观测条件下的误差分布曲线。从图 8-2 中可见， $m_1 < m_2$ ，对应曲线的最大值 $\dfrac{1}{\sqrt{2\pi}\,m_1} > \dfrac{1}{\sqrt{2\pi}\,m_2}$ 。表示中误差较小时，分布曲线陡峭，误差分布密集，观测精度高；相反，中误差较大时，分布曲线平缓，误差分布离散，观测精度低。

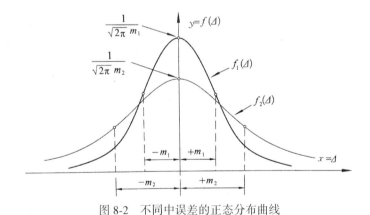

图 8-2　不同中误差的正态分布曲线

在大多数情况下，真值往往是不知道的，因此真误差也不易求得，但接近真值的最或是值可以求到，所以实际工作中经常用改正数来求中误差，而改正数就是最或是值与观测值之差，即

$$v = x - l$$

式中，v 为改正数，x 为最或是值，l 为观测值。

设对某量进行 n 次观测，观测值为 $l_i (i = 1, 2, 3, \cdots, n)$，则它的最或是值就是 n 个观测值的算术平均值，即 $x = \dfrac{l_1 + l_2 + \cdots + l_n}{n}$。

改正数为

$$v_i = x - l_i$$

根据误差理论的推导(推导过程我们将在 8.4 小节进行)，可得到利用改正数计算一次观测值中误差的贝塞尔公式：

$$m = \pm \sqrt{\frac{[vv]}{n-1}} \tag{8-7}$$

8.2.2　极限误差

由偶然误差的第一特性知道，在一定的观测条件下，偶然误差的绝对值不会超过一定的限值，这样的限值称为**极限误差**，简称限差，也称容许误差。若在测量过程中，某一观测值的误差超过了极限误差，认为该测量结果不符合要求，应予舍去。

根据误差理论及大量试验证明，在一系列同精度观测的偶然误差中，大于两倍中误差的偶然误差的个数约占总误差个数的 4.6%，大于三倍中误差的偶然误差个数约占总误差个数的 0.3%，因此测量上常取两倍中误差作为极限误差，即

$$\Delta_{限} = 2m \tag{8-8}$$

在测量工作中，真误差、中误差和极限误差都称为**绝对误差**。

8.2.3　相对中误差

对于某些测量结果，有时单靠中误差还不能完全表达测量结果的好坏。例如，丈量了 100m 和 500m 两段距离，中误差均为 ±2cm。虽然两者的中误差相同，但不能说明这两段距离的精度相同，因为长度的精度与长度本身的大小有关，为此必须引入另一个衡量精度的指标——相对中误差。

相对中误差是中误差与观测值之比，记作 K，通常以分子为 1 的分数表示，分数值越小，精度越高。即

$$K = \frac{|m|}{L} = \frac{1}{\dfrac{L}{|m|}} \tag{8-9}$$

式中，m 为中误差，L 为观测值。

对于上例：$K_1 = \dfrac{0.02}{100} = \dfrac{1}{5000}$，$K_2 = \dfrac{0.02}{500} = \dfrac{1}{25000}$，显然，丈量值为 500m 的距离其精度较高。

极限误差也可用相对中误差来表示。如图根导线测量中规定的相对闭合差不得超过 $\dfrac{1}{2000}$，就属于相对极限误差。相对中误差不能用于衡量测角的精度，因为测角误差与角

度大小无关。

8.3 误差传播定律及其应用

8.3.1 误差传播定律

前面介绍了一组同精度直接观测值的精度评定问题。但是，在测量工作中，许多量不是直接观测值，而是根据一些直接观测值通过一定的函数关系计算而得的，因此，称这些量为观测值的函数。由于观测值中含有误差，函数受其影响也包含误差，称为误差传播；阐述观测值中误差与其函数中误差之间数学关系的定律，称为**误差传播定律**。它是测量误差中最基本、应用最为广泛的定律。

量与量之间的函数关系多种多样，但归纳起来可分为线性关系和非线性关系。这里先讨论比较简单的线性函数的中误差计算公式。

1. 观测值的线性函数的中误差

1)倍乘函数
设有函数
$$z = kx \tag{8-10}$$
式中，k 为常数，x 为观测值。当 x 含有真误差 Δx 时。函数 z 也将产生真误差 Δz，即
$$z + \Delta z = k(x + \Delta x) \tag{8-11}$$
将以上两式相减得
$$\Delta z = k\Delta x \tag{8-12}$$
若对 x 作了 n 次等精度观测，得一组真误差 Δx_1，Δx_2，$\cdots$，Δx_n，则由 $\Delta x_i (i = 1，2，\cdots，n)$ 引起的对应的 Δz_i 为
$$\Delta z_1 = k\Delta x_1$$
$$\Delta z_2 = k\Delta x_2$$
$$\cdots\cdots$$
$$\Delta z_n = k\Delta x_n$$
将上列各式平方，得
$$\Delta z_i^2 = k^2 \Delta x_i^2 (i = 1，2，\cdots，n)$$
对上式由 1 到 n 求和，并除以 n 得
$$\frac{[\Delta z^2]}{n} = k^2 \frac{[\Delta x^2]}{n}$$
按中误差的定义，有
$$m_z^2 = k^2 m_x^2$$
或
$$m_z = km_x \tag{8-13}$$
公式(8-13)可表述为，**倍乘函数的中误差等于观测值中误差的 k 倍**。

例8.1 在比例尺为 1 : 1000 的地形图上量得某两点间的距离 $d = 125.5\text{mm}$。图上量

距的中误差 $m_d = \pm 0.1\text{mm}$，求该两点间的实地距离 D 及中误差 m_D。

$$D = 1000d = 1000 \times 125.5\text{mm} = 125.5\text{m},$$

$$m_D = 1000m_d = 1000 \times (\pm 0.1\text{mm}) = \pm 0.1\text{m}$$

则这段距离及其中误差写成

$$D = 125.5\text{m} \pm 0.1\text{m}$$

2）和差函数

设 x、y 为互相独立的观测值，其和差函数 z 可表示如下：

$$z = x \pm y \tag{8-14}$$

当 x、y 分别含有真误差 Δx 和 Δy 时，函数 z 也将产生真误差 Δz，即

$$z + \Delta z = (x + \Delta x) \pm (y + \Delta y)$$

即

$$\Delta z = \Delta x \pm \Delta y$$

如果对 x、y 作了 n 次等精度观测，则得

$$\Delta z_1 = \Delta x_1 \pm \Delta y_1$$
$$\Delta z_2 = \Delta x_2 \pm \Delta y_2$$
$$\vdots \qquad \vdots$$
$$\Delta z_n = \Delta x_n \pm \Delta y_n$$

将以上各式平方，得

$$\Delta z_i^2 = \Delta x_i^2 + \Delta y_i^2 \pm 2\Delta x_i \Delta y_i (i = 1, 2, \cdots, n)$$

对上式从 1 到 n 求和，并除以 n，得

$$\frac{[\Delta z^2]}{n} = \frac{[\Delta x^2]}{n} + \frac{[\Delta y^2]}{n} \pm 2\frac{[\Delta x \Delta y]}{n}$$

当 $n \to \infty$ 时，取极限值并按中误差定义，有

$$m_z^2 = m_x^2 + m_y^2 \pm 2\lim_{n \to \infty}\frac{[\Delta x \Delta y]}{n}$$

按偶然误差的第四特性，$\lim\limits_{n \to \infty}\frac{[\Delta x \Delta y]}{n} = 0$。即便是有限次观测，该项也很小，可以忽略不计。因此

$$m_z^2 = m_x^2 + m_y^2$$
$$m_z = \pm\sqrt{m_x^2 + m_y^2} \tag{8-15}$$

式（8-15）可表述为，**两个独立观测值和差函数的中误差，等于这两个独立观测值中误差平方和的平方根**。

这种情形也可推广到多个独立观测值的情况，

$$z = x_1 \pm x_2 \pm \cdots \pm x_n \tag{8-16}$$

$x_1, x_2, \cdots, x_n$ 为互相独立的观测值，则

$$m_z = \pm\sqrt{m_{x_1}^2 + m_{x_2}^2 + \cdots + m_{x_n}^2} \tag{8-17}$$

若和差函数中多个自变量具有相同的精度，即

$$m_1 = m_2 = \cdots = m_n = m$$

则和差函数的中误差为

$$m_z = \pm m\sqrt{n} \tag{8-18}$$

例 8.2 用 30m 的钢尺丈量一段 240m 的距离 D，共量 8 尺段。若每一尺段丈量的中误差为 ±5mm，求丈量全长 D 的中误差 m_D。

$$m_D = (\pm 5\text{mm}) \times \sqrt{8} = \pm 14\text{mm}$$

例 8.3 进行水平角观测时，每一观测方向同时受到对中、瞄准、读数、仪器误差和大气折光等的影响，其中瞄准误差 $m_{瞄}$ 和读数误差 $m_{读}$ 为其主要误差来源，各为 ±2″，其余因素的中误差各为 ±1″，求方向观测的中误差 $m_{方}$。

可以认为观测结果中所含的偶然误差是其影响因素偶然误差的代数和，

$$\Delta_{方} = \Delta_{中} + \Delta_{瞄} + \Delta_{读} + \Delta_{仪} + \Delta_{气}$$

根据和差函数中误差的计算公式，

$$
\begin{aligned}
m_{方} &= \pm\sqrt{m_{中}^2 + m_{瞄}^2 + m_{读}^2 + m_{仪}^2 + m_{气}^2} \\
&= \pm\sqrt{1^2 + 2^2 + 2^2 + 1^2 + 1^2} = \pm 3.3''
\end{aligned}
$$

3）一般线性函数

设未知量 z 为独立观测值 x_1，x_2，$\cdots$，x_n 的线性函数，即

$$z = k_1 x_1 \pm k_2 x_2 \pm \cdots \pm k_n x_n \tag{8-19}$$

式中 k_1，k_2，$\cdots$，k_n 为常数，其中误差分别为 m_1，m_2，$\cdots$，m_n。设 $z_i = k_i x_i$，即

$$z = z_1 \pm z_2 \pm \cdots \pm z_n$$

则由和差函数的中误差公式

$$m_z = \pm\sqrt{m_{z_1}^2 + m_{z_2}^2 + \cdots + m_{z_n}^2}$$

再由倍乘函数的中误差公式 $m_{z_i} = k_i m_{x_i}$，代入上式，有

$$m_z = \pm\sqrt{k_1^2 m_{x_1}^2 + k_2^2 m_{x_2}^2 + \cdots + k_n^2 m_{x_n}^2} \tag{8-20}$$

公式（8-20）可表述为，**线性函数的中误差等于各常数与其相应观测值中误差乘积的平方和的平方根**。

对某一个量进行 n 次等精度观测，其算术平均值可以写成

$$\bar{x} = \frac{1}{n}l_1 + \frac{1}{n}l_2 + \cdots + \frac{1}{n}l_n$$

按式（8-20），得到

$$m_{\bar{x}} = \pm\sqrt{\left(\frac{1}{n}\right)^2 m_{l_1}^2 + \left(\frac{1}{n}\right)^2 m_{l_2}^2 + \cdots + \left(\frac{1}{n}\right)^2 m_{l_n}^2}$$

由于是等精度观测，因此，$m_{l_1} = m_{l_2} = \cdots = m_{l_n} = m$，$m$ 为观测值的中误差。根据上式和式（8-7），得到按观测值的中误差和观测值的改正值计算算术平均值的中误差的公式：

$$m_{\bar{x}} = \pm\frac{m}{\sqrt{n}} = \pm\sqrt{\frac{[vv]}{n(n-1)}} \tag{8-21}$$

式（8-21）说明在等精度观测值中，**算术平均值的误差是独立观测值的中误差的 $\dfrac{1}{\sqrt{n}}$**。

例 8.4　设 x 为独立观测值 L_1，L_2，L_3 的函数

$$x = \frac{1}{5}L_1 + \frac{2}{5}L_2 + \frac{4}{5}L_3$$

已知 L_1，L_2，L_3 的中误差分别为 $m_1 = \pm 3\text{mm}$，$m_2 = \pm 4\text{mm}$，$m_3 = \pm 5\text{mm}$，求 x 的中误差 m_x。

按式(8-20)并将 L_1，L_2 和 L_3 的中误差代入后可得

$$m_x = \pm\sqrt{\left(\frac{1}{5}\right)^2 m_1^2 + \left(\frac{2}{5}\right)^2 m_2^2 + \left(\frac{4}{5}\right)^2 m_3^2}$$

$$= \pm\sqrt{\left(\frac{1}{5}\right)^2 \times 3^2 + \left(\frac{2}{5}\right)^2 \times 4^2 + \left(\frac{4}{5}\right)^2 \times 5^2}$$

$$= \pm 4.35\text{mm}$$

2. 一般函数的中误差

设有函数

$$z = f(x_1, x_2, \cdots, x_n) \tag{8-22}$$

式中，x_1，x_2，$\cdots$，x_n 是互为独立的观测值，其中误差分别为 m_{x_1}，m_{x_2}，$\cdots$，m_{x_n}。

为了找出函数与观测值之间的中误差关系式，首先须找出它们的真误差关系式。由于观测值的真误差 Δ 一般是很小的，故可用真误差代替全微分中的微分量，即用 Δ_z 替代 d_z，Δ_{x_i} 替代 d_{x_i}，则有

$$\Delta z = \frac{\partial f}{\partial x_1}\Delta x_1 + \frac{\partial f}{\partial x_2}\Delta x_2 + \cdots + \frac{\partial f}{\partial x_n}\Delta x_n$$

式中，$\frac{\partial f}{\partial x_i}$ 是函数对各自变量 x_i 的偏导数，并以观测值代入，故其偏导数都是常数，因而上式可认为是线性函数，由线性函数的中误差公式有

$$m_z = \pm\sqrt{\left(\frac{\partial f}{\partial x_1}\right)^2 m_{x_1}^2 + \left(\frac{\partial f}{\partial x_2}\right)^2 m_{x_2}^2 + \cdots + \left(\frac{\partial f}{\partial x_n}\right)^2 m_{x_n}^2} \tag{8-23}$$

式(8-23)可表述为，**一般函数的中误差等于该函数对各观测值的偏导数与相应观测值中误差乘积的平方和的平方根**。式(8-23)是误差传播定律的一般形式。其他形式的函数都属于一般函数的特殊情况。

例 8.5　某导线边长 $S = 200 \pm 0.02\text{m}$，其坐标方位角 $\alpha = 52°46'40'' \pm 20''$，试求该导线边纵坐标增量的中误差 $m_{\Delta x}$。

首先列出函数关系式：

$$\Delta x = S\cos\alpha$$

列出导线边纵坐标增量的中误差计算公式：

$$m_{\Delta x} = \pm\sqrt{\left(\frac{\partial \Delta x}{\partial S}\right)^2 m_S^2 + \left(\frac{\partial \Delta x}{\partial \alpha}\right)^2 m_\alpha^2}$$

式中，m_α 应以弧度为单位，即 $\frac{20''}{\rho''}$。

分别确定纵坐标增量 Δx 对导线边 S 和坐标方位角 α 的偏导数，

$$\frac{\partial \Delta x}{\partial S} = \cos\alpha, \quad \frac{\partial \Delta x}{\partial \alpha} = -S\sin\alpha$$

代入 Δx 的中误差计算公式，得到

$$m_{\Delta x} = \pm \sqrt{\cos^2\alpha \times 0.02^2 + 200^2\sin^2\alpha \left(\frac{20}{206265}\right)^2} = \pm 2\text{cm}$$

8.3.2 误差传播定律的应用

1. 距离测量的精度

若用长度为 l 的钢尺在相同条件下(等精度)丈量一直线 D，共丈量 n 个尺段，设丈量一尺段的中误差为 m，直线长度 D 的中误差为 m_D。因为直线长度为各尺段之和，故

$$D = l_1 + l_2 + l_3 + \cdots + l_n$$

按和差函数的中误差公式(8-18)得

$$m_D = \pm m\sqrt{n}$$

将尺段数 $n = D/l$ 代入上式，得

$$m_D = \pm \frac{m}{\sqrt{l}}\sqrt{D}$$

若在一定的观测条件下用固定长度的钢尺量距，l 与 m 均应为常数。此时可令

$$\mu = \pm \frac{m}{\sqrt{l}}$$

上式中 μ 为"单位长度的量距中误差"，则距离的量距中误差为

$$m_D = \pm \mu\sqrt{D} \tag{8-24}$$

式(8-24)表明，**距离丈量的中误差与距离的平方根成正比。**

2. 角度测量的精度

1)水平角测量精度

以 DJ6 级经纬仪为例，该型仪器一测回方向观测中误差 $m = \pm 6''$。水平角是两个方向值之差，即

$$\beta = l_2 - l_1$$

则根据误差传播定律，一测回水平角的中误差为：

$$m_\beta = \pm\sqrt{2}\,m = \pm 6'' \times \sqrt{2} = \pm 8.5''$$

2)导线测量角度闭合差的精度

以闭合导线为例，其角度闭合差为

$$f_\beta = \sum\beta - (n-2)\cdot 180°$$

设每个转折角的测角中误差为 m_β，则可得角度闭合差的中误差

$$m_{f_\beta} = \pm m_\beta\sqrt{n}$$

若取两倍中误差为其极限误差，则闭合导线的角度闭合差的允许差为

$$f_{\beta允} = \pm 2m_{\beta}\sqrt{n} \qquad (8\text{-}25)$$

3. 水准测量的精度

设在 A、B 两点间用水准仪观测了 n 个测站，则 A、B 两点间的高差为

$$h_{AB} = h_1 + h_2 + \cdots + h_n$$

若每个测站均为等精度观测，测站中误差为 $m_{站}$，可知 A、B 间的高差中误差为

$$m_h = \pm m_{站}\sqrt{n} \qquad (8\text{-}26)$$

上式表明，当各测站高差的观测精度基本相同时，**水准测量高差中误差与测站数的平方根成正比**。

同样可知，当各测站距离大致相等时，高差的中误差与距离的平方根成正比，即

$$m_h = \pm m_{站}\sqrt{\dfrac{L}{l}}$$

或

$$m_h = \pm m_{公里}\sqrt{L} \qquad (8\text{-}27)$$

式中，L 为 A、B 两点间的总长，l 为各测站间的距离，$m_{公里}$ 是每公里路线长的高差中误差，其数值取决于水准测量的等级。上式表明，**水准测量的精度与水准路线长度的平方根成正比**。

8.4 算术平均值及其中误差

8.4.1 算术平均值

在相同的观测条件下，对某个未知量 x 进行 n 次观测，其观测值分别为 l_1，l_2，$\cdots$，l_n，将它们取算术平均值 $\bar{x}$，作为 x 最可靠的数值，也称为"最或然值"，即

$$\bar{x} = \frac{l_1 + l_2 + \cdots + l_n}{n} = \frac{[l]}{n} \qquad (8\text{-}28)$$

设各观测值的真误差为 $\Delta_i(i=1,\ 2,\ \cdots,\ n)$，即

$$\begin{cases} \Delta_1 = x - l_1 \\ \Delta_2 = x - l_2 \\ \qquad \cdots\cdots \\ \Delta_n = x - l_n \end{cases}$$

将上列各式相加，并除以 n，得到

$$\frac{[\Delta]}{n} = x - \frac{[l]}{n}$$

根据偶然误差的第四特性 $\lim\limits_{n\to\infty} \dfrac{[\Delta]}{n} = 0$，于是

$$x = \lim\limits_{n\to\infty} \frac{[l]}{n},$$

即观测次数 n 无限增大时 $\bar{x} \to x$。但是在实际工作中，不可能对 x 作无限次观测，因此把有限个观测值的算术平均值作为该量的"最或然值"。

8.4.2 观测值的改正数

算术平均值与观测值之差称为观测值的改正数(v)，即

$$\begin{cases} v_1 = \bar{x} - l_1 \\ v_2 = \bar{x} - l_2 \\ \cdots\cdots\cdots\cdots \\ v_n = \bar{x} - l_n \end{cases} \tag{8-29}$$

将上列等式相加，并根据公式(8-28)，得

$$[v] = n\bar{x} - [l] = n \cdot \frac{[l]}{n} - [l] = 0 \tag{8-30}$$

一组观测值取算术平均值后，其改正数之和恒等于零。公式(8-30)可以作为计算时的检核。

8.4.3 按观测值的改正数计算中误差

利用公式(8-6)计算中误差时，需要知道真误差 Δ。按照公式(8-1)，真误差是观测值与真值之差，在一般情况下，观测值的真值 x 是不知道的，真误差也就无法求得，此时，就不能用公式(8-6)计算中误差。在实际工作中，多利用观测值的改正数 v 来计算中误差，即

$$m = \pm\sqrt{\frac{[vv]}{n-1}} \tag{8-31}$$

公式(8-31)可以根据偶然误差的特性来证明。根据真误差和改正数的定义

$$\begin{cases} \Delta_i = X - l_i \\ v_i = \bar{x} - l_i \end{cases} (i = 1, 2, \cdots, n)$$

将以上两式相减，得到

$$\Delta_i = v_i + (X - \bar{x}) \quad (i = 1, 2, \cdots, n) \tag{8-32}$$

将以上各式取总和，并顾及 $[v] = 0$，得到 $[\Delta] = n(X - \bar{x})$，即

$$X - \bar{x} = \frac{[\Delta]}{n} \tag{8-33}$$

再取其平方，得到

$$(X - \bar{x})^2 = \frac{[\Delta]^2}{n^2} = \frac{\Delta_1^2 + \Delta_2^2 + \cdots + \Delta_n^2}{n^2} + \frac{2(\Delta_1\Delta_2 + \Delta_1\Delta_3 + \cdots\Delta_{n-1}\Delta_n)}{n^2}$$

上式中右端第二项中 $\Delta_i\Delta_j(j \neq i)$ 为任意两个偶然误差的乘积，它仍然具有偶然误差的特性。根据偶然误差的第四特性，

$$\lim_{n\to\infty} \frac{\Delta_1\Delta_2 + \Delta_1\Delta_3 + \cdots + \Delta_{n-1}\Delta_n}{n} = 0$$

137

当 n 为有限值时，$\Delta_i\Delta_j$ 之和为一微小项，除以 n 后，更可以忽略不计，因此

$$(X - \bar{x})^2 = \frac{[\Delta\Delta]}{n^2} \tag{8-34}$$

将式(8-32)取平方和，得到 $[\Delta\Delta] = [vv] + n(X - \bar{x})^2 + 2[v](X - \bar{x})$，即

$$[\Delta\Delta] = [vv] + n(X - \bar{x})^2$$

将式(8-34)代入上式，并进行变换得到

$$[\Delta\Delta] = [vv] + \frac{[\Delta\Delta]}{n}$$

或

$$\frac{[\Delta\Delta]}{n} = \frac{[vv]}{n - 1}$$

$$即\ m = \pm\sqrt{\frac{[vv]}{n - 1}}$$

上式用于对同一量进行有限次等精度观测时的观测值精度评定。

例 8.6　对某段距离进行了 5 次等精度测量，观测数据载于表 8-3 中，试求该距离的算术平均值和观测值的中误差。

表 8-3　　　　　　　　　　　　**观测值及算术平均值中误差计算表**

编号	观测值 l_i(m)	改正值 v_i(mm)	vv(mm)	计　算
1	105.935	+6	36	$\bar{x} = \dfrac{[l]}{n} = 105.941$
2	105.948	−7	49	
3	105.926	+15	225	$m = \pm\sqrt{\dfrac{[vv]}{n-1}} = \pm\sqrt{\dfrac{416}{5-1}} = \pm 10.2$
4	105.946	−5	25	
5	105.95	−9	81	$m_{\bar{x}} = \pm\dfrac{m}{\sqrt{n}} = \pm 4.6\text{mm}$
Σ		0	416	$K = \dfrac{|m_{\bar{x}}|}{\bar{x}} = \dfrac{4.6}{105941} \approx \dfrac{1}{23000}$

8.5　加权平均值及其中误差

8.5.1　权与单位权

对于如何从 n 次等精度观测值中确定未知量的最或是值以及评定其精度问题，前面已叙述。但是在测量实践中除了等精度观测以外，还有不等精度观测，例如同一段距离分组进行丈量，但各组丈量的次数不等，因此各组观测的精度也不相等，那么如何来计算该距离的最或是值以及评定它的精度呢？又例如某个新设立的水准点，离开几个已知高程的水准点距离不等，因此进行水准测量时水准路线长度不等，根据 8.3 节的分析，已知水准测

量测定两点间高差精度与水准路线长度的平方根成正比，因此也是不等精度观测，此时又如何根据各水准路线的观测结果计算新点的高程并评定其精度？这就需要用"权"的概念来处理这个问题。

例如，对于同一段距离 S 分两组进行丈量，第一组丈量了 2 次，得观测值 l_1、l_2，第二组丈量了 3 次，得观测值 l_3、l_4、l_5，每一次丈量的中误差是相同的，设为 m。两组观测值分别取算术平均值及计算其中误差：

$$L_1 = \frac{1}{2}(l_1 + l_2), \ m_1 = \pm \frac{m}{\sqrt{2}}$$

$$L_2 = \frac{1}{2}(l_3 + l_4 + l_5), \ m_2 = \pm \frac{m}{\sqrt{3}}$$

$m_1 > m_2$，即同一段距离的两组观测 L_1 与 L_2 为不等精度观测。

"权"的原意为秤砣或秤锤，常用作权衡轻重之意。某一观测值或观测值的函数的精度越高(中误差越小)，其权应越大。测量误差理论中，以 P 表示权，并定义权与中误差的平方成反比：

$$P_i = \frac{C}{m_i^2} \tag{8-35}$$

式中，C 为任意常数。对于以上例子，两组观测值的权为

$$P_1 = \frac{C}{m_1^2} = \frac{2C}{m^2}, \ P_2 = \frac{C}{m_2^2} = \frac{3C}{m^2}$$

由于 C 为任意常数，因此对于上式取 $C = m^2$，则

$$P_1 = 2, \ P_2 = 3$$

对于每一次丈量，设其权为 P_0，则

$$P_0 = \frac{m^2}{m^2} = 1$$

权等于 1 的中误差称为**单位权中误差**，一般用 m_0 表示。习惯上取一次观测、一测回、一公里线路、一米长的测量误差为单位权中误差。这样，式(8-35)的另一种表示方式为：

$$P_i = \frac{m_0^2}{m_i^2} \tag{8-36}$$

由上式得到观测值或观测值函数的中误差的另一种表示方式为

$$m_i = m_0 \sqrt{\frac{1}{P_i}} \tag{8-37}$$

在不等精度观测中，引入"权"的概念是为了建立一种精度的比值，以便进行合理的成果处理。例如对于上例：取一次丈量的权为 1，则 2 次与 3 次丈量分别取平均值的权为 2 与 3。由此知道距离丈量的权与丈量的次数成正比。

8.5.2 非等精度观测值的最或是值

上例一段距离分两组观测，每组丈量的次数分别为 2 次和 3 次，每一次丈量均为等精

度观测。因此，该段距离的最或是值可以取 5 次观测值的算术平均值：

$$\chi = \frac{1}{5}(l_1 + l_2 + l_3 + l_4 + l_5)$$

在已经分别求得两组观测值的算术平均值及其权：

$$L_1 = \frac{1}{2}(l_1 + l_2), \ P_1 = 2$$

$$L_2 = \frac{1}{3}(l_3 + l_4 + l_5), \ P_2 = 3$$

的情况下，由于为不等精度观测，如果按下式计算仍可以得到其最或是值：

$$\chi = \frac{2L_1 + 3L_2}{2 + 3}$$

上式称为不等精度观测的加权平均值，其一般形式为：

$$\chi = \frac{P_1 L_1 + P_2 L_2 + \cdots + P_n L_n}{P_1 + P_2 + \cdots + P_n} = \frac{[PL]}{[P]} \tag{8-38}$$

式中，L_i 为观测值或观测值的函数，P_i 为其权。对于同一量的各个观测值 L_i 都相近，因此计算加权平均值的适用公式为：

$$\chi = L_0 + \frac{[P\Delta L]}{[P]} \tag{8-39}$$

$$L_i = L_0 + \Delta L_i \tag{8-40}$$

式中，L_0 为各观测值的共同部分，ΔL_i 为观测值与共同部分的差值。

例 8.7　某水平角用同样的经纬仪分别进行 3 组观测，各组分别观测 2、4、6 个测回，各组观测的算术平均值列于表 8-4，并在表中计算其加权平均值。第一种算法：设一测回角度观测的中误差为单位权中误差，则 2、4、6 测回分别取算术平均值的权分别为 2、4、6。但是权是精度的一种比值，2∶4∶6 = 1∶2∶3。因此，第二种算法：分别取各组观测值的权为 1、2、3 进行计算，两种算法的结果是相同的。

表 8-4　　　　　　　　　　　　　　　**加权平均值的计算**

组号	测回数	各组平均值 L	ΔL	算法 1		算法 2	
				权 P	PΔL	权 P	PΔL
1	2	40°20′14″	4″	2	8″	1	4″
2	4	40°20′17″	7″	4	28″	2	14″
3	6	40°20′20″	10″	6	60″	3	30″
		$L_0 = 40°20′10″$		12	96″	6	48″
加权平均值	$\chi = 40°20′10″ + \dfrac{96″}{12} = 40°20′18″$						

同一量的 n 次不等精度观测值 L_1，L_2，$\cdots$，L_n，根据其权 P_1，P_2，$\cdots$，P_n，用式

(8-38)计算其加权平均值作为最或是值后，可用下式计算观测值的改正值：

$$\begin{cases} v_1 = X - L_1 \\ v_2 = X - L_2 \\ \cdots\cdots\cdots\cdots \\ v_n = X - L_n \end{cases} \tag{8-41}$$

8.5.3 加权平均值的中误差

不等精度观测值的加权平均值的计算公式(8-38)也可以写成线性函数形式：

$$X = \frac{P_1}{[P]}L_1 + \frac{P_2}{[P]}L_2 + \cdots + \frac{P_n}{[P]}L_n$$

根据线性函数误差传播公式得到

$$m_X = \sqrt{\left(\frac{P_1}{[P]}\right)^2 m_1^2 + \left(\frac{P_2}{[P]}\right)^2 m_2^2 + \cdots + \left(\frac{P_n}{[P]}\right)^2 m_n^2}$$

上式中以一测回观测值的中误差作为单位权中误差，即 $m_i = m_0 (i = 1, 2, \cdots, n)$，则有

$$m_X = m_0 \sqrt{\frac{P_1}{[P]^2} + \frac{P_2}{[P]^2} + \cdots + \frac{P_n}{[P]^2}}$$

即

$$m_X = \frac{m_0}{\sqrt{[P]}} \tag{8-42}$$

由此可见：加权平均值的中误差为单位权中误差除以观测值的权之和的平方根；对照式(8-36)，加权平均值的权即为

$$P_X = \frac{m_0^2}{m_x^2} = [P] \tag{8-43}$$

8.5.4 单位权中误差的计算

单位权中误差一般取某一类观测值的一种基本精度，例如角度观测的一测回、水准测量的一公里线路的中误差等，在处理不等精度观测值时，要根据单位权中误差来计算观测值的权和加权平均值的中误差等。因此对某一类观测值必须对其基本精度(单位权中误差)有一个正确的估计。

根据一组不等精度观测值可以计算本类观测值的单位权中误差。由式(8-36)得到

$$m_0^2 = P_i m_i^2$$

设对同一量由 n 个不等精度观测值，则

$$m_0^2 = P_1 m_1^2$$
$$m_0^2 = P_2 m_2^2$$
$$\vdots$$
$$m_0^2 = P_n m_n^2$$

取其总和:

$$nm_0^2 = \left[Pm^2 \right]$$

得到

$$m_0^2 = \frac{\left[Pm^2 \right]}{n} = \frac{\left[Pmm \right]}{n}$$

式中,$\left[Pmm \right]$可以近似地用$\left[P\Delta\Delta \right]$代入:

$$m_0 = \pm \sqrt{\frac{\left[P\Delta\Delta \right]}{n}} \tag{8-44}$$

其中,真误差 $\Delta_i = X - L_i$。

此为观测值的真值已知的情况下,用真误差求中误差的公式。

在观测量真值未知的情况下,用观测值的加权平均值(最或是值)代替真值,则按式(8-41)得到改正值。

仿照式(8-31)的推导,得到按不等精度观测值的改正值计算单位权中误差的公式:

$$m_0^2 = \sqrt{\frac{\left[Pvv \right]}{n - 1}} \tag{8-45}$$

例 8.8　按表 8-4 的数例计算不等精度的角度观测值的加权平均值、改正值、单位权中误差及加权平均值的中误差。由于本例以一测回观测值的权为单位权,所以求得的单位权中误差为角度一测回观测值中误差。计算结果列于表 8-5 中。

表 8-5 　　　　　　　　　　加权平均值及其中误差的计算

组号	测回数	各组平均值	ΔL	权 P	$P\Delta L$	v	Pv	Pvv
1	2	$40°20'14''$	4	2	$8''$	$+4''$	$+8''$	32
2	4	$40°20'17''$	7	4	$28''$	$-1''$	$+4''$	4
3	6	$40°20'20''$	10	6	$60''$	$-2''$	$-12''$	24
		$L_0 = 40°20'10''$		12	$96''$		$0''$	60

加权平均值及其中误差	$X = 40°20'10'' + \dfrac{96''}{12} = 40°20'18''$ $\left[Pvv \right] = 60,\ m_0 = \pm\sqrt{\dfrac{60}{3-1}} = \pm 5''.5$ $p_X = 12,\ m_X = \dfrac{5.5}{\sqrt{12}} = \pm 1.6''$

◎ **思考题**

1. 为什么观测结果中一定存在误差? 误差是如何分类的?

2. 系统误差有何特点? 它对测量结果产生什么影响?

3. 偶然误差能否消除? 它有何特性?

4. 容许误差是如何定义的? 它有什么作用?

5. 何谓等精度观测？何谓不等精度观测？权的定义和作用是什么？

6. 用检定过的钢尺多次丈量长度为 49.995m 的标准距离，结果为 49.990、49.995、49.991、49.998、49.996、49.994、49.993、49.995、49.999、49.991（单位：m）。试求一次丈量的中误差。

7. 测量距离 AB 和 MN。往测结果分别为 158.290m 和 238.745m，返测结果分别为 158.310m 和 238.768m。分别计算往返较差、相对误差，并比较精度。

8. 在 1:5000 地形图上量得一圆形地物的直径为 $d = 31.3mm \pm 0.3mm$。试求该地物占地面积及其中误差。

9. 一个三角形，测得边长 $a = 150.50m \pm 0.05m$，测得 $\angle A = 64° \pm 1'$，$\angle B = 35°10' \pm 2'$。计算边长 b 和 c 及其中误差、相对误差。

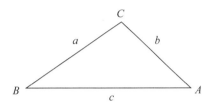

图 8-3 三角形边长中误差及相对误差计算

10. 设有 n 个内角的闭合导线，等精度观测各内角，测角中误差 $m = \pm 9''$，试求闭合导线角度闭合差 f_β 的容许误差 $f_{\beta容}$。

11. 在 A、B 两点之间安置水准仪测量高差，要求高差中误差不大于 3mm，试问在水准尺上读数的中误差为多少？

12. 用经纬仪观测水平角，测角中误差为 $\pm 5''$。欲使角度结果的精度达到 $\pm 2''$，问需要观测几个测回？

13. 在水准测量中，设一个测站的高差中误差为 $\pm 2mm$，1 公里线路有 10 站。求 1 公里线路高差的中误差和 K 公里线路高差的中误差。

14. 对一段距离测量了 6 次，观测结果为 246.535m、246.548m、246.520m、246.529m、246.550m、246.537m。试计算距离的最或是值、最或是值的中误差和相对中误差、测量一次的中误差。

15. 用 DJ6 型经纬仪观测某水平角 4 测回，观测值分别为 248°32'18″、248°31'54″、248°31'42″、248°32'06″。试求一测回观测值的中误差、该角最或是值及其中误差。

16. 用同一台经纬仪以不同的测回数观测某角，观测值为 $\beta_1 = 23°13'36''$（4 测回），$\beta_2 = 23°13'30''$（6 测回），$\beta_1 = 23°13'26''$（8 测回），试求单位权中误差、加权平均值及其中误差、一测回观测值的中误差。

第9章　小地区控制测量

9.1　控制测量概述

"从整体到局部"是测量工作进行的原则。所谓"整体"，主要是指控制测量。控制测量的目的是在整个测区范围内用比较精密的仪器和严密的方法测定少量大致均匀分布的点位的精确位置，包括点的平面坐标(x, y)和高程(H)，前者称为平面控制测量，后者称为高程控制测量。点的平面位置和高程也可以同时测定。所谓"局部"，一般是指细部测量，是在控制测量的基础上，为了绘制地形图而测定大量地物点和地形点的位置，或为了地籍测量而测定大量界址点的位置，或为了建筑工程的施工放样而进行大量设计点位的现场测设。细部测量可以在全面的控制测量的基础上分别进行或分期进行，但仍能保证其整体性和必要的精度。对于分等级布设的控制网而言，则上级控制网是"整体"，而下级控制网是"局部"。这样也是为了能分期分批地进行控制测量，并能保证控制网的整体性和必要的精度。

9.1.1　控制测量的方法

控制测量分为平面控制测量和高程控制测量。在传统测量工作中，平面控制网与高程控制网通常分别单独布设。目前，有时候也将两种控制网合起来布设成三维控制网。

1. 平面控制测量方法

平面控制测量通常采用 GNSS 控制测量、导线测量、三角网测量和交会测量等方法。必要时，还要进行天文测量。目前，GNSS 控制测量和导线测量已成为建立平面控制网的主要方法。

1）GNSS 控制测量

GNSS 测量是以分布在空中的多个 GNSS 卫星为观测目标来确定地面点三维坐标的定位方法。其中，GNSS 所测得的三维坐标属于 WGS-84 世界大地坐标系。为了将它们转换为国家或地方坐标系，至少应该联测两个已有的控制点。其中一个点作为 GNSS 网在原有坐标系内的定位起算点，两个点之间方位和距离作为 GNSS 网在原有网之间的转换参数，联测点最好多于两个，且要分布均匀、具有较高的点位精度以保证 GNSS 控制点的可靠性及精度。应用 GNSS 定位技术建立的控制网称为 GNSS 控制网。既可以与常规大地测量一样，地面布设控制点，采用 GNSS 定位技术建立控制网，也可以在一些地面点上安置固定的 GNSS 接收机，长期连续接收卫星信号，建立 CORS 系统。

2)导线测量

将控制点用直线连接起来形成折线，称为导线，这些控制点称为导线点，点间的折线边称为导线边，相邻导线边之间的夹角称为转折角（又称导线折角、导线角）。另外，与坐标方位角已知的导线边（称为定向边）相连接的转折角，称为连接角（又称定向角）。通过观测导线边的边长和转折角，根据起算数据经计算而获得导线点的平面坐标，即为导线测量（见图9-1）。

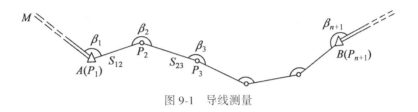

图9-1 导线测量

3)三角形网测量

三角形网测量是在地面上选定一系列的控制点，构成相互连接的若干个三角形，组成各种网（锁）状图形。通过观测三角形的内角或（和）边长，再根据已知控制点的坐标、起始边的边长和坐标方位角，经解算三角形和坐标方位角推算，可得到三角形各边的边长和坐标方位角，进而由直角坐标正算公式计算待定点的平面坐标。三角形的各个顶点称为三角点，各三角形连成的网称为三角网（见图9-2），连成锁状的称为三角锁（见图9-3）。由于三角形网要求每一点与较多的相邻点相互通视，所以在通视困难的地区通常需要建造觇标。

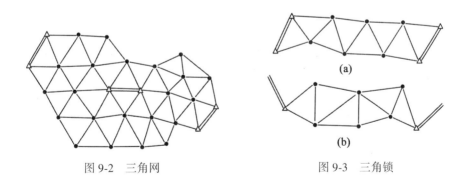

图9-2 三角网   图9-3 三角锁

三角形网测量是传统布设和加密控制网的主要方法。在电磁波测距仪普及之前，由于测角要比量边容易得多，因而三角测量是建立平面控制网的最基本方法。由于全站仪的应用，目前三角形网测量以边、角测量较为常见。随着 GNSS 技术在控制测量中的普遍应用，目前国家平面控制网、城市平面控制网、工程平面控制网已很少应用三角形网测量方法，只是在小范围内或地下工程测量中采用三角形网测量方法布设和加密控制网。

4)交会测量

交会测量是根据多个已知点的平面坐标，通过测定已知点到某待定点的方向、距离，以推求此待定点平面坐标的测量方法。通过观测水平角确定交会点平面位置的称为测角交会；通过测边确定交会点平面位置的称为测边交会；通过边长和水平角同测来确定交会点平面位置的称为边角交会。

5）天文测量

天文测量是在地面点上架设仪器，通过观测天体（如恒星、太阳）并记录观测瞬间的时刻，来确定地面点的天文经度、天文纬度和该点至相邻点的方位角。天文经、纬度的观测结果，可以用来推算天文大地垂线偏差，用于将地面上的观测值归算到天文椭球面上。由天文经、纬度和方位角的观测结果，可以推算大地方位角，用来控制地面大地网中方位误差的积累。

2. 高程控制测量方法

高程控制测量方法有水准测量、三角高程测量和 GNSS 高程测量。高程控制主要通过水准测量方法建立，而在地形起伏大、直接利用水准测量较困难的地区建立低精度的高程控制网，以及图根高程控制网，可采用三角高程测量方法建立。目前，GNSS 高程控制测量也逐步得到应用。用水准测量方法建立的高程控制网称为水准网。

9.1.2　国家控制测量概述

为各种测绘工作在全国范围内建立的基本控制网称为国家控制网。国家控制网为全国各种比例尺测图以及各种工程测量提供已知数据，同时也用于研究地球的形状和大小、了解地壳形变的大小及趋势、为地震预测提供形变信息等。国家控制网是根据从整体到局部、由高级到低级、逐级控制、逐级加密的原则建立的。

1. 国家平面控制测量

新中国成立初期建立的国家平面控制网主要采用三角网，局部地区采用精密导线，分一、二、三、四等四个等级。首先，在全国范围内大致沿经线和纬线方向布设一等天文大地锁网，形成间距约 200km 的格网，三角形的平均边长约 20km，如图 9-4 所示。在格网中部用平均边长约 13km 的二等全面网填充，如图 9-5 所示。一、二等三角网构成全国的全面控制网。然后用平均边长约为 8km 的三等网和边长为 2～7km 的四等网逐步加密，主要是为满足测绘全国性的 1∶10000～1∶5000 地形图的需要。

GNSS 技术的应用和普及，使我国从 20 世纪 80 年代开始，用 GNSS 网逐步代替了国家等级的平面控制网和城市各级平面控制网。其构网形式基本上仍为三角形网或多边形格网（闭合环或附合线路）。我国国家级的 GNSS 大地控制网按其控制范围和精度分为 A，B，C，D，E 共五个等级。其中 A、B 两级属于国家 GNSS 控制网。国家（GNSS）A 级网由 20 多个点组成，在其控制下，又有由 800 多个点组成的国家（GNSS）B 级网。

2. 国家高程控制测量

国家高程控制测量采用水准测量方法，分为一、二、三、四等四个等级。一等水准是国家高程控制的骨干；二等水准是全面基础，沿地质构造稳定、坡度平缓的道路、河流布设；三、四等水准测量是国家高程控制点的进一步加密，主要为测绘地形图和各种工程建设提供高程起算数据。

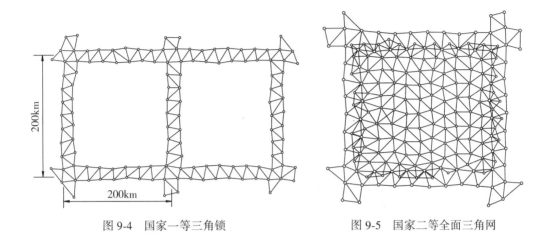

图 9-4　国家一等三角锁　　　　　　　图 9-5　国家二等全面三角网

9.1.3　城市控制测量

在城市或厂矿等地区，一般是在上述国家等级控制点的基础上，根据测区的大小，布设不同等级的城市或矿区控制网，以供地形测图和工程测量使用。城市 GNSS 网、三角网、导线网的主要技术要求见表 9-1~表 9-3。至于选择哪一级控制作为首级控制，应根据城市或厂矿的规模确定。中小城市一般以四等网作为首级控制网。面积在 15km² 以下的小城镇可用小三角网或一级导线网作为首级控制。城市三角网和导线网如图 9-6 所示。

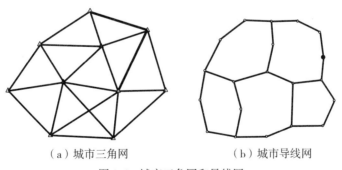

（a）城市三角网　　　　　　　　　（b）城市导线网

图 9-6　城市三角网和导线网

城市 GNSS 网一般用国家 GNSS 网作为起始数据，由若干个独立闭合环构成，或构成附合线路。某城市的三等 GNSS 网（首级）如图 9-7 所示，其网形与城市导线网类似。

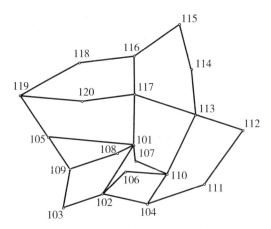

图 9-7 某城市 GNSS 首级网

表 9-1 城市 GNSS 平面控制网主要技术指标

等级	平均边长（km）	a（mm）	b（1×10^{-6}）	最弱边相对中误差
二等	9	≤5	≤2	1/120000
三等	5	≤5	≤2	1/80000
四等	2	≤10	≤5	1/45000
一级	1	≤10	≤5	1/20000
二级	<1	≤10	≤5	1/10000

表中 a 为 GNSS 网基线向量的固定误差；b 为比例误差系数，由此形成基线向量的弦长中误差：

$$\sigma = \sqrt{a^2 + (bd)^2} \tag{9-1}$$

式中，d 为基线两端点间的距离。

表 9-2 城市三角网主要技术指标

等级	平均边长（km）	测角中误差（″）	起始边边长相对中误差	最弱边边长相对中误差
二等	9	≤±1.0	≤1/300000	1/120000
三等	5	≤±1.8	≤1/200000（首级） ≤1/120000（加密）	1/80000
四等	2	≤±12.5	≤1/120000（首级） ≤1/80000（加密）	1/45000
一级小三角	1	≤±5.0	≤1/40000	1/20000
二级小三角	<0.5	≤±10.0	≤1/20000	1/10000

表 9-3 城市电磁波测距导线网的主要技术指标

等级	附合导线长度（km）	平均边长（m）	测距中误差（mm）	测角中误差（″）	导线全长相对闭合差
三等	15	3000	≤±18	≤±1.5	1/60 000
四等	10	1600	≤±18	≤±2.5	1/40 000
一级	3.6	300	≤±15	≤±5	1/14 000
二级	2.4	200	≤±15	≤±8	1/10 000
三级	1.5	100	≤±15	≤±12	1/6 000

《城市测量规范》将城市水准测量分为二、三、四等及图根水准等级别。同样，应根据城市及矿区的规模确定其首级高程控制的等级。各级水准测量的主要技术要求列于表 9-4。

表 9-4 城市水准测量及图根水准测量主要技术指标

等级	每公里高差中误差（mm）	附合路线长度（km）	水准仪型号	测段往返测高差不符值（mm）	附合路线或环线闭合差（mm）
二等	≤±2	400	DS1	≤±4$\sqrt{R}$	±4$\sqrt{L}$
三等	≤±6	45	DS3	≤±12$\sqrt{R}$	±12$\sqrt{L}$
四等	≤±10	15	DS3	≤±20$\sqrt{R}$	±20$\sqrt{L}$
图根	≤±20	8	DS10		±40$\sqrt{L}$

注：表中 R 为测段长度，L 为环线或附合路线长度，均以 km 为单位。

城市水准点间的距离，一般地区为 2~4km，城市建筑区为 1~2km，工业区小于 1km。一个测区至少设立三个水准点。

9.1.4 小地区控制测量

小于 10km² 的地区称为小地区。在建立小地区控制网时，应尽可能与国家或城市控制网进行联测，以国家或城市控制点作为小地区控制网的起算和校核数据。

小地区平面控制网也可布设成三角网、导线网、GNSS 网等，并根据测区面积的大小分级建立测区控制，其规定见表 9-5。

表 9-5 小地区首级控制和图根控制

测区面积（km²）	首级控制	图根控制
1~10	二级小三角或一级导线	两级图根
0.5~2	二级小三角或二级导线	两级图根
0.5 以下	图根控制	

直接为测绘地形图服务的控制测量工作，称为图根控制测量，其中的控制点称为图根点。图根平面控制测量方法也可使用三角测量、导线测量和 GNSS 测量等，图根导线测量的技术要求见表 9-6 和表 9-7。

表 9-6　　　　　　　　　　图根钢尺量距导线测量的技术要求

比例尺	附合导线长度（m）	平均边长（m）	导线相对闭合差	测回数 DJ6	方位角闭合差(″)
1∶500	500	75			
1∶1000	1000	120	≤1/2000	1	≤±60$\sqrt{n}$
1∶2000	2000	200			

注：①n 为测站数；②隐蔽或施测困难地区导线相对闭合差可放宽，但不应大于 1/1000。

表 9-7　　　　　　　　　　图根电磁波测距导线的主要技术指标

比例尺	附合导线长度(m)	平均边长（m）	导线相对闭合差	测回数 DJ6	方位角闭合差(″)
1∶500	900	80			
1∶1000	1800	150	≤1/4000	1	≤±40$\sqrt{n}$
1∶2000	3000	250			

注：①n 为测站数。

小地区高程控制测量的任务就是测定其平面控制点的高程。首级控制一般采用三、四等水准测量，然后由此测量图根点的高程(称为图根高程测量)。电磁波测距三角高程测量和 GNSS 高程测量可代替四等水准测量。

如果测区内及附近无国家或城市控制点，或仅作为工程专用，则可以假定一控制点的坐标和一边的方位角，由此测定其他控制点的坐标，建立一个独立(假定)的平面直角坐标系。假定一控制点的高程，由此测定其他控制点的高程，建立相对(假定)高程系统。

9.2　平面控制网的定位和定向

9.2.1　两点间的坐标方位角和坐标增量

如图 9-8 所示，1，2 两点的平面直角坐标分别为$(x_1，y_1)$和$(x_2，y_2)$，则两点间的边长(水平距离)D，坐标方位角α，坐标增量Δx、Δy的关系如下：

$$\begin{cases} \Delta x_{1,2} = x_2 - x_1 = D_{1,2} \times \cos\alpha_{1,2} \\ \Delta y_{1,2} = y_2 - y_1 = D_{1,2} \times \sin\alpha_{1,2} \end{cases} \quad (9-2)$$

$$\begin{cases} x_2 = x_1 + \Delta x_{1,2} = x_1 + D_{1,2} \times \cos\alpha_{1,2} \\ y_2 = y_1 + \Delta y_{1,2} = y_1 + D_{1,2} \times \sin\alpha_{1,2} \end{cases} \quad (9-3)$$

$$D_{1,2} = \sqrt{(x_2 - x_1)^2 + (y_2 - y_1)^2} = \sqrt{\Delta x_{1,2}^2 + \Delta y_{1,2}^2} \qquad (9\text{-}4)$$

根据 1、2 两点的坐标增量计算坐标方位角 α_{12} 的方法见 5.4 小节"直线定向"之六。

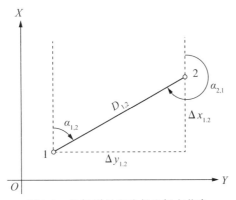

图 9-8　坐标增量和边长坐标方位角

9.2.2　平面控制网的定位和定向

在布设各等级的平面控制网时，必须至少取得网中一个已知点的坐标和该点至另一已知点连线的方位角，或网中两个已知点的坐标。因此，"一点坐标及一边方位角"或"两点坐标"为平面控制网必要的"起始数据"。在小地区内建立平面控制网时，一般应与该地区已有的国家控制网或城市控制网进行联测，以取得起始数据，才能进行平面控制网的定位和定向。

9.3　导线测量和导线计算

导线测量布设灵活，要求通视方向少，边长可直接测定，适宜布设在建筑物密集、视野不甚开阔的城市、厂矿等建筑区和隐蔽区，也适合于交通线路、隧道和渠道等狭长地带的控制测量。随着全站仪的广泛使用，导线边长在增大，精度和自动化程度也在提高，从而使导线测量成为中小城市和厂矿等地区建立平面控制网的主要方法。

9.3.1　导线的布设

导线可被布设成单一导线和导线网。两条以上导线的汇聚点，称为导线的节点。单一导线与导线网的区别在于导线网具有节点，而单一导线则不具有节点。按照不同的情况和要求，单一导线可被布设为附合导线、闭合导线和支导线。如图 9-9 所示，A,B,C,D 为高级控制点（已知点），$T1,T2,\cdots,T10$ 为布设的导线点（待定点），构成各种形式的导线。

1. 支导线

从一个高级点 C 和 CD 边的已知方位角 α_{CD} 出发，延伸出去的导线 D-C-$T1$-$T2$-$T3$ 称

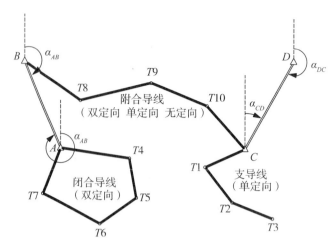

图 9-9　导线的布设形式

为支导线。由于支导线只具有必要的起算数据，缺少对观测数据的检核，因此，只限于在图根导线和地下工程导线中使用。对于图根导线，一般规定支导线的点数不超过 3 个。

2. 闭合导线

以高级控制点 A 为起始点，以 AB 边的坐标方位角 α_{AB} 为起始边方位角，布设 B-A-$T4$-$T5$-$T6$-$T7$-A 点，即从 A 点出发仍回到 A 点，形成一个闭合多边形，称为闭合导线，一般在小范围的独立地区布设。应该指出，由于闭合导线是一种可靠性极差的控制网图形，在实际测量工作中应避免单独使用。

3. 附合导线

导线点两端连接于高级控制点 B，C 的称为附合导线。随着两端连接已知方位角的情况不同，再分为双定向附合导线、单定向附合导线和无定向附合导线。

1）双定向附合导线

导线线路 A-B-$T8$-$T9$-$T10$-C-D 两端联测 AB 和 CD 已知边，其已知方位角 α_{AB} 和 α_{CD} 均可用于导线的定向，故称为双定向附合导线。对于观测的导线转折角和导线点的坐标计算均可得到检核。双定向附合导线是在高级控制点下进行控制点加密的最常用的形式，一般就简称为附合导线。

2）单定向附合导线

导线线路 A-B-$T8$-$T9$-$T10$-C 仅能在 B 点一端联测 AB 边的已知方位角，取得导线计算的定向数据，但不能检核导线的转折角，故称为单定向附合导线。由于从已知点 A 附合到另一已知点 C，故对于导线的坐标计算仍可进行检核。

3）无定向附合导线

导线线路 B-$T8$-$T9$-$T10$-C 两端联测已知点，但均未能联测已知方位角，缺少导线计算的直接定向数据，故称为无定向附合导线（简称无定向导线）。导线计算时可以用间接计算的方法取得定向数据，并有"闭合边"（起点和终点的连线）长度的检核。布置附合导线从双定向到无定向是由于缺少可以定向的已知点，虽然都可以计算出导线点的坐标，但其点位精度也会随定向数据的减少而有所降低。

9.3.2　导线测量外业工作

1. 踏勘选点及建立标志

收集测区原有的地形图和控制点的资料，在图上规划导线布设线路，然后到现场踏勘选点。选点时应注意下列要点：

(1)相邻导线点之间通视良好，便于角度和距离测量。

(2)点位选于适于安置仪器、视野宽广和便于保存导线点标志之处。

(3)点位分布均匀，便于控制整个测区和进行细部测量。

导线点位选定以后，要建立测量标志，使导线点在地面上固定下来。并沿导线前进方向顺序编号，绘制导线略图。对一、二、三级导线点，一般埋设混凝土桩，如图9-10所示。对图根导线点，通常用木桩打入土中，桩顶钉一小钉作为标志；在碎石或沥青路面上，可用顶上凿有十字纹的大铁钉代替木桩；在混凝土场地或路面上，可以用钢凿凿一个十字纹，再涂红漆使标志明显。为便于寻找，应量出导线点到附近三个明显地物点的距离，并用红漆在明显地物上写明导线点的编号、距离，用箭头指明点位方向，绘一草图，注明尺寸，称为点之记，如图9-11所示。

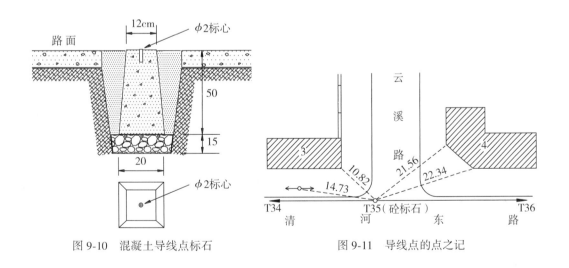

图9-10　混凝土导线点标石　　　　图9-11　导线点的点之记

2. 导线的观测

1) 导线转折角测量

转折角的观测一般采用测回法进行。转折角有左角和右角之分，在导线前进方向左侧的角称为**左角**，右侧的角称为**右角**。在测量导线转折角时，对于左角或右角并无实质差

别，仅仅是计算上的不同，这是因为

$$左角 + 右角 = 360°$$
$$左角 = 360° - 右角$$ (9-5)
$$右角 = 360° - 左角$$

导线的转折角测量可以用 DJ2，DJ6 级经纬仪或 5″级全站仪观测水平角一测回。每测站均应当场检测观测结果，若超限应立即重测。

一般在附合导线或支导线中，测量导线左角或右角（即同一侧的角），对于闭合导线中应测量内角。当观测短边之间的转折角时，测站偏心和目标偏心对转折角的影响将十分明显。因此，应对所用仪器、觇牌和光学对中器进行严格检校，并且要特别仔细地进行对中和精确照准。

2）导线边长测量

导线边长一般用电磁波测距仪或全站仪观测，同时观测垂直角将斜距化为平距。图根导线的边长也可以用经过检定的钢卷尺往返或两次丈量，当钢尺的尺长改正数大于尺长的 1/10000 时，应加尺长改正；当量距时温度与检定温度相差 10℃以上时，应加温度改正；当沿地面丈量而坡度大于 1% 时，应加倾斜改正或高差改正。

3）连接测量

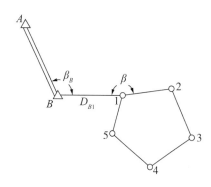

图 9-12 闭合导线的起始边定向

导线连接测量也叫导线起始边定向，目的是使导线点坐标纳入国家坐标系统或测绘区域的统一坐标系统中。如图 9-12 所示的闭合导线，必须观测连接角 β_B、β，以及连接边 $B1$ 的边长 D_{B1} 边长，作为传递坐标方位角和坐标之用。

4）三联脚架法导线观测

三联脚架法通常使用三个既能安置全站仪又能安置带有觇牌的基座和脚架，基座应有通用的光学对中器。如图 9-13 所示，将全站仪安置在测站 i 的基座中，带有觇牌的反射棱镜安置在后视点 $i-1$ 和前视点 $i+1$ 的基座中，进行导线测量。迁站时，导线点 i 和 $i+1$ 的脚架和基座不动，只取下全站仪和带有觇牌的反射棱镜，在导线点 $i+1$ 上安置全站仪，在导线点 i 的基座上安置带有觇牌的反射棱镜，并将导线点 $i-1$ 上的脚架迁至导线点 $i+2$ 处予以安置，这样直到测完整条导线为止。

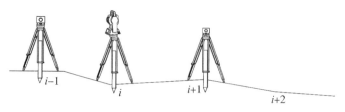

图 9-13 三联脚架法导线观测

在观测者精心安置仪器的情况下，三联脚架法可以减弱仪器和目标对中误差对测角和测距的影响，从而提高导线的观测精度，减少了坐标传递误差。

在城市或工业区进行导线测量时，可在夜间进行作业，以避免白天作业时行人、车辆的干扰，夜间空气稳定，仪器振动小，并可避免太阳暴晒，从而可提高观测成果的精度。

9.3.3 导线测量内业计算

导线测量内业计算主要是计算导线点的坐标。在计算之前，应全面检查外业记录有无遗漏或记错、是否符合测量限差要求。然后绘制导线略图，在图上相应位置注明已知点(高级点)及导线点点号、已知点坐标、已知边坐标方位角及导线边长和角度观测值。

导线计算的主要内容为方位角推算、坐标正反算和闭合差的调整。一般可以利用科学式电子计算器在设计的表格中进行，或利用可编程序计算器编制导线计算程序，或利用微机中的 Excel 软件编制导线计算自动化表格。数值计算时，角度值精度取至"秒"，长度和坐标值精度取至"毫米"或"厘米"。按不同的导线形式，计算方法有一定区别。根据各种导线形式，现分述如下。

1. 支导线计算

支导线计算工作的程序如下：按已知点坐标反算已知边方位角，按已知边方位角和导线转折角推算各导线边方位角，按各导线边的方位角和边长(相邻导线点之间的水平距离)计算坐标增量，按坐标增量推算各导线点坐标。推算是"递推计算"的简称。

1) 起始边方位角计算

如图 9-14 所示，设支导线起始于已知点 B，以 AB 边的方位角 α_{AB} 为起始方位角，用坐标反算公式计算。

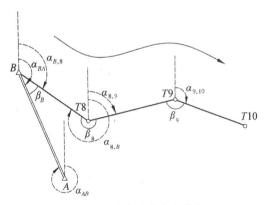

图 9-14　导线边方位角推算

2) 导线边方位角推算

设导线的转折角为右角，按照正、反方位角相差 ±180° 的关系，从图 9-16 中可以得出

$$\alpha_{B,\,8} = \alpha_{A,\,B} + 180° - \beta_B$$
$$\alpha_{8,\,9} = \alpha_{B,\,8} + 180° - \beta_8$$
$$\alpha_{9,\,10} = \alpha_{8,\,9} + 180° - \beta_9$$

由此可以得出，按后面一边的已知方位角 $\alpha_{后}$ 和导线右角 $\beta_{右}$ 推算导线前进方向一边的方位角的一般公式为

$$\alpha_{前} = \alpha_{后} + 180° - \beta_{右} \tag{9-6}$$

由于导线的左角和右角的关系为 $\beta_{左} + \beta_{右} = 360°$，因此，按导线左角推算导线前进方向各边方位角的一般公式为

$$\alpha_{前} = \alpha_{后} + \beta_{左} - 180° \tag{9-7}$$

方位角的角值范围为 $0° \sim 360°$，不应有负值或大于 $360°$ 的值。如果算得的结果大于 $360°$，则减去 $360°$；如果算得的结果为负值，则需加 $360°$。

3）导线边坐标增量和导线点坐标计算

从图 9-15 可以看出，用坐标正算公式计算，可以得到各导线边的坐标增量和各待定点的坐标：

$$\Delta x_{B,\,8} = D_{B,\,8} \times \cos\alpha_{B,\,8}, \quad x_8 = x_B + \Delta x_{B,\,8}$$
$$\Delta y_{B,\,8} = D_{B,\,8} \times \sin\alpha_{B,\,8}, \quad y_8 = y_B + \Delta y_{B,\,8}$$
$$\Delta x_{8,\,9} = D_{8,\,9} \times \cos\alpha_{8,\,9}, \quad x_9 = x_8 + \Delta x_{8,\,9}$$
$$\Delta y_{8,\,9} = D_{8,\,9} \times \sin\alpha_{8,\,9}, \quad y_9 = y_8 + \Delta y_{8,\,9}$$
$$\Delta x_{9,\,10} = D_{9,\,10} \times \cos\alpha_{9,\,10}, \quad x_{10} = x_9 + \Delta x_{9,\,10}$$
$$\Delta y_{9,\,10} = D_{9,\,10} \times \sin\alpha_{9,\,10}, \quad y_{10} = y_9 + \Delta y_{9,\,10}$$

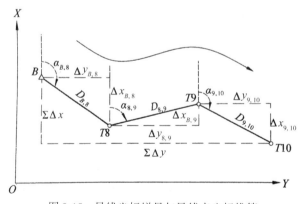

图 9-15　导线坐标增量与导线点坐标推算

支导线的计算步骤如下：推算方位角→计算坐标增量→推算坐标。

上列步骤也是所有导线计算的基本步骤。其他几种形式的导线由于有了多余观测，因此，除此之外，还需增加观测值和推算值的闭合差计算和调整。

2. 闭合导线计算

1）角度闭合差的计算和调整

按照平面几何理论，n 边形闭合导线转折角(内角)之和理论值应为

$$\sum \beta_{理} = (n - 2) \times 180° \tag{9-8}$$

由于观测角不可避免地含有误差，致使实测的内角之和不等于理论值而产生角度闭合差，也叫方位角闭合差，以 f_β 表示，

$$f_\beta = \sum \beta_{测} - \sum \beta_{理} \tag{9-9}$$

例如，对于如图 9-16 所示的闭合导线，其角度闭合差的计算为

$$f_\beta = \beta_B + \beta_4 + \beta_5 + \beta_6 + \beta_7 - 540°$$

允许的角度闭合差随导线等级而异(见表 9-3)。对于图根电磁波测距导线(见表 9-7)，允许的角度闭合差为

$$f_{\beta允} = \pm 40'' \sqrt{n} \tag{9-10}$$

如果 f_β 不大于 $f_{\beta允}$，则将角度闭合差按"**反其符号，平均分配**"的原则对各个导线转折角的观测值进行改正。改正后转折角之和应等于其理论值，可以作为计算的检核。

2)坐标方位角的推算

闭合导线的转折角经过角度闭合差的调整后，即可进行各导线边的方位角推算。闭合导线除了观测多边形的内角(对于图 9-16 的闭合导线为右角)以外，还应观测导线边与已知边之间的水平角(称为"连接角")，用以传递方位角。例如图 9-16 的闭合导线中，在起始点 B 用方向观测法观测 A，$T4$，$T7$ 点间的水平方向值。因此，除了可以计算闭合导线内角 β_B 以外，还可以计算连接角 β_L 和 β_R。连接角 β_R 用以推算闭合导线中第一条边的方位角：

$$\alpha_{B,4} = \alpha_{AB} + 180° - \beta_R$$

其余各边方位角的推算同支导线。最后可以通过另一个连接角 β_L，推算回到起始边的方位角，进行方位角推算的检核。即

$$\alpha_{AB} = \alpha_{7,B} + 180° - \beta_L$$

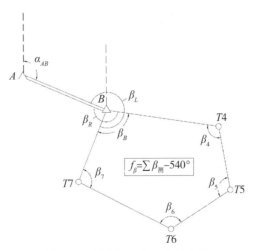

图 9-16   闭合导线的角度闭合差

3)坐标增量计算和增量闭合差调整

根据导线各边的方位角和边长,按坐标正算公式计算各边的坐标增量。根据闭合导线的特点,从图 9-17 可以看出:闭合导线各边纵、横坐标增量代数和的理论值应分别等于零,即

$$\begin{cases} \sum \Delta x_{理} = 0 \\ \sum \Delta y_{理} = 0 \end{cases} \tag{9-11}$$

由于导线边长观测值中有误差,角度观测值虽然经过导线角度闭合差的调整,但仍有剩余的误差。因此,由边长和方位角推算而得的坐标增量也具有误差,从而产生纵坐标增量闭合差 f_x 和横坐标增量闭合差 f_y,如图 9-18 所示,即

$$\begin{cases} f_x = \sum \Delta x_{测} - \sum \Delta x_{理} = \sum \Delta x_{测} \\ f_y = \sum \Delta y_{测} - \sum \Delta y_{理} = \sum \Delta y_{测} \end{cases} \tag{9-12}$$

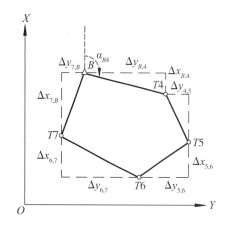

图 9-17 闭合导线坐标增量理论值

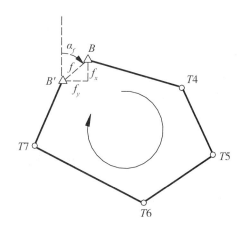

图 9-18 闭合导线坐标增量闭合差

由于存在坐标增量闭合差,导线在平面图形上不能闭合,即从起始点出发经过推算不能回到起始点。图 9-18 中的 $B'\text{-}B$ 向量称为**导线全长闭合差**,其长度 f 及方位角 α_f 按下式计算,即

$$f = \sqrt{f_x^2 + f_y^2} \tag{9-13}$$

$$\alpha_f = \arctan\left(\frac{f_y}{f_x}\right) \tag{9-14}$$

导线越长,导线测角和量距中的误差积累也越多。因此,f 数值的大小与导线全长有关。在衡量导线测量精度时,应将 f 除以导线全长(各导线边长之和 $\sum D$),并以分子为 1 的分式表示,称为**导线全长相对闭合差**,简称**导线相对闭合差**:

$$T = \frac{f}{\sum D} = \frac{1}{\dfrac{\sum D}{f}} \tag{9-15}$$

T 值愈小,表示导线测量的精度愈高。对于图根电磁波测距导线,允许的导线相对闭合差为 1/4000(表 9-7)。当导线相对闭合差在允许范围以内时,可将坐标增量闭合差 f_x, f_y 依照"**反其符号,按边长为比例进行分配**"的原则对各边纵、横坐标增量进行改正。坐标增量改正值 $\delta\Delta x$, $\delta\Delta y$ 按下式计算:

$$\begin{cases} \delta_{\Delta x_{i,j}} = -\dfrac{f_x}{\sum D} \times D_{i,j} \\[3mm] \delta_{\Delta y_{i,j}} = -\dfrac{f_y}{\sum D} \times D_{i,j} \end{cases} \tag{9-16}$$

改正后的坐标增量为

$$\begin{cases} \Delta x_{i,j} = \Delta x'_{i,j} + \delta_{\Delta x_{i,j}} \\ \Delta y_{i,j} = \Delta y'_{i,j} + \delta_{\Delta y_{i,j}} \end{cases}$$

4)导线点坐标推算

设两相邻导线点为 i, j,已知 i 点的坐标及 i 点至 j 点的坐标增量,用下式推算 j 点的坐标,即

$$\begin{cases} x_j = x_i + \Delta x_{i,j} \\ y_j = y_i + \Delta y_{i,j} \end{cases} \tag{9-17}$$

导线点坐标推算从已知点 B 开始,依次推算待定点 $T4$, $T5$, $T6$, $T7$ 点的坐标。最后推算回到 B 点,应与原来的已知数值相同,作为计算的检核。

3. 附合导线计算

1)双定向附合导线的计算

如图 9-19 所示的为双定向附合导线,两端依附于已知点 B, C 及联测已知方位角 α_{AB} 和 α_{CD},观测各导线边长 D 及转折角 β(右角),其中,β_B 和 β_C 是连接角。其计算的基本步骤与闭合导线相同,但由于导线的形状、起始点和起始方位角位置分布的不同,在计算导线角度闭合差和坐标增量闭合差时有所区别。

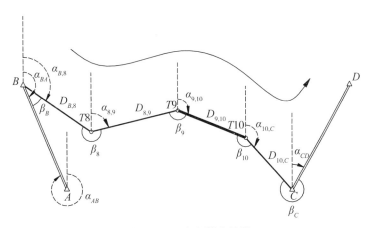

图 9-19 双定向附合导线

（1）角度闭合差及其调整：

附合导线并不构成闭合多边形，但是也会有角度闭合差，是根据导线两端已知点间的方位角和导线转折角来计算。起始点 A，B，C，D 的坐标已知，按坐标反算公式可以算得起始边与终止边的坐标方位角 α_{AB} 和 α_{CD}。在本例中，导线的转折角为右角。根据起始边方位角及导线右角，按下式推算各边方位角，直至终止边的方位角，即

$$\alpha_{B,\,8} = \alpha_{AB} + 180° - \beta_B$$
$$\alpha_{8,\,9} = \alpha_{B,\,8} + 180° - \beta_8$$
$$\alpha_{9,\,10} = \alpha_{8,\,9} + 180° - \beta_9$$
$$\alpha_{10,\,C} = \alpha_{9,\,10} + 180° - \beta_{10}$$
$$\alpha_{CD} = \alpha_{10,\,C} + 180° - \beta_C$$

将以上各式相加，得到

$$\alpha_{CD} = \alpha_{AB} + 5 \times 180° - \sum \beta$$

或写成

$$\sum \beta = \alpha_{AB} - \alpha_{CD} + 5 \times 180°$$

如果导线转折角观测中没有误差，则上式成立。因此，上式中的 $\sum \beta$ 为双定向附合导线右角之和的理论值。其一般表达式为

$$\sum \beta_{理} = \alpha_{始} - \alpha_{终} + n \times 180° \tag{9-18}$$

双定向附合导线左角之和的理论值则为

$$\sum \beta_{理} = \alpha_{终} - \alpha_{始} + n \times 180° \tag{9-19}$$

由于在转折角观测中不可避免地存在误差，因此，产生方位角闭合差为

$$f_\beta = \sum \beta_{测} - \sum \beta_{理} \tag{9-20}$$

附合导线的方位角闭合差也可以按从起始边推算的终止边方位角 $\alpha'_{终}$ 与已知的方位角 $\alpha_{终}$ 之差来计算，即

$$f_\beta = \alpha'_{终} - \alpha_{终} \tag{9-21}$$

附合导线允许的方位角闭合差和闭合差的调整同闭合导线。

（2）坐标增量闭合差及其调整：

根据各边的观测边长和推算而得的方位角计算坐标增量，由于导线两端点的坐标为已知，所以也会产生坐标增量闭合差。如图 9-20 所示，附合导线的各点坐标按下式推算，即

$$x_8 = x_B + \Delta x_{B,\,8}, \quad y_8 = y_B + \Delta y_{B,\,8}$$
$$x_9 = x_8 + \Delta x_{8,\,9}, \quad y_9 = y_8 + \Delta y_{8,\,9}$$
$$x_{10} = x_9 + \Delta x_{9,\,10}, \quad y_{10} = y_9 + \Delta y_{9,\,10}$$
$$x_C = x_{10} + \Delta x_{10,\,C}, \quad y_C = y_{10} + \Delta y_{10,\,C}$$

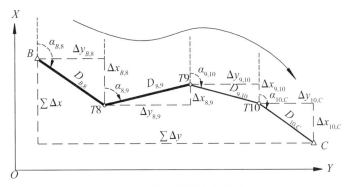

图 9-20　附合导线坐标增量

将以上各式等号左、右两边分别相加，得到

$$x_C = x_B + \sum \Delta x, \quad y_C = y_B + \sum \Delta y$$

或写成

$$\sum \Delta x = x_C - x_B, \quad \sum \Delta y = y_C - y_B$$

上式表示，如果导线的边长和角度观测中没有误差，则导线各边纵、横坐标增量分别取其代数和，应等于始、终点间已知的坐标增量，即附合导线各边坐标增量总和的理论值为

$$\begin{cases} \sum \Delta x_{理} = x_{终} - x_{始} \\ \sum \Delta y_{理} = y_{终} - y_{始} \end{cases}$$

附合导线的坐标增量闭合差的计算式为

$$\begin{cases} f_x = \sum \Delta x_{测} - \sum \Delta x_{理} = \sum \Delta x_{测} - (x_{终} - x_{始}) \\ f_y = \sum \Delta y_{测} - \sum \Delta y_{理} = \sum \Delta y_{测} - (y_{终} - y_{始}) \end{cases} \tag{9-22}$$

双定向附合导线的导线全长闭合差、导线相对闭合差、闭合差的允许值、闭合差的调整和坐标计算均同闭合导线。

2) 单定向附合导线的计算

如图 9-21 所示为单定向附合导线，两端依附于已知点 B、C，但仅在起点 B 能瞄准另一已知点 A，观测连接角 β_B，取得起始方位角值。

单定向附合导线的计算，除了不计算方位角闭合差以外，方位角推算、坐标增量计算和坐标推算同双定向附合导线。

3) 无定向导线的计算

无定向附合导线起、终点皆为已知点，但两端均未能联测已知方位角，如图 9-22 所示，仅能观测各导线边 D 和各转折角 β（右角）。

由于缺少起始方位角，不能直接推算各导线边的方位角，但可以根据起、终点的已知坐标，间接计算起始方位角。其计算方法如下：对于第一条导线边首先任意假定一个方位角值，如图 9-23 所示，假定 $\alpha_{B,8} = 90°00'00''$，然后根据导线各转折角推算各导线边的假定方位角 α'，再根据导线观测边长 D' 和 α' 计算各边的假定坐标增量 $\Delta x_i'$、$\Delta y_i'$，并取其总和

$\sum \Delta x'$，$\sum \Delta y'$，最后根据 B 点坐标算得 C' 点的假定坐标，为

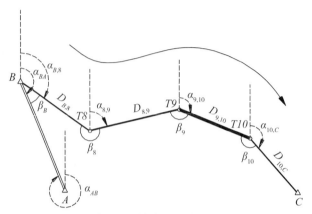

图 9-21　单定向附合导线

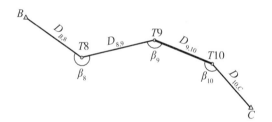

图 9-22　无定向附合导线

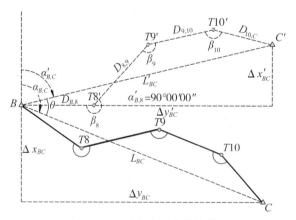

图 9-23　无定向导线的计算

$$\begin{cases} x'_C = x_B + \sum \Delta x' \\ y'_C = y_B + \sum \Delta y' \end{cases} \qquad (9\text{-}23)$$

根据 B，C 两点的坐标，可以用坐标反算公式计算出 B，C 两点连线（称为导线闭合边或简称闭合边）的方位角 α_{BC} 和闭合边长 L_{BC}；再根据 B，C' 两点的坐标，用坐标反算公式

计算出 B，C' 两点连线（称假定闭合边）的方位角 α'_{BC} 和假定闭合边长 L'_{BC}。由此可以计算（真、假）方位角差 θ 和（真、假）闭合边长度比 R，即

$$\theta = \alpha_{BC} - \alpha'_{BC} \tag{9-24}$$

$$R = \frac{L_{BC}}{L'_{BC}} \tag{9-25}$$

闭合边长度比 R 为无定向导线计算中唯一可以检验导线测量精度的指标，R 的值应该接近 1。无定向导线的精度指标可以用导线全长相对闭合差 T 的形式表示为

$$T = \frac{L_{BC} - L'_{BC}}{\sum D} = \frac{1}{\dfrac{\sum D}{L_{BC} - L'_{BC}}} \tag{9-26}$$

式中，$\sum D$ 为导线全长。

根据方位角差 θ，可以将导线各边的假定方位角 α'_i 改算为真方位角 α_i，根据闭合边长度比 R 可以计算长度改正后的导线边长 D_i，计算公式为

$$\begin{cases} \alpha_i = \alpha'_i + \theta \\ D_i = D'_i R \end{cases} \tag{9-27}$$

用改正后边长和方位角计算各边的坐标增量，应符合两端已知点的坐标差，即

$$\begin{cases} \sum \Delta x = x_C - x_B \\ \sum \Delta y = y_C - y_B \end{cases} \tag{9-28}$$

上式可以作为计算的检核。

4. 导线计算的表格

导线计算，可以使用 Excel 设计表格进行计算，或采用计算器进行手动计算。以图 9-9 中的支导线 D-C-$T1$-$T2$-$T3$ 为例，导线的转折角为右角，计算结果见表 9-8。闭合导线计算结果见表 9-9，算例略图见图 9-16；附合导线计算结果见表 9-10，算例略图见图 9-19；无定向导线计算结果见表 9-11，算例略图见图 9-22。其中，灰色底纹的表格为已知数据。

表 9-8 支导线计算表

点号	转折角（右）（° ′ ″）	坐标方位角 α（° ′ ″）	边长 D（m）	增量计算值（m）		坐标（m）		点号
				Δx	Δy	x	y	
D		209 45 43						D
C	143 33 12					282.291	744.320	C
		246 12 31	127.747	−51.534	−116.891			
$T1$	284 19 39					230.757	627.429	$T1$
		141 52 52	128.096	−100.777	79.073			
$T2$	210 40 15					129.980	706.502	$T2$
		111 12 37	126.614	−45.808	118.037			
$T3$						84.172	824.539	$T3$

表 9-9

闭合导线计算表

点号	转折角（右） (° ′ ″)	改正后转折角 (° ′ ″)	坐标方位角 α (° ′ ″)	边长 D (m)	增量计算值 (m) Δx	增量计算值 (m) Δy	改正后增量 (m) Δx	改正后增量 (m) Δy	坐标 (m) x	坐标 (m) y	点号
	1	2	3	4	5	6	7	8	9	10	
B			98 05 51	206.422	-0.011 -29.076	-0.023 204.364	-29.087	204.341	285.024	198.471	B
T4	14 108 24 06	108 24 20	169 41 31	115.202	-0.006 -113.343	-0.013 20.615	-113.349	20.602	255.937	402.812	T4
T5	15 113 55 24	113 55 39	235 45 52	130.283	-0.007 -73.285	-0.015 -107.693	-73.292	-107.708	142.588	423.414	T5
T6	15 118 35 06	118 35 21	297 10 31	188.035	-0.010 85.879	-0.021 -167.278	85.869	-167.299	69.296	315.706	T6
T7	14 96 05 00	96 05 14	21 05 17	139.188	-0.007 129.866	-0.016 50.080	129.859	50.064	155.165	148.407	T7
B	14 102 59 12	102 59 26	98 0551						285.024	198.471	B
A											A
Σ				779.130	0.041	0.088	0	0			

$$\sum \beta_{测} = 539°58'48''$$

$$\sum \beta_{理} = 540°00'00''$$

$$f_\beta = \sum \beta_{测} - \sum \beta_{理} = -72''$$

$$\sum D = 779.130\text{m}, \quad f_x = 0.041m$$

$$f_y = 0.088m, \quad f = \sqrt{f_x^2 + f_y^2} = 0.097\text{m}, \quad T = \frac{f}{\sum D} = \frac{1}{8032}$$

$$f_{\beta容} = \pm 60''\sqrt{n} = \pm 134''$$

表 9-10

附合导线计算表

点号	转折角(右)(° ′ ″)	改正后转折角(° ′ ″)	坐标方位角 α(° ′ ″)	边长 D (m)	增量计算值(m) Δx	增量计算值(m) Δy	改正后增量(m) Δx	改正后增量(m) Δy	坐标(m) x	坐标(m) y	点号
	1	2	3	4	5	6	7	8	9	10	
A			337 02 38								A
B	9 32 54 36	32 54 45	124 07 53	197.928	−0.009 −111.056	0.025 163.836	−111.065	163.861	533.089	93.398	B
T8	10 227 20 24	227 20 34	76 47 19	215.430	−0.011 49.235	0.028 209.728	49.224	209.756	422.024	257.259	1
T9	10 145 12 06	145 12 16	111 35 03	177.420	−0.008 −65.267	0.023 164.979	−65.275	165.002	471.248	467.015	2
T10	10 153 49 12	153 49 12	137 45 51	167.040	−0.008 −123.674	0.021 112.282	−123.682	112.303	405.973	632.017	3
C	10 287 59 48	287 59 58	29 45 43						282.291	744.320	C
D											D
∑				757.818	−250.762	650.825					

$$\sum \beta_{测} = 847°16'06''$$

$$\sum \beta_{理} = 847°16'55''$$

$$f_{\beta} = \sum \beta_{测} - \sum \beta_{理} = -49''$$

$$\sum D = 757.818\text{m}, \quad f_x = 0.036\text{m}$$

$$f_y = -0.097\text{m}, \quad f = \sqrt{f_x^2 + f_y^2} = 0.103, \quad T = \frac{f}{\sum D} = \frac{1}{7357}$$

$$f_{\beta容} = \pm 60'' \sqrt{n} = \pm 134''$$

表 9-11

无定向附合导线计算表

点号	转折角（右） (° ′ ″)	坐标方位角 α (° ′ ″)	边长 D (m)	假定坐标增量（m） Δx	Δy	改正后方位角 (° ′ ″)	改正后边长	改正后增量（m） Δx	Δy	坐标（m） x	y	点号
	1	2	3	4	5	6	7	8	9	10	11	
B		90 00 00	197.940	0.000	197.940	124 07 44	197.963	−111.069	163.869	533.089	93.398	B
T8	227 20 32	42 39 28	215.408	158.414	145.964	76 47 12	215.433	49.243	209.730	422.020	257.267	T8
T9	145 12 12	77 27 16	177.450	38.545	173.213	111 35 00	177.471	−65.283	165.027	471.263	466.997	T9
T10	153 49 10	103 38 06	167.042	−39.378	162.334	137 45 50	167.062	−123.689	112.297	405.980	632.024	T10
C										282.291	744.320	C
Σ			757.840	157.581	679.451			−250.798	650.923			

$$\alpha_{BC} = \arctan\left(\frac{\Delta Y}{\Delta X}\right) = 111°04'17'', \quad L_{BC} = 697.5665\text{m}, \quad L'_{BC} = 697.4851\text{m}, \quad \sum D = 757.840\text{m};$$

$$\alpha'_{BC} = \arctan\left(\frac{\Delta y'}{\Delta x'}\right) = 76°56'33'', \quad R = \frac{L_{BC}}{L'_{BC}} = 1.0001168, \quad T = \frac{\left|L_{BC} - L'_{BC}\right|}{\sum D} = \frac{1}{9310}, \quad \theta = \alpha_{BC} - \alpha'_{BC} = 34°07'44''$$

9.3.4 导线测量中错误的查找

在导线计算中，如果发现闭合差超限，应首先复查外业观测记录、内业数据的抄录和计算。如果发现都没有问题，则说明导线的边长或角度测量中有粗差，必须到现场返工重测。但事前如果能分析判断出错误可能发生在某处，则可以节省许多返工时间。

1. 一个转折角测错的查找方法

如图 9-24 所示，设附合导线的第 3 点上的转折角 β_3 发生了 $\Delta\beta$ 的错误，使角度闭合差超限。如果分别从导线两端的已知方位角推算各边的方位角，则到测错角度的第 3 点为止，推算的方位角仍然是正确的。经过第 3 点的转折角 β_3 以后，导线边的方位角开始向错误方向偏转，而且使导线点位置的偏转会越来越大。

导线测量中一个转折角测错的查找方法如下：分别从导线两端的已知点和已知方位角出发，按支导线计算各点的坐标，由此得到两套坐标。如果某一导线点的两套坐标值非常接近，则该点的转折角最有可能测错。对于闭合导线，同样可用此方法查找。

2. 一条边长测错的查找方法

当导线的角度闭合差在允许范围以内而导线全长闭合差超限时，说明边长测量有错误。在图 9-25 中，设导线边 2—3 发生测距粗差 ΔD，而其他各边和各角没有粗差。因此从第 3 点开始及以后各点均产生一个平行于 2—3 边的位移量 ΔD。如果其他各边和各角中的偶然误差可以忽略不计，则计算所得的导线全长闭合差的数值 f 即等于 ΔD，闭合差向量的方位角 α_f 即等于 2—3 边的方位角，即

$$\begin{cases} f = \sqrt{f_x^2 + f_y^2} = \Delta D \\ \alpha_f = \arctan\left(\dfrac{f_y}{f_x}\right) = \alpha_{2,3}(\text{或} \pm 180°) \end{cases} \tag{9-29}$$

据此与导线计算中各边的方位角相对照，可以找出可能有测距粗差的导线边。

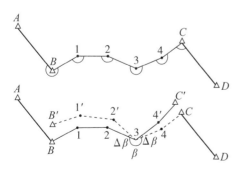

图 9-24 导线测量中一个转折角测错

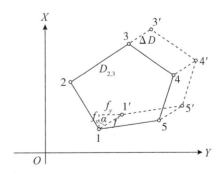

图 9-25 导线测量中一条导线边测错

167

9.4　交会定点测量

当原有的控制点密度不能满足测图和施工需要时，可以在数个已知控制点上设站，分别向待定点观测方向或距离，也可以在待定点上设站向数个已知控制点观测方向或距离，而后计算待定点的坐标，这就是交会定点测量。常用的交会定点测量的方法有前方交会定点、测边交会定点、侧方交会定点、后方交会定点和自由设站定点。利用全站仪也可以采用极坐标法进行控制点加密。利用交会定点法进行控制点加密时，要求必须有检核条件，交会角应在 30°～150° 之间，施测技术要求应与图根导线一致，分组计算所得坐标较差，不应大于图上 0.2mm。

9.4.1　前方交会定点

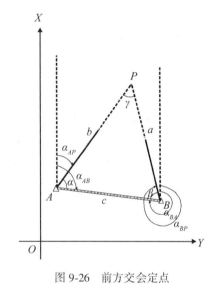

图 9-26　前方交会定点

从相邻两个已知点 A、B 向待定点 P 观测水平角 α、β，以计算待定点 P 的坐标，称为**前方交会**（又称**测角交会**），如图 9-26 所示。

前方交会法计算待定点坐标的方法如下：

1. 确定已知点间边长和坐标方位角

根据两个已知点的坐标，利用坐标反算公式计算两点间边长 c 和坐标方位角 α_{AB}。

2. 计算待定边边长及其坐标方位角

按三角正弦定理计算已知点至待定点的边长：

$$\begin{cases} a = \dfrac{c\sin\alpha}{\sin\gamma} = \dfrac{c\sin\alpha}{\sin(\alpha+\beta)} \\ b = \dfrac{c\sin\beta}{\sin\gamma} = \dfrac{c\sin\beta}{\sin(\alpha+\beta)} \end{cases} \tag{9-30}$$

由图 9-26 可知

$$\begin{cases} \alpha_{AP} = \alpha_{AB} - \alpha \\ \alpha_{BP} = \alpha_{BA} + \beta = \alpha_{AB} + \beta \pm 180° \end{cases} \tag{9-31}$$

3. 待定点坐标计算

根据已知点至待定边的边长和坐标方位角，按照坐标正算公式，分别从已知点 A、B 计算待定点 P 的坐标，两次算得的坐标应相等，作为计算的检核。即

$$\begin{cases} x_P = x_A + b\cos\alpha_{AP} \\ y_P = y_A + b\sin\alpha_{AP} \end{cases} \tag{9-32}$$

$$\begin{cases} x_P = x_B + b\cos\alpha_{BP} \\ y_P = y_B + b\sin\alpha_{BP} \end{cases} \tag{9-33}$$

4. 直接计算待定点坐标的公式

将以上按前方交会法计算待定点坐标的一系列公式，经过化算可得到直接计算待定点坐标的正切公式或余切公式。

余切公式：

$$\begin{cases} x_P = \dfrac{x_A\cot\beta + x_B\cot\alpha + (y_B - y_A)}{\cot\alpha + \cot\beta} \\ y_P = \dfrac{y_A\cot\beta + y_B\cot\alpha + (x_A - x_B)}{\cot\alpha + \cot\beta} \end{cases} \tag{9-34}$$

正切公式：

$$\begin{cases} x_P = \dfrac{x_A\tan\alpha + x_B\tan\beta + (y_B - y_A)\tan\alpha\tan\beta}{\tan\alpha + \tan\beta} \\ y_P = \dfrac{y_A\tan\alpha + y_B\tan\beta + (x_A - x_B)\tan\alpha\tan\beta}{\tan\alpha + \tan\beta} \end{cases} \tag{9-35}$$

应当注意，公式中的 A、B、P 三点，在图形内按逆时针顺序排列，且在 A 点观测角编号为 α，B 点观测角对应编号 β。前方交会计算实例见表9-12。

表9-12   **前方交会计算表**

x_A	500.000	y_A	500.000	α	57°13′06″	$\tan\alpha$	1.552787
x_B	482.000	y_B	604.000	β	65°28′42″	$\tan\beta$	2.192103
x_A-x_B	18.000	y_B-y_A	104.000	(1) $\tan\alpha\times\tan\beta$	3.403868	(2) $\tan\alpha+\tan\beta$	3.744890
(3) $x_A\times\tan\alpha$		776.3936		(6) $y_A\times\tan\alpha$		776.3936	
(4) $x_B\times\tan\beta$		1056.5934		(7) $y_B\times\tan\beta$		1324.0300	
(5) $(y_B-y_A)\times(1)$		354.0023		(8) $(x_A-x_B)\times(1)$		61.2696	
$x_P=[(3)+(4)+(5)]\div(2)=583.993$				$y_P=[(6)+(7)+(8)]\div(2)=577.238$			

图形与计算公式	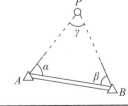	$\begin{cases} x_P = \dfrac{x_A\tan\alpha + x_B\tan\beta + (y_B - y_A)\tan\alpha\tan\beta}{\tan\alpha + \tan\beta} \\ y_P = \dfrac{y_A\tan\alpha + y_B\tan\beta + (x_A - x_B)\tan\alpha\tan\beta}{\tan\alpha + \tan\beta} \end{cases}$

9.4.2   测边交会定点

从两个已知点 A、B 向待定点 P 测量边长 AP(或 b)、BP(或 a)，以计算待定点 P 的坐标，称为**测边交会**，或称**距离交会**，如图 9-27 所示。

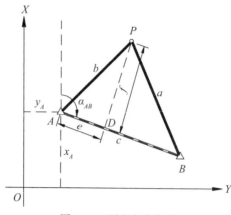

图 9-27　测边交会定点

测边交会计算待定点坐标时，既可以转化为前方交会进行计算，也可以直接计算待定点的坐标，下面分别计算。

1. 转化为前方交会法

根据三角形 ABP 的三条边长度 a、b、c，用余弦定律计算三角形的两个内角 α 和 β，即

$$\alpha = \arccos\left(\frac{b^2 + c^2 - a^2}{2bc}\right), \quad \beta = \arccos\left(\frac{a^2 + c^2 - b^2}{2ac}\right)$$

然后按照 A、B 点的坐标及算得的 α、β 用前方交会公式计算待定点 P 的坐标。

2. 直接计算法

根据三角形的边角关系和坐标变换，可以推导得直接按观测边长计算待定点坐标的公式。如图 9-27 所示，从 P 点作 AB 边的垂线，垂足为 D，得辅助线段 AD、PD，分别以 e、f 表示。根据直角三角形的勾股定律，各边存在下列关系：

$$f^2 = b^2 - e^2 = a^2 - (c - e)^2$$
$$2ce = b^2 + c^2 - a^2$$

由此得到辅助线段 e、f 的表达式如下：

$$\begin{cases} e = \dfrac{b^2 + c^2 - a^2}{2c} \\ f = \sqrt{b^2 - e^2} \end{cases} \tag{9-36}$$

P 点坐标应等于已知点 A（或 B）的坐标与 AP（或 BP）间坐标增量的代数和，而 AP 间坐标增量与 AD、DP 间坐标增量的关系为

$$\Delta x_{AP} = \Delta x_{AD} + \Delta x_{DP}, \quad \Delta y_{AP} = \Delta y_{AD} + \Delta y_{DP}$$

式中，

$$\Delta x_{AD} = e\cos\alpha_{AB}, \quad \Delta y_{AD} = e\sin\alpha_{AB}$$
$$\Delta x_{DP} = f\cos(\alpha_{AB} - 90°) = f\sin\alpha_{AB}$$
$$\Delta y_{DP} = f\sin(\alpha_{AB} - 90°) = -f\cos\alpha_{AB}$$

因此，

$$\begin{cases} \Delta x_{AP} = e\cos\alpha_{AB} + f\sin\alpha_{AB} \\ \Delta y_{AP} = e\sin\alpha_{AB} - f\cos\alpha_{AB} \end{cases}$$

可以推得直接计算待定点 P 坐标的公式如下：

$$\begin{cases} x_P = x_A + e\cos\alpha_{AB} + f\sin\alpha_{AB} \\ y_P = y_A + e\sin\alpha_{AB} - f\cos\alpha_{AB} \end{cases} \tag{9-37}$$

求得 P 点的坐标以后，可以用下列公式进行检核。

$$\begin{cases} \sqrt{(x_P - x_B)^2 + (y_P - y_B)^2} = a \\ \sqrt{(x_P - x_A)^2 + (y_P - y_A)^2} = b \end{cases} \tag{9-38}$$

测边交会直接计算待定点坐标的计算实例见表 9-13。

表 9-13　　　　　　　　　　　　　测边交会计算表

点号	x	y	Δx	Δy	观测边长	
A	500.000	500.000	−18.000	104.000	a	84.666
B	482.000	604.000			b	79.451
e	48.718 6	f		62.761 1	c	105.546
$\cos\alpha_{AB}$	−0.170 541 4	$\sin\alpha_{AB}$		0.985 350 5	α_{AB}	99°49′09″
Δx_{AP}	53.533	Δy_{AP}		58.708	检核计算	
x_P	553.533	y_P		558.708	a	84.666
Δx_{BP}	71.533	Δy_{BP}		−45.292	b	79.451
图形与计算公式	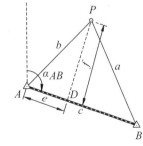			$\begin{cases} e = \dfrac{b^2 + c^2 - a^2}{2c} \\ f = \sqrt{b^2 - e^2} \end{cases}$ $\begin{cases} x_P = x_A + e\cos\alpha_{AB} + f\sin\alpha_{AB} \\ y_P = y_A + e\sin\alpha_{AB} - f\cos\alpha_{AB} \end{cases}$		

9.4.3　侧方交会定点

如图 9-28 所示，如果不便在一个已知点（如点 B）安置仪器，而是观测了一个已知点和待定点上的两个角度 α 和 γ，这种交会定点的方式称为侧方交会。

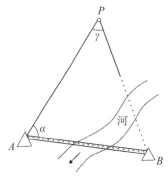

图 9-28　侧方交会定点

计算时，根据 α 和 γ 求出 B 点处的角度 β，就可以按照前方交会的方法计算待定点 P 的坐标。计算过程从略。

9.4.4　后方交会定点

从某一待定点 P 向 3 个已知点 A、B、C 观测水平方向值 R_A、R_B、R_C，以计算 P 点的坐标，称为**后方交会**。已知点 A、B、C 按顺时针排列，待定点 P 可以在已知点所组成的 $\triangle ABC$ 之内，也可以在其外，如图 9-29 所示。但是，当 A、B、C、P 处于四点共圆的位置时，用后方交会法就无法确定 P 点的位置（坐标），因此该四点共圆称为后方交会的危险圆，进行后方交会

时应该避免。

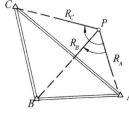

图 9-29　后方交会定点

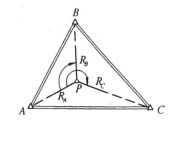

图 9-30　后方交会的角度

$\triangle ABC$ 中，与顶点 A、B、C 所对应的内角分别设为 A、B、C 角，如图 9-30 所示。在待定点 P 对已知点观测的水平方向值 R_A、R_B、R_C 也构成 3 个水平角 α、β、γ：

$$\begin{cases} \alpha = R_C - R_B \\ \beta = R_A - R_C \\ \gamma = R_B - R_A \end{cases} \quad (9\text{-}39)$$

设待定点的坐标值 x_P，y_P 分别为 3 个已知点的坐标值的加权平均值，即

$$\begin{cases} x_P = \dfrac{p_A x_A + p_B x_B + p_C x_C}{p_A + p_B + p_C} \\ \\ y_P = \dfrac{p_A y_A + p_B y_B + p_C y_C}{p_A + p_B + p_C} \end{cases} \quad (9\text{-}40)$$

并规定已知点坐标值的权按下式计算：

$$\begin{cases} p_A = \dfrac{1}{\cot A - \cot \alpha} = \dfrac{\tan\alpha\tan A}{\tan\alpha - \tan A} \\[3mm] p_B = \dfrac{1}{\cot B - \cot \beta} = \dfrac{\tan\beta\tan B}{\tan\beta - \tan B} \\[3mm] p_C = \dfrac{1}{\cot C - \cot \gamma} = \dfrac{\tan\gamma\tan C}{\tan\gamma - \tan C} \end{cases} \tag{9-41}$$

表 9-14 为后方交会的计算实例。

表 9-14   **后方交会计算表**

已知点坐标反算方位角						图形及观测值	
已知点	x	y	Δx	Δy	方位角	$R_A = 0°00'00''$	
A	500.050	500.330		58.364	47°38'18''	$R_B = 102°56'18''$	
B	553.272	558.694	53.222	45.474	147°05'59''	$R_C = 216°08'00''$	
C	482.981	604.168	−70.291	−103.838	279°20'05''	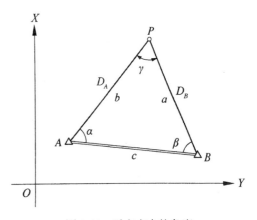	
A			17.069				
A 角	51°41'47''		α	113°11'42''			
B 角	80°32'19''		β	143°52'00''			
C 角	47°45'54''		γ	102°56'18''			
$\cot A$	0.789 855		$\cot\alpha$	−0.428 497		P_A	0.820 781
$\cot B$	0.166 650		$\cot\beta$	−1.369 668		P_B	0.650 907
$\cot C$	0.907 858		$\cot\gamma$	−0.229 735		P_C	0.879 049
待定点 P 坐标计算		$x_P = 508.404$				$P_A + P_B + P_C$	2.350 737
		$y_P = 555.321$					

9.4.5 自由设站定点

从待定点 P 向两个已知点 A, B 测量边长 $AP(b)$ 和 $BP(a)$, 并观测水平角 γ, 以计算 P 点的坐标, 称为边角后方交会, 简称边角交会, 如图 9-31 所示, 边角交会有一个多余观测, 可以检核边角观测值。计算待定点坐标的方法如下:

在 △ABP 中, 边长 c 可以根据 A, B 两点的坐标反算, 边长 a, b 为观测值, 根据三角形三边的长度, 用余弦定律计算水平角 α 和 β 为

图 9-31 后方交会的角度

$$\begin{cases} \alpha = \arccos \dfrac{b^2 + c^2 - a^2}{2bc} \\ \beta = \arccos \dfrac{a^2 + c^2 - b^2}{2ac} \end{cases} \tag{9-42}$$

据此算得三角形的另一水平角为

$$\gamma' = 180° - \alpha - \beta \tag{9-43}$$

γ 的计算值和观测值之差为角度闭合差：

$$f_\beta = \gamma' - \gamma \tag{9-44}$$

角度闭合差如果在容许范围以内，以三分之一的角度闭合差反其符号改正 α 和 β 角，然后按测角交会公式计算待定点的坐标。

9.5　高程控制测量

9.5.1　三、四等水准测量

三、四等水准测量应从附近的国家高一级水准点引测高程。一般沿道路布设，水准点应选在地基稳固、易于保存和便于观测的地点，水准点间距一般为 2~4km，在城市建筑区为 1~2km，应埋设普通水准标石或临时水准点标志，也可用埋石的平面控制点作为水准点。为了便于寻找，水准点应绘制点之记。三、四等水准测量的主要技术要求参见表9-4，在测站上的观测技术要求见表9-15。

表 9-15　　　　　　　　　　　　三、四等水准观测的主要技术要求

等级	视线长度（m）	前、后视距离差（m）	前、后视距离累积差（m）	红、黑面读数差（mm）	红、黑面所测高差之差（mm）
三等	≤65	≤3	≤6	≤2	≤3
四等	≤80	≤5	≤10	≤3	≤5

注：三、四等水准采用"两次仪器高法"变动仪器高度观测单面水准尺时，所测两次高差较差，应与"双面尺法"黑面、红面所测高差之差的要求相同。

1. 观测方法

三、四等水准测量的观测应在通视良好、望远镜成像清晰、稳定的情况下进行，可以采用"两次仪器高法"或"双面尺法"。下面介绍双面尺法在一个测站上的观测程序。

(1)在至前、后水准尺视距大致相等(目估或步测)处安置仪器，使圆水准器气泡居中，后视水准尺黑面，用上、下视距丝读数，记入记录表9-16中(1)、(2)。转动微倾螺旋，使符合水准管气泡居中(**自动安平水准仪可免此操作**)，读取中丝读数，记入表中(3)；

(2)前视水准尺黑面，读取上、下丝读数，记入表中(4)、(5)，转动微倾螺旋，使符合水准管气泡居中，读取中丝读数，记入表中(6)；

(3)前视水准尺红面,转动微倾螺旋,使符合水准管气泡居中,用中丝读数记入表中(7);

(4)后视水准尺红面,转动微倾螺旋,使符合水准管气泡居中,用中丝读数记入表中(8)。

这种"后—前—前—后"的观测顺序,主要为抵消水准仪与水准尺下沉产生的误差。四等水准测量每站的观测顺序也可以为"后—后—前—前"。

2. 测站计算与检核

1)视距计算

根据前、后视的上、下视距丝读数,计算前、后视的视距:

$$后视距离(9) = 100 \times \{上丝读数(1) - 下丝读数(2)\}$$

$$前视距离(10) = 100 \times \{上丝读数(4) - 下丝读数(5)\}$$

计算"前后视距差"(11)

$$(11) = 后视距离(9) - 前视距离(10)$$

对于三等水准测量,(11)$\leq$3m;四等水准测量(11)$\leq$5m。

计算"前后视距累积差"(12)

$$(12) = 上站(12) + 本站(11)$$

对于三等水准测量,(12)$\leq$6m,四等水准测量(12)$\leq$10m。

2)水准尺读数检核

同一水准尺黑、红面读数差的检核:

$$前尺黑红面读数差(13) = 前尺黑面(6) + K - 前尺红面(7)$$

$$后尺黑红面读数差(14) = 后尺黑面(3) + K - 后尺红面(8)$$

K 为双面尺红面分划与黑面分划的**"零点差"**,是一常数(4687mm 或 4787mm)。对于三等水准测量,读数差$\leq$2mm;四等水准测量,读数差$\leq$3mm。

3)高差计算与检核

按前、后视水准尺红、黑面中丝读数,分别计算该站红、黑面高差:

$$黑面高差(15) = 后尺黑面(3) - 前尺黑面(6)$$

$$红面高差(16) = 后尺红面(8) - 前尺红面(7)$$

$$红黑面高差之差(17) = (15) - (16) = (14) - (13)$$

对于三等水准测量,(17)$\leq$3mm;四等水准测量,(17)$\leq$5mm。

黑、红面高差之差在容许范围以内时,取其平均值,作为该站的高差观测值:

$$(18) = \frac{1}{2}\{(15) + (16)\}$$

4)每页水准测量记录计算检核

每页水准测量记录必须作总的计算检核:

高差检核:

$$\sum(3) - \sum(6) = \sum(15)$$

$$\sum(8) - \sum(7) = \sum(16)$$

$$\sum(15) + \sum(16) = 2\sum(18)（测站为偶数）$$

$$\sum(15) + \sum(16) \pm 100mm = 2\sum(18)（测站为奇数）$$

视距差检核：$\sum(9) - \sum(10) =$ 本页末站 $(12) -$ 前页末站 (12)

本页总视距：$\sum(9) + \sum(10)$

表 9-16　　　　　　　　　　三、四等水准测量观测手簿

测站编号	点号	后尺 上丝 下丝 后视距 视距差 d	前尺 上丝 下丝 前视距 累积差 $\sum d$	方向及尺号	水准尺读数 黑色面	水准尺读数 红色面	K+黑-红 K=4787	平均高差
		(1)	(4)	后	(3)	(8)	(14)	
		(2)	(5)	前	(6)	(7)	(13)	(18)
		(9)	(10)	后-前	(15)	(16)	(17)	
		(11)	(12)					
1	BM1 | TP1	1 573	0 742	后 47	1 386	6 174	−1	
		1 199	0 366	前 46	0 553	5 241	−1	+0 833.0
		374	376	后-前	+0 833	+0 933	0	
		−0.2	−0.2					
2	TP1 | TP2	2 123	2 198	后 46	1 936	6 623	0	
		1 749	1 824	前 47	2 010	6 798	−1	−0 074.5
		374	374	后-前	−0 074	−0 175	+1	
		0	−0.2					
3	TP2 | TP3	1 914	2 055	后 47	1 726	6 513	0	
		1 539	1 678	前 46	1 866	6 554	−1	−0 140.5
		375	377	后-前	−0 140	−0 041	+1	
		−0.2	−0.4					
4	TP3 | BM2	1 965	2 141	后 46	1 832	6 519	0	
		1 700	1 874	前 47	2 007	6 793	+1	−0 174.5
		265	267	后-前	−0 175	−0 274	−1	
		−0.2	−0.6					
检核计算		$\sum(9) = 138.8$ $\sum(10) = 139.4$ $\sum(9) - \sum(10) = -0.6$ $\sum(9) + \sum(10) = 278.2$		$\sum(3) = 6\ 880$ $\sum(6) = 6\ 436$ $\sum(15) = 444$ $\sum(15) + \sum(16) = 887$		$\sum(8) = 25\ 829$ $\sum(7) = 25\ 386$ $\sum(16) = 443$ $2\sum(18) = 887$		

176

3. 成果整理

三、四等水准测量的闭合线路或附合线路的成果整理首先应按表9-4的规定，检验测段(两水准点之间的线路)"往返测高差不符值"(往、返测高差之差)及"附合路线或环线闭合差"。如果在容许范围内，则测段高差取往、返测的平均值，线段的高差闭合差则按与测段成比例的原则反号分配。按改正后的高差计算各水准点的高程。

9.5.2　三角高程测量

三角高程测量是根据两点间的水平距离及竖直角运用三角学公式计算两点间的高差。三角高程测量主要用于测定图根控制点之间的高差，尤其在测区地形起伏较大时应用更为广泛。在进行三角高程测量之前，必须用水准测量的方法引测一定数量的水准点，作为高程起算点。

如图9-32所示，已知 A 点的高程 H_A，欲测定 B 点高程 H_B。在 A 点安置经纬仪，用卷尺量取仪器高 i(地面点桩顶至望远镜旋转轴中心的高度)，在 B 点安置觇牌，量取目标高 l(地面点至觇牌中心或横轴的高度)，测定垂直角 α。

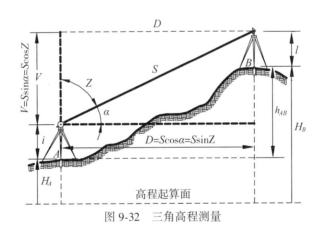

图 9-32　三角高程测量

若已测得 AB 之水平距离 D，则 A、B 两点间的高差计算公式为

$$h_{AB} = D\tan\alpha + i - l \tag{9-45}$$

若当场用光电测距仪测得两点间斜距 S，则

$$h_{AB} = S\sin\alpha + i - l \tag{9-46}$$

然后按下式计算 B 点高程：

$$H_B = H_A + h_{AB} \tag{9-47}$$

当距离大于300m时，还应考虑地球曲率和大气折光的影响，设地球曲率影响的改正，称球差改正 f_1，根据式(2-13)，得到

$$f_1 = \frac{D^2}{2R} \tag{9-48}$$

式中，D 为 A，B 两点间的水平距离，R 为地球平均曲率半径(取 6371km)。由于地球曲

率影响使测得高差小于实际高差，因此球差改正 f_1 恒为正值。

另外，由于围绕地球的大气层受重力影响，低层空气的密度大于高层空气的密度，观测垂直角时的视线穿过密度不均匀的介质，成为一条向上凸的曲线(称为大气垂直折光)，使视线的切线方向向上抬高，测得垂直角偏大。因此，还应进行大气折光影响的改正，称为气差改正 f_2，f_2 恒为负值。气差改正的公式为

$$f_2 = -k \frac{D^2}{2R} \tag{9-49}$$

式中，k 为大气垂直折光系数，它随气温、气压、日照、地面情况而改变，一般取平均值 $k = 0.14$。

球差改正与气差改正合在一起称为两差改正(f)：

$$f = f_1 + f_2 = (1 - k) \frac{D^2}{2R} = 0.43 \frac{D^2}{R} \tag{9-50}$$

顾及两差改正时，三角高程测量的高差计算公式为

$$h_{AB} = D\tan\alpha + i - l + f \tag{9-51}$$

$$h_{AB} = S\sin\alpha + i - l + f \tag{9-52}$$

由于折光系数 k 的不确定性，导致两差改正值也具有误差。但是，如能在短时间内，在两点间进行往返观测，又称对向观测，即测定 h_{AB} 和 h_{BA} 并取平均值，则由于 k 在短时间内不会改变，而 h_{BA} 必须反号与 h_{AB} 取平均，两差改正 f 得到抵消。因此，对要求较高的三角高程测量，应进行对向观测。

表 9-17 所示为 A，B 点间和 B，C 点间进行对向的光电测距和垂直角观测，并量取仪器高和目标高，以计算平距和高差的表例。

表 9-17 　　　　　　　　　　光电测距的平距和高差计算(单位：m)

测距边	AB		BC	
测站	A	B	B	C
目标	B	A	C	B
斜距 S	303.393	303.400	491.360	491.333
竖直角 α	$+11°32'49''$	$-11°33'06''$	$+6°41'48''$	$-6°42'04''$
$D = S \cdot \cos\alpha$	297.253	297.255	488.008	487.976
平均平距	297.254		487.992	
$V = S \cdot \sin\alpha$	$+60.730$	-60.756	$+57.299$	-57.334
仪器高 i	1.440	1.491	1.491	1.502
$-$目标高 l	-1.502	-1.400	-1.522	-1.441
两差改正 f	0.006	0.006	0.016	0.016
$h = V + i - l + f$	$+60.674$	-60.659	$+57.284$	-57.257
平均高差	$+60.666$		$+57.270$	

三角高程测量的附合、闭合路线的内业计算方法(高差调整与高程计算)与水准测量相同。

9.6 GNSS 控制测量

目前，GNSS 定位技术被广泛应用于建立各种级别、不同用途的 GNSS 控制网。在这些方面，GNSS 定位技术已基本上取代了常规的控制测量方法，逐渐成为控制测量的主要方法。较之于常规方法，GNSS 控制测量在布设控制网方面具有测量精度高、选点灵活、不需要造标、费用低、全天候作业、观测时间短、观测和数据处理全自动化等特点。但由于 GNSS 定位技术要求测站上空开阔，以便接收卫星信号。因此，GNSS 控制测量不适合隐蔽地区。

GNSS 控制测量的主要内容包括控制网的技术设计、外业观测和 GNSS 数据处理。

9.6.1 GNSS 控制网的技术设计

1. GNSS 控制网的精度指标

根据我国《全球导航卫星系统(GNSS)测量规范》(GB/T 18314—2004)，GNSS 测量按照精度和用途分为 A、B、C、D、E 级。A 级 GNSS 网由卫星定位连续运行基准站构成。B、C、D 和 E 级的精度应不低于表 9-18 中的要求。

表 9-18 GNSS 网的精度要求

级别	相邻点基线分量中误差		相邻点之间的平均距离(km)
	水平分量(mm)	垂直分量(mm)	
B	5	10	50
C	10	20	15
D	20	40	5
E	20	40	2

根据《卫星定位城市测量技术标准》(CJJ/T 73—2019)，GNSS 网划分为二、三、四等网和一、二级网。GNSS 网的主要技术要求应符合表 9-19 的规定。

表 9-19 GNSS 网的主要技术要求

等级	平均边长(km)	a(mm)	b(1×10^{-6})	最弱边相对中误差
二等	9	≤5	≤2	1/120 000
三等	5	≤5	≤2	1/80 000
四等	2	≤10	≤5	1/45 000

续表

等级	平均边长(km)	a(mm)	$b(1×10^{-6})$	最弱边相对中误差
一级	1	≤10	≤5	1/20 000
二级	<1	≤10	≤5	1/10 000

注：a 表示固定误差；b 表示比例误差系数。

2. GNSS 控制网的图形设计

目前的 GNSS 控制测量，基本上采用静态相对定位的测量方法。这就需要两台以及两台以上的 GNSS 接收机在相同的时间段内同时连续跟踪相同的卫星组，即实施所谓的同步观测。同步观测时各 GNSS 点组成的图形称为同步图形。

1）几个基本概念

观测时段：接收机开始接收卫星信号到停止接收，连续观测的时间间隔称为观测时段，简称时段。

同步观测：2 台或 2 台以上接收机同时对同一组卫星进行的观测。

基线向量：利用进行同步观测的接收机所采集的观测数据计算出的接收机间的三维坐标差，简称基线。

同步观测环：3 台或 3 台以上接收机同步观测所获得的基线向量构成的闭合环。

异步观测环：由非同步观测获得的基线向量构成的闭合环。

2）多台接收机构成的同步图形

由多台接收机同步观测同一组卫星，此时由同步边构成的几何图形，称为同步图形（环），如图 9-33 所示。

同步环形成的基线数与接收机的台数有关，若有 N 台 GNSS 接收机，则同步环形成的基线数为：

$$基线总数 = N(N-1)/2$$

但其中，独立基线数 = $N-1$，如 3 台接收机，测得的同步环，其独立基线数为 2，这是由于第三条基线可以由前两条基线计算得到。

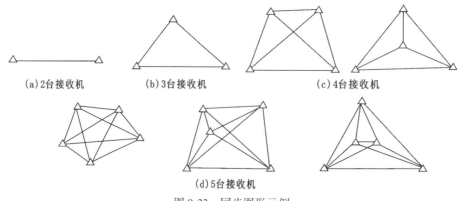

(a)2台接收机　　(b)3台接收机　　(c)4台接收机

(d)5台接收机

图 9-33　同步图形示例

3)多台接收机构成的异步图形设计

如控制网的点数比较多时，此时需将多个同步环相互连接，构成 GNSS 网。

GNSS 网的精度和可靠性取决于网的结构(与几何图形的形状即点的位置无关)，而网的结构取决于同步环的连接方式(增加同步观测图形和提高观测精度是提高 GNSS 成果精度的基础)。这是由于不同的连接方式将产生不同的多余观测，多余观测多，则网的精度高、可靠性强。但应同时考虑工作量的大小，从而可进一步地进行优化设计。

GNSS 网的连接方式有：点连接、边连接、边点混合连接、网连接等。

(1)点连接：相邻同步环间仅有一个点相连接而构成的异步网图，如图 9-34(a)所示；

(2)边连接：相邻同步环间由一条边相连接而构成的异步环网图，如图 9-34(b)所示；

(3)边点混合连接：既有点连接又有边连接的 GNSS 网，如图 9-34(c)所示。

(4)网连接：相邻同步环间有 3 个以上公共点相连接，相邻同步图形间存在互相重叠的部分，即某一同步图形的一部分是另一同步图形中的一部分。这种布网方式需要 $N \geq 4$，这样密集的布网方法，其几何强度和可靠性指标是相当高的，但其观测工作量及作业经费均较高，仅适用于网点精度要求较高的测量任务。

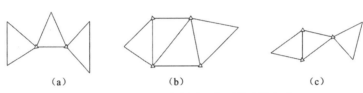

图 9-34　GNSS 基线向量网布网的连接方式

9.6.2　GNSS 控制测量的外业工作

1. 选点

由于 GNSS 观测是通过接收天空卫星信号实现定位测量，一般不要求观测站之间相互通视。而且，由于 GNSS 观测精度主要受观测卫星的几何状况的影响，与地面点构成的几何状况无关。因此，网的图形选择也较灵活。选点工作较常规控制测量简单方便。GNSS 点位的适当选择，对保证整个测绘工作的顺利进行具有重要的影响。所以，应根据本次控制测量的目的、精度、密度要求，在充分收集和了解测区范围、地理情况以及原有控制点的精度、分布和保存情况的基础上，进行 GNSS 点位的选定与布设。在 GNSS 点位的选点工作中，一般应注意以下几个问题：

(1)点位应紧扣测量目的布设。例如：测绘地形图，点位应尽量均匀；线路测量点位应为带状点对。

(2)应考虑便于其他测量手段联测和扩展，最好能与相邻 1~2 个点通视。

(3)点应选在交通方便、便于到达的地方，便于安置接收机设备。视野开阔，视场内周围障碍物的高度角一般应小于 15°。

(4)点位应远离大功率无线电发射源(如电视台、电台、微波站等)和高压输电线，以

181

避免周围磁场对 GPS 信号的干扰。

（5）点位附近不应有对电磁波反射强烈的物体，例如：大面积水域、镜面建筑物等，以减弱多路径效应的影响。

（6）点位应选在地面基础坚固的地方，以便于保存。

（7）点位选定后，均应按规定绘制点之记，其主要内容应包括点位及点位略图，点位交通情况以及选点情况等。

2. 外业观测

GNSS 观测与常规测量在技术要求上有很大差别，《全球导航卫星系统（GNSS）测量规范》规定 B、C、D、E 级 GPS 控制网观测的基本技术要求按表 9-20 有关技术指标执行。

表 9-20　　　　　　　　　B、C、D、E 级 GNSS 网观测的基本技术要求

项 目	级 别			
	B	C	D	E
卫星截止高度角（°）	≥15	≥15	≥15	≥15
同时观测有效卫星数	≥4	≥4	≥4	≥4
有效观测卫星总数	≥20	≤6	≥4	≥4
观测时段数	≥3	≤2	≤1.6	≤1.6
时段长度	≥23h	≥4h	≥60min	≥40min
采样间隔（s）	30	15~30	5~15	5~15

《卫星定位城市测量规范》（CJJ/T 73—2010）规定，GNSS 测量各等级作业的基本技术要求应符合表 9-21 的规定。

表 9-21　　　　　　　　　GNSS 测量各等级作业的基本技术要求

项 目	观测方法	等 级				
		二等	三等	四等	一级	二级
卫星高度角（°）	静态	≥15	≥15	≥15	≥15	≥15
有效观测同类卫星数	静态	≥4	≥4	≥4	≥4	≥4
平均重复设站数	静态	≥2.0	≥2.0	≥1.6	≥1.6	≥1.6
时段长度（min）	静态	≥90	≥60	≥45	≥45	≥45
数据采样间隔（s）	静态	10~30	10~30	10~30	10~30	10~30
PDOP 值	静态	<6	<6	<6	<6	<6

GNSS 测量的观测步骤如下：

(1)观测组应严格按规定的时间进行作业。

(2)安置天线：将天线架设在三脚架上，进行整平对中，天线的定向标志线应指向正北。观测前、后应各量一次天线高，两次较差不应大于 3mm，取平均值作为最终成果。

(3)开机观测：用电缆将接收机与天线进行连接，启动接收机进行观测；接收机锁定卫星并开始记录数据后，可按操作手册的要求进行输入和查询操作。

(4)观测记录：GNSS 观测记录形式有以下两种：一种由 GNSS 接收机自动记录在存储介质上；另一种是外业观测手簿，在接收机启动前和观测过程中由观测者填写，包括控制点点名、接收机序列号、仪器高、开关机时间等相关测站信息，记录格式参见有关规范。

9.6.3 GNSS 测量数据处理

GNSS 测量数据处理可以分为观测值的粗加工、预处理、基线向量解算（相对定位处理）和 GNSS 网或其与地面网数据的联合处理等基本步骤，其过程如图 9-35 所示。

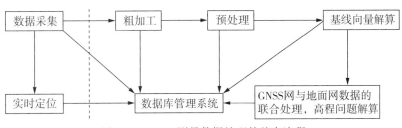

图 9-35 GNSS 测量数据处理的基本流程

1. 数据粗加工和预处理

数据粗加工是将接收机采集的数据通过传输、分流，解译成相应的数据文件，通过预处理将各类接收机的数据文件标准化，形成平差计算所需的文件。

2. 基线向量解算

如图 7-5 所示，两台 GNSS 接收机 T_1 和 T_2 之间的相对位置，即基线向量 $\overrightarrow{12}$，可以用某一坐标系下的三维直角坐标增量或大地坐标增量来表示。因此，它是既有长度又有方向特性的矢量。基线解算一般采用双差模型，有单基线和多基线两种解算模式。

GNSS 控制测量外业观测的全部数据应经同步环、异步环和复测基线检核，满足同步环各坐标分量闭合差及环线全长闭合差、异步环各坐标分量闭合差及环线全长闭合差、复测基线的长度较差的要求。

3. GNSS 网平差

GNSS 网平差的类型有多种，根据平差的坐标空间维数，可将 GNSS 网平差分为三维平差和二维平差，根据平差时所采用的观测值和起算数据的类型，可将平差分为无约束平差、约束平差和联合平差等。

183

1）三维平差与二维平差

三维平差：平差在三维空间坐标系中进行，观测值为三维空间中的基线向量，解算出的结果为点的三维空间坐标。GNSS 网的三维平差，一般在三维空间直角坐标系或三维空间大地坐标系下进行。

二维平差：平差在二维平面坐标系下进行，观测值为二维基线向量，解算出的结果为点的二维平面坐标。二维平差一般适合于小范围 GNSS 网的平差。

2）无约束平差、约束平差和联合平差

无约束平差：GNSS 网平差时，不引入外部起算数据，而是在 WGS-84 坐标系下进行的平差计算。

约束平差：GNSS 网平差时，引入外部起算数据（如 1954 北京坐标系、1980 西安坐标系及 2000 国家大地坐标系的坐标、边长和方位）所进行的平差计算。

联合平差：平差时所采用的观测值除了 GNSS 观测值以外，还采用了地面常规观测值，这些地面常规观测值包括边长、方向、角度等。

◎ 思考题

1. 在全国范围内如何布设控制网？小地区如何布设控制网？

2. 导线的布设形式有哪几种，图示说明如何对它们进行定位和定向。

3. 三角高程测量为什么要进行对向观测，可以消除什么误差？

4. 设有闭合导线 1—2—3—4 的边长和角度观测值如图 9-36 所示，已知点 1 的坐标 $x_1 = 500.78$m，$y_1 = 689.59$m，12 边的坐标方位角 $\alpha_{12} = 58°27'36''$，请计算 2、3、4 各点坐标。

5. 根据图 9-37 中的数据，列表计算附合导线各点坐标。

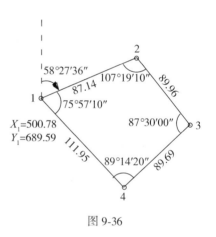

图 9-36

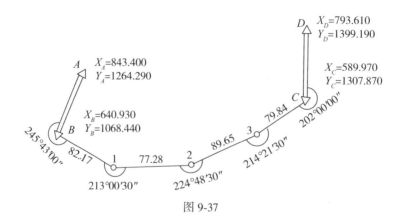

图 9-37

6. 简述小三角测量的内业计算步骤。

7. 利用前方交会法测定 P 点的位置，如图 9-38 所示，已知点 A、B 的坐标及观测的角度已标于图上，请计算 P 点的坐标。

8. 利用前方交会法测定 P 点的位置，如图 9-39 所示，已知点 A、B 的坐标及观测边长标于图上，计算 P 点的坐标。

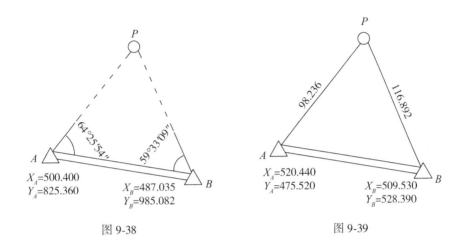

图 9-38   图 9-39

9. 已知 A 点高程为 46.54m，现用三角高程测量方法进行了往返观测，观测数据列入表 9-22 中，AB 距离为 182.53m，试确定 B 点的高程。

表 9-22

测站	目标	竖直角 (° ′ ″)	仪器高 （m）	目标高 （m）
A	B	+3 36 12	1.48	2.00
B	A	-2 20 56	1.50	3.30

第 10 章 大比例尺地形图测绘的基本方法

10.1 地形图基本知识

10.1.1 地形图概述

地球表面千姿百态，错综复杂，有高山、峡谷、平原，有河流、房屋等，这些统称为地形。习惯上把地形分为地物和地貌两大类。地面上由人工建造的固定物体和由自然力形成的独立物体，例如房屋、道路、河流、桥梁、树林、边界、孤立岩石等，称为**地物**。地面上主要由自然力形成高低起伏的连续形态，例如平原、山岭、山谷、斜坡、洼地等，称为**地貌**。

当测区范围较小时，可将地面上的各种地物、地貌沿铅垂方向投影到同一水平面上，再按一定的比例缩小绘制成图。在图上仅表示地物平面位置的图，称为**平面图**或**地物图**。在图上既表示地物的平面分布状况，又用特定的符号表示地貌的起伏情况的图，称为**地形图**。在较大测区范围内，考虑地球曲率的影响，采用专门的投影方法，运用观测成果编绘而成的图，称为**地图**。

为了满足建筑设计和施工的不同需要，地形图采用各种不同的比例尺绘制，在工程建设中常用的有 1∶500、1∶1000、1∶2000 和 1∶5000 等几种。由于地物的种类繁多，为了在测绘和使用地形图中不至于造成混乱，各种地物、地貌表示在图上必须有一个统一的标准。因此，国家测绘地理信息主管部门对地物、地貌在地形图上的表示方法规定了统一标准，这个标准称为"地形图图式"。

传统的地形测量方法测绘的地形图是以图纸(优质画图纸或聚酯薄膜)为载体，将野外实测的地形数据，按预定的测图比例尺，手工用几何作图的方法，缩绘于图纸上。即用图纸保存点位、线条、符号等地形信息。故按这种图的性质，称为图解地形图，或称为白纸测图。最初的成品为地形原图，然后复制或印刷成纸质地形图，提供给用户使用。

自从电子全站仪应用于地形测量和计算机技术应用于制图领域以来，地形图测绘的方法已改进为野外实测数据的自动化记录和内业绘图时的计算机辅助成图，简称机助成图。实测数据经过全站仪和计算机的数据通信以及计算机软件的编辑处理，将地形信息生成地形图，并以数字形式储存于光盘等载体。故按这种图的性质，称为数字地形图，俗称**电子地图**。地形图的应用可以在计算机的屏幕上实现，如图 10-1 所示为计算机屏幕上显示的地形图(局部)，可以据此进行工程建筑的设计或数据量测等；也可以通过绘图仪，按一定的比例尺绘制成纸质地形图来应用。数字地形图中的图形数据，完全保持地形测量时的实测精度。

从传统的白纸测图到自动化数据采集和计算机数字化成图，是地形图测绘技术的重大革新。不仅提高了工作效率和地图的精度，也方便了地形图的应用和扩大了应用的范围，有利于地形信息的传递和共享。城市大比例尺数字地形图的数据库，已成为"城市基础地理信息系统"（urban fundamental geographic information system，UFGIS）中的共享信息，并发挥重要作用。

地形图上能够客观地反映地物和地貌的变化情况，利用地形图可以进行规划、设计、施工及竣工管理等。因此，地形图在经济、国防等各种工程建设中具有重要的作用。地形图也是一种具有历史价值的档案资料，城市和工程建设地区原有大量以纸质原图方式保存的地形图，经过计算机数字化（用与计算机联机的数字化仪或扫描仪）处理，也可以转变为数字地形图，这样便于保存和充分利用。但是这类地形图的精度不会因数字化而提高，这是它与实测数字地形图的主要区别。

地形图测绘的白纸测图方法目前虽已基本上舍弃不用，大量的图解地形图已成为历史档案，但并不是意味着它已完全失去了利用价值，它在地形图图库中仍是客观存在的。所以，对于它的成图基本方法和精度应有所了解；并且，地形图测绘的基本原理从白纸测图到自动化数据采集和机助成图，并没有本质的改变。这些知识对于数字地形图测绘和地形图应用都是必须具备的。因此，本章分别介绍地形图的比例尺、图式、地形图的分幅与编号以及地物和地貌在地形图上的表示方法，并了解其成图的过程和所具有的精度。

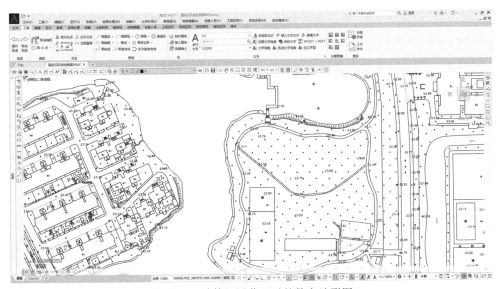

图 10-1　计算机屏幕显示的数字地形图

10.1.2　地形图的比例尺

地形图上某一线段的长度 d 与其在地面上所代表的相应水平距离 D 之比，称为地形图的比例尺。

1. 比例尺的种类

比例尺有下列两种表示方法：

1）数字比例尺

数字比例尺可表示为分子为 1、分母为整数的分数。设图上一段直线长度为 d，相应实地的水平长度为 D，则该图的数字比例尺为

$$\frac{d}{D} = \frac{1}{\dfrac{D}{d}} = \frac{1}{M} \tag{10-1}$$

或写成 $1:M$，其中 M 为比例尺分母。M 越大，比值越小，比例尺越小；相反，M 越小，比值越大，比例尺越大。可以利用式（10-1），根据图上长度和比例尺求实际长度，也可根据实际长度和比例尺求图上长度。

为了满足经济建设和国防建设的需要，测绘和编制了各种不同比例尺的地形图。通常将 $1:100$ 万、$1:50$ 万、$1:20$ 万比例尺的地形图称为**小比例尺地形图**；将 $1:10$ 万、$1:5$ 万和 $1:2.5$ 万、$1:1$ 万比例尺的地形图称为**中比例尺地形图**；将 $1:5000$、$1:2000$、$1:1000$ 和 $1:500$ 比例尺的地形图称为**大比例尺地形图**。

中比例尺地形图是国家的基本图，由国家测绘部门负责测绘，目前均用航空摄影测量方法成图。中比例尺地形图主要供各种工程规划和勘察设计使用。小比例尺地形图一般由中比例尺图缩小编绘而成。小比例尺地形图主要供各种区域规划或高级指挥机关使用。而大比例尺地形图是直接为满足城市各种工程设计、施工而测绘的。比例尺为 $1:500$ 和 $1:1000$ 的地形图一般用电子全站仪测绘；比例尺为 $1:2000$ 和 $1:5000$ 的地形图一般用更大比例尺的图缩绘。大范围的大比例尺地形图也可以用数字摄影测量方法测绘。按照地形图图式规定，比例尺书写在图幅下方正中处。

2）图示比例尺

为了用图方便、直观，以及减弱由于图纸伸缩而引起的误差，在绘制地形图时，通常在地形图的正下方绘制图示比例尺。图示比例尺由两条平行线构成，并把它从左至右分成若干个 2cm 长的基本单位，最左端的一个基本单位再分成 10 等份，从第二个基本单位开始，分别向左和向右注记以米为单位的代表实际的水平距离，如图 10-2 所示为 $1:500$ 的比例尺。

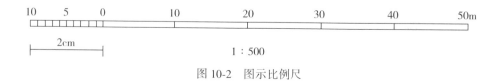

图 10-2　图示比例尺

使用图示比例尺时，只要用两脚规的两只脚将图上某直线的长度移至图示比例尺上，

使一只脚尖对准"0"分划右侧的整分划线上,而另一只脚尖落在"0"分划线左端有细分划段中,则所量直线在实地上的水平距离就是两个脚尖的读数之和,不足一个小分划的零数可用目估。若需要将地面上已丈量水平距离的直线展绘在图上,则需要先从图示比例尺上找出等于实地水平距离的直线的两端点,然后将其长度移至图上相应位置。

2. 比例尺精度

通常人眼能在图上分辨出的最小距离为 0.1mm。因此,图上 0.1mm 所表示的实地水平长度称为比例尺精度。若用 δ 代表比例尺精度,则

$$\delta = 0.1M \quad mm \tag{10-2}$$

显然,比例尺越大,其比例尺精度也越高。不同比例尺图的比例尺精度如表 10-1 所示。

表 10-1   **不同比例尺的精度**

比例尺	1:500	1:1000	1:2000	1:5000	1:10000
比例尺精度(m)	0.05	0.1	0.2	0.5	1.0

根据比例尺的精度,可以确定在测图时量距应准确到什么程度,例如,测绘 1:1000 比例尺地形图时,其比例尺的精度为 0.1m,故量距的精度只需 0.1m,若量得再精细,在图上无法表示出来。另外,当设计规定需在图上能量出的实地最短长度时,根据比例尺的精度,可以确定测图比例尺。比例尺越大,表示地物和地貌的情况越详细,精度越高。但是必须指出,同一测区,采用较大比例尺测图往往比采用较小比例尺测图的工作量和投资将增加数倍,因此采用哪一种比例尺测图,应从工程规划、施工实际需要的精度出发来考虑。

对于实测的数字地形图,其地形信息的数据直接来源于实地测量,精确地储存于计算机或光盘,并可以直接在计算机屏幕上显示和应用,按一定比例尺用绘图仪绘制的图纸仅是其表示方法之一。储存的地形信息保持地形测量时采集数据的精度,故对于实测的数字地形图只有"测量精度",而不存在绘制地形图和使用地形图时的"比例尺精度"问题,这是数字地形图的优点之一。但是,数字地形图一旦按指定的比例尺将图形绘制(打印或印刷)于图纸上,则使用这种纸质地形图时,仍受到比例尺精度的限制。

3. 地形图比例尺的选用

图的比例尺越大,其表示的地物、地貌越详细,精度也越高。但是,一幅图所能包含的地面面积也越小,而且测绘工作量也会成倍增加。所以,应该按实际需要选择测图比例尺,在城市和工程建设的规划、设计和施工中,要用到多种比例尺的地形图,其比例尺的选用如表 10-2 所示。

比例尺	用　途
1：10000	城市总体规划、厂址选择、区域布置方案比较
1：5000	城市总体规划、厂址选择、区域布置方案比较
1：2000	城市详细规划及工程项目初步设计
1：1000	建筑设计、城市详细规划、工程施工设计、地下管线图、工程竣工图
1：500	建筑设计、城市详细规划、工程施工设计、地下管线图、工程竣工图

表 10-2　　　　　　　　　　地形图比例尺的选用

图 10-3 为 1：500 比例尺地形图（50cm×50cm 图幅），图中所示为城市平坦地区的地物分布情况。图 10-4 为 1：1000 比例尺地形图（50cm×50cm 图幅），图中所示为农村丘陵地区，图中除了地物外，还用等高线表示高低起伏的地貌。

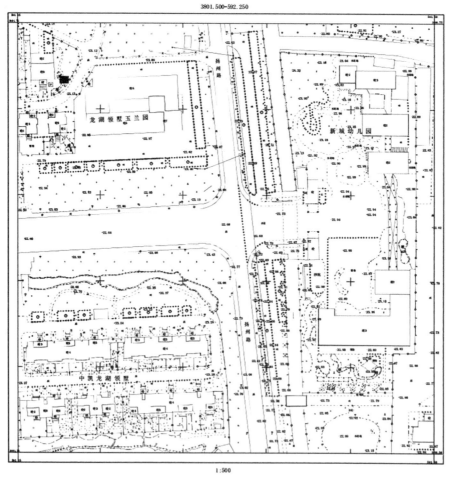

图 10-3　平坦地区城市地形图

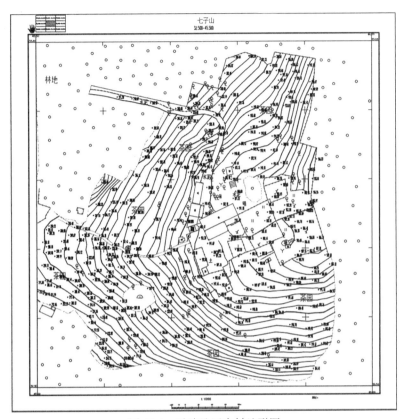

图 10-4　丘陵地区农村地形图

10.1.3　地形图图式

　　为了便于测图和读图，在地形图中常用不同的符号来表示地物和地貌的形状和大小，这些符号总称为**地形图图式**。大比例尺地形图图式是由国家质量监督检验检疫总局与国家标准化管理委员会发布、2007 年 12 月 1 日实施的《国家基本比例尺地图图式　第 1 部分：1：500 1：1000 1：2000 地形图图式》（GB/T 20257.1—2017），以下简称《地形图图式》。《地形图图式》标准适用于国民经济建设各部门，是测绘、规划、设计、施工、管理、科研和教育等部门使用地形图的重要依据。表 10-3 所示为从《地形图图式》中摘录的一些1：500 和 1：1000 比例尺常用的地形图图式符号。

表 10-3　　　　　　　　　　**1：500 和 1：1000 比例尺部分常用的地形图图式符号**

编号	符号名称	图例		编号	符号名称	图例	
1	坚固房屋 4—房屋层数	坚 4	1.5	2	普通房屋 2—房屋层数	2	1.5

续表

编号	符号名称	图例	编号	符号名称	图例
3	窑洞 1. 住人的 2. 不住人的 3. 地面下的	1 ⌐2.5 2 ⌐ 3	11	灌木林	0.5 1.0
4	台阶	0.5 0.5 0.5	12	菜地	2.0 2.0 10.0 -10.0
5	花圃	1.5 1.5 10.0 -10.0	13	高压线	4.0
			14	低压线	4.0
6	草地	1.5 0.8 10.0 10.0	15	电杆	1.0 ○
			16	电线架	
7	经济作物地	0.8 3.0 蔗 10.0 10.0	17	砖、石及混凝土围墙	10.0 10.0 0.5 0.3 10.0
			18	土围墙	0.5
8	水生经济作物地	3.0 藕 0.5	19	栅栏、栏杆	1.0 10.0
9	水稻田	0.2 2.0 10.0 -10.0	20	篱笆	1.0 10.0
10	旱地	1.0 2.0 10.0 -10.0	21	活树篱笆	3.5 0.5 10.0 1.0 0.8

续表

编号	符号名称	图例	编号	符号名称	图例
22	沟渠 1. 有堤岸的 2. 一般的 3. 有沟堑的	1 2 ...0.3 3	31	水塔	2.0 3.0—1.0 1.2
			32	烟囱	3.5 1.0
23	公路	0.3 沥砾 0.3	33	气象站（台）	3.0 4.0 1.2
24	简易公路	8.0 2.0			
25	大车路	0.15 碎石 0.3	34	消火栓	1.5 1.5 2.0
26	小路	4.0 1.0 0.3	35	阀门	1.5 1.5 2.0
27	三角点 凤凰山-点名 394.488-高程	凤凰山 394.468 3.0	36	水龙头	3.5 2.0 1.2
28	图根点 1. 埋石的 2. 不埋石的	1 2.0 N16 84.46 2 1.5 25 62.74 2.5	37	钻孔	3.0 ⊙ 1.0
			38	路灯	1.5 1.0
29	水准点	2.0 ⊗ Ⅱ京石5 32.804	39	独立树 1. 阔叶 2. 针叶	1.5 1 3.0 0.7 2 3.0 0.7
30	旗杆	1.5 1.0 4.0 1.0	40	岗亭、岗楼	90° 3.0 1.5

续表

编号	符号名称	图例	编号	符号名称	图例
41	等高线 1. 首曲线 2. 计曲线 3. 间曲线		44	滑坡	
42	示坡线		45	陡崖 1. 土质的 2. 石质的	
43	高程点及 其注记	0.5 · 163.2　▲ 75.4	46	冲沟	

　　地形图图式中的符号有三类：地物符号、地貌符号和注记符号。

1. 地物符号

　　根据地物大小及描绘方法的不同，地物符号可分为**比例符号**、**非比例符号**和**半比例符号**。有些地物的轮廓较大，它们的形状和大小可以按测图比例尺缩小，并用规定的符号绘在图纸上，这种符号称为**比例符号**，如房屋、较宽的道路、稻田、花圃和湖泊等。有些地物轮廓较小，无法将其形状和大小按比例绘到图上，则不考虑其实际大小，而采用规定的符号表示出其中心位置，这种符号称为**非比例符号**，如三角点、水准点、导线点、界址点（土地权属边界上的点）、独立树、路灯、水井和里程碑等。对于一些带状延伸地物，其长度可按比例缩绘，而宽度无法按比例表示的符号称为**半比例符号**，如小路、通信线、围墙、篱笆、管道、垣栅等，这种符号的中心线一般表示其实地地物的中心位置，但是对于城墙和垣栅等，地物中心位置在其符号的底线上。

2. 地貌符号

　　地貌是指地球表面自然起伏的状态，包括山地、丘陵、平原、洼地等。在地形图上表示地貌的方法很多，在大比例尺地形图上通常用等高线表示地貌。因为用等高线表示地貌，不仅能表示地面的起伏状态，而且还能科学地表示出地面点坡度和地面点的高程。对峭壁、冲沟、梯田等特殊地形，不便用等高线表示时，则绘注相应的符号。

3. 注记符号

有些地物除了用相应的符号表示外,对于地物的性质、名称等在图上还需要用文字和数字加以注记,称为注记符号。添加注记符号有利于更为准确地表示出地物的位置、属性,并有利于地形图阅读和应用,如房屋的结构和层数、地名、路名、单位名、等高线高程和散点高程以及河流的水深、流速等文字说明。

10.1.4 等高线

等高线是表示地貌的主要形式。地貌是地形图要表示的重要信息之一。地貌尽管千姿百态、错综复杂,但其基本形态按其起伏的变化可以归纳为几种典型地貌:如山头、山脊、山谷、山坡、鞍部、洼地、绝壁等,如图 10-5 所示。凸起而高于四周的高地称为山地,山的最高部分称为山头,山头下来隆起的凸棱称为山脊,山脊上的最突出的棱线称为山脊线。山脊的侧面为山坡。近于垂直的山坡称为峭壁或绝壁,上部凸出、下部凹入的绝壁称为悬崖。两山脊之间的山体凹陷部称为山谷,山谷中最低点的连线称为山谷线。相邻两个山头之间的最低处、形似马鞍状的地形称为鞍部,它的位置是两个山脊线和两个山谷线交会之处。低于四周的低地称为洼地,大范围的洼地称为盆地。

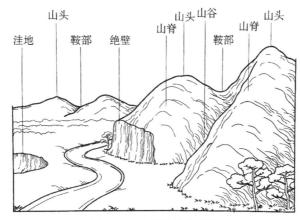

图 10-5 地貌的基本形状

1. 等高线的定义

等高线是地面上高程相同的相邻点所连成的一条闭合曲线。水面静止的湖泊和池塘的水边线,实际上就是一条闭合的等高线。如图 10-6 所示,设有一座位于平静湖水中的小山丘,山顶被湖水恰好淹没时的水面高程为 100m。然后水位下降 10m,露出山头,此时水面与山坡就有一条交线,而且是闭合曲线,曲线上各点的高程是相等的,这就是高程为 90m 的等高线。随后水位又下降 10m,山坡与水面又有一条交线,这就是高程为 80m 的等高线。依次类推,水位每降落 10m,水面就与地表面相交留下一条等高线,从而得到一组高差为 10m 的等高线。设想把这组实地上的等高线沿铅垂线方向投影到水平面 H 上,并按规定的比例尺缩绘到图纸上，就得到用等高线表示该山丘地貌的等高线图。

这些等高线的形状和高程，客观地显示了小山丘的空间形态，同时又具有可度量性。

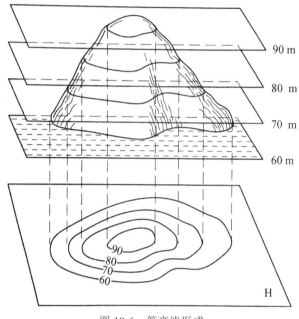

图 10-6　等高线形成

2. 等高距与等高线平距

等高线上的数字代表等高线的高程。两条相邻等高线的高差称为**等高距**，常以 h 表示。常用的等高距有 0.5m、1m、2m、5m、10m 等，根据地形图的比例尺和地面起伏的情况确定。在同一幅地形图上，等高距是相同的。

相邻等高线之间水平距离称为**等高线平距**，简称平距，常以 d 表示。因为同一张地形图内等高距是相同的，所以等高线平距 d 的大小直接与地面坡度有关。地面坡度 i 可以写成：

$$i = \frac{h}{dM} \tag{10-3}$$

式中：M 为地形图的比例尺分母。

坡度一般以百分率表示，向上为正，向下为负。例如，$i=+5\%$，或 $i=-2\%$。

等高线平距越小，地面坡度就越大；平距越大，则坡度越小；坡度相同，平距相等。因此，可以根据地形图上等高线的疏、密来判定地面坡度的缓、陡。同时还可以看出：等高距越小，显示地貌就越详细；等高距越大，显示地貌就越简略。还有某些特殊地貌，如冲沟、滑坡等，其表示方法参见《图式》。

测绘地形图时，要根据测图比例尺、测区地面的坡度情况和按国家相关标准规范要求选择合适的基本等高距，见表 10-4。

表 10-4	地形图的基本等高距			（单位：m）
地形类别	比 例 尺			
	1：500	1：1000	1：2000	1：5000
平坦地	0.5	0.5	1	2
丘陵	0.5	1	2	5
山地	1	1	2	5
高山地	1	2	2	5

3. 典型地貌的等高线

地面上地貌的形态是多样的，进行仔细分析后，就会发现它们一般是由山丘、洼地、山脊、山谷、鞍部等几种基本地貌组成（见图10-7）。了解和熟悉用等高线表示典型地貌的特征，就能比较容易地根据地形图上的等高线，分析和判别地面的起伏状态，将有助于识读、应用和测绘地形图。典型地貌有：

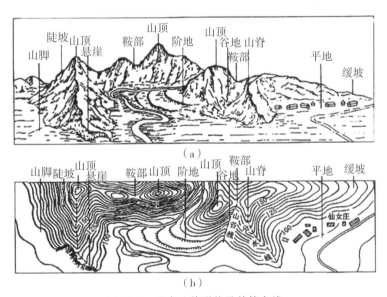

图 10-7　基本地貌形状及其等高线

1）山丘和洼地

图 10-8(a)为山丘的等高线，图 10-8(b)为洼地的等高线。它们投影到水平面上都是一组闭合曲线。在地形图上区分山丘或洼地的方法是：凡是内圈等高线的高程注记大于外圈者为山丘，小于外圈者为洼地。如果等高线上没有高程注记，则用示坡线来表示。

示坡线是垂直于等高线的短线，用以指示坡度下降的方向。示坡线从内圈指向外圈，说明中间高，四周低，为山丘。示坡线从外圈指向内圈，说明四周高，中间低，故为洼地。

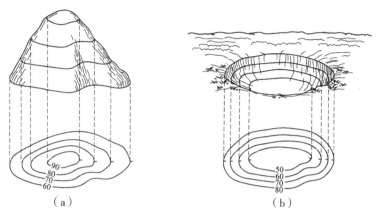

图 10-8　山丘和洼地

2）山脊和山谷

山脊是沿着一个方向延伸的高地。山脊等高线表现为一组凸向低处的曲线（见图 10-9（a））。各条曲线方向改变处的连接线称为山脊线（图中点划线）。山谷是沿着一个方向延伸的洼地，位于两山脊之间。山谷等高线表现为一组凸向高处的曲线（见图 10-9（b））。各条曲线方向改变处的连线称为山谷线（图中虚线）。山脊和山谷的两侧为山坡，山坡近似于一个倾斜平面，因此，山坡的等高线近似于一组平行线。

山脊附近的雨水必然以山脊线为分界线，分别流向山脊的两侧，因此，山脊又称分水线。而在山谷中，雨水必然由两侧山坡流向谷底，向山谷线汇集，因此，山谷线又称集水线。山脊线和山谷线统称为地性线。在土木工程规划及设计中，要考虑地面的水流方向、分水线、集水线等问题。因此，山脊线和山谷线在地形图测绘及应用中具有重要作用。

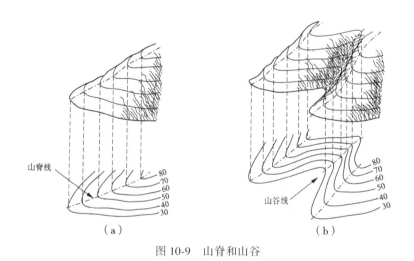

图 10-9　山脊和山谷

3）鞍部

鞍部是相邻两山头之间呈马鞍形的低凹部位。典型的鞍部是在相对的两个山脊和山谷的会合处，它的的左、右两侧的等高线是近似对称的两组山脊线和两组山谷线。鞍部等高线的特点是在一圈大的闭合曲线内，套有两组小的闭合曲线(见图 10-10)。鞍部往往是山区道路选线中的一个关节点，越岭道路常须经过鞍部。

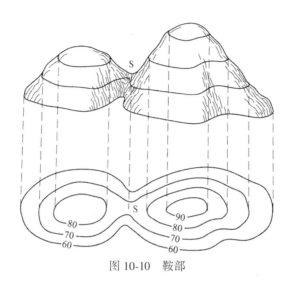

图 10-10　鞍部

4)绝壁和悬崖

绝壁又称陡崖，它和悬崖都是由于地壳产生断裂运动而形成的。绝壁是坡度在 70°以上的陡峭崖壁，有石质和土质之分。绝壁若用等高线表示，将会非常密集，或重合为一条线，因此采用锯齿形的陡崖符号来表示，如图 10-11(a)所示。

悬崖是上部突出，下部凹进的绝壁，这种地貌的等高线出现相交。俯视时隐蔽的等高线用虚线表示，如图 10-11(b)所示。

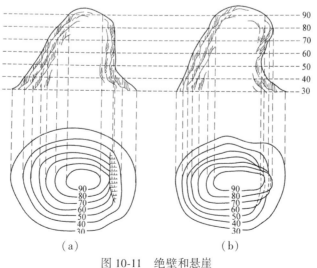

(a)　　　　　　　(b)

图 10-11　绝壁和悬崖

识别上述典型地貌用等高线表示的方法以后,就基本上能够认识地形图上用等高线表示的复杂地貌。图 10-12 为某一地区综合地貌及其等高线地形图。

图 10-12　某地区地貌

4. 阴影等高线

尽管用等高线正射投影在地图上描绘地形是目前表示地形起伏的几何信息的最好方法,但它也有缺点,即不具有直观的立体感,如图 10-13(a)为一般等高线地形图。设想,从西北方向与地平面成 45°交角的倾斜平行光线照射到按等高线制作的台阶形地形模型上,使之产生阴影,形成阴影等高线。如图 10-13(b)为产生阴影效果后的阴影等高线地形图。使用阴影等高线地形图时,原来的等高线位置保持不变,按等高距假设为直立的壁面投射出阴影,将等高线及其阴影以不同颜色彩印在地形图上。由于等高线阴影的绘制必须严格按照倾斜光线的投影法则和复杂的计算来完成,所以,阴影等高线地形图需要借助计算机计算和用机助成图方法绘制。

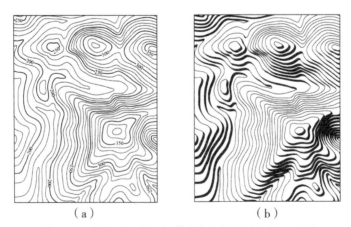

(a)　　　　　　　　　　　(b)

图 10-13　同一地区的一般等高线和阴影等高线地形图

5. 等高线的分类

表示地形起伏的等高线有首曲线、计曲线、间曲线和助曲线之分(见图10-14)。

1)首曲线

在同一幅地形图上,按照基本等高距描绘的等高线称为**首曲线**,又称为基本等高线。用0.15mm宽的细实线绘制。

2)计曲线

为了计算和用图的方便,每隔四条基本等高线,或者凡高程能被5整除且加粗描绘的基本等高线称为**计曲线**。例如,等高距为1m的等高线,则高程为5m、10m、15m、20m……等5m倍数的等高线为计曲线;又如等高距为2m的等高线,则高程为10m、20m、30m……等10m倍数的等高线为计曲线。一般只在计曲线上注记高程。计曲线的高程值总是为等高距的5倍。计曲线用0.3mm宽的粗实线绘制。

3)间曲线

对于坡度很小的局部区域,当用基本等高线不足以反映地貌特征时,可按1/2基本等高距加绘一条等高线,该等高线称为**间曲线**。间曲线用0.15mm宽的长虚线绘制,可以不闭合。

4)助曲线

在地形较为平坦的区域,为了能够更准确地利用地形图设计工程建筑物,有时在间曲线的基础上还绘制出高差为四分之一等高距的等高线,通常把这一等高线称为四分之一等高线,也称**助曲线**。一般用0.15mm宽的细短虚线表示。

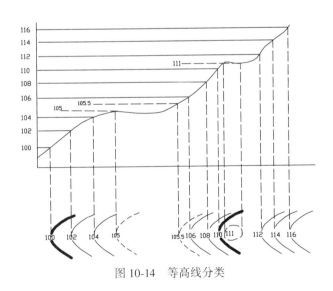

图10-14 等高线分类

6. 等高线的特性

为了掌握用等高线表示地貌时的规律性,现将等高线的特性归纳如下:

（1）同一条等高线上各点的高程都相等。但高程相等的点，不一定在同一条等高线上。

（2）等高线是闭合曲线，不能中断(间曲线、助曲线除外)，如果不在同一幅图内闭合，则必定在相邻的其他图幅内闭合。

（3）等高线只有在绝壁或悬崖处才会重合或相交。

（4）等高线经过山脊或山谷时转变方向，因此，山脊线和山谷线应与转变方向处的等高线切线垂直相交，如图 10-15 所示。

（5）在同一幅地形图内，基本等高距(等高线间隔)是相同的，因此，等高线平距大(等高线疏)表示地面坡度小(地形平坦)；等高线平距小(等高线密)则表示地面坡度大(地形陡峭)；平距相等则坡度相同。倾斜平面的等高线是一组间距相等且平行的直线，如图 10-16 所示。

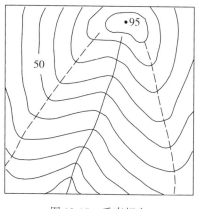

图 10-15　垂直相交

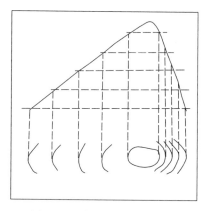

图 10-16　倾斜平面的等高线

10.1.5　地形图的分幅与编号

为了便于管理和使用地形图，需要将大面积的各种比例尺的地形图进行统一的分幅和编号。地形图的分幅方法分为两类：一类是按经纬线分幅的梯形分幅法(又称为国际分幅)；另一类是按坐标格网分幅的矩形分幅法。前者用于中、小比例尺的国家基本图的分幅，后者用于城市大比例尺图的分幅。

1. 梯形分幅与编号

梯形分幅的主要优点是每个图都有明确的地理位置概念，适用于很大范围(国家、大洲、全世界)的地图分幅。我国基本比例尺地形图采用经纬线分幅，地形图图廓由经纬线构成。它们均以 1∶100 万地形图为基础，按规定的经差和纬差划分图幅，行列数和图幅数是简单的倍数关系。

1)早期的基本比例尺地形图的分幅与编号

20 世纪 70—80 年代，我国的基本比例尺地形图分幅与编号以 1∶100 万地形图为基础，伸展出 1：50 万、1：25 万(70 年代前为 20 万)、1：10 万，在 1：10 万基础上伸展出 1：5 万、1：2.5 万、1：1 万，在 1：1 万基础上伸展出 1：5000。

（1）1：100 万比例尺图的分幅与编号：

为了统一划分全球的地形图，国际地理学会对 1：100 万比例尺地形图作了分幅和编号方法的规定，称为国际分幅编号。

国际分幅编号规定，由经度 180°起按经差 6 划分成 60 个纵行，自西向东用阿拉伯数字 1~60 表示；由赤道起向南、北分别按纬差 4 各分成 22 个横列，由低纬向高纬各以大写的拉丁字母 A，B，…，V 标明。每幅图的编号由其所在的横列字母与纵列的数字按先横列后纵行的顺序组成。由于经线收敛于两极，当纬度较高时，经差 6°的实际宽度显得很窄，因此又规定在纬度 60°以上的地区，东西图廓的经差取 12°，纬度 70 以上的地区则取 24°。对于以纬度 88°为图廓的极圈图，则用 Z 表示，图 10-7 所示为北半球的 1：100 万比例尺地图的分幅情况。

为了区别图幅是北半球还是南半球，规定在图号前加 N 或 S 分别表示北或南半球。因我国领域全部位于北半球，故省注 N。例如北京某地的经度为东经 118°24′20″，纬度为 39°56′30″，则所在的 1：100 万比例尺图的图号为 J-50。

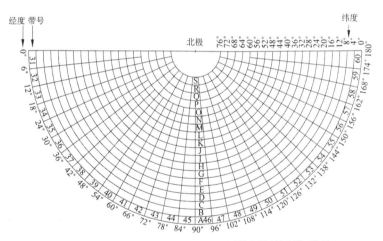

图 10-17　北半球东侧 1：100 万地图的国际分幅与编号

（2）1：50 万、1：25 万、1：10 万比例尺图的分幅与编号：

该范围的地形图都是以 1：100 万地形图的分幅为基准，再进行图的分幅与编号。

一幅 1：100 万地图划分四幅 1：50 万地图，这样 1：50 万的地形图每幅的经差为 3°，纬差为 2°，并分别用 A、B、C、D 表示，其编号是在 1：100 万地形图的编号后加上它本身的序号，如 J-50-A，如图 10-18 所示。

一幅 1：100 万地图分为 16 幅 1：20 万地图(从左至右)，分别用带括号的数字[1]~[16]表示，其编号是在 1：100 万地形图的编号后加上它本身的序号，如 J-50-[2]。

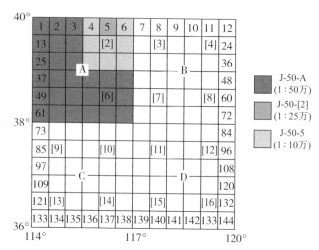

图 10-18 1：50 万、1：25 万、1：10 万比例尺图的分幅与编号

一幅 1：100 万地图划分 144 幅 1：10 万地图（从左至右），这样每幅 1：10 万地图经差为 30′，纬差为 20′。分别用数字 1~144 表示，其编号是在 1：100 万地形图的编号后加上它本身的序号，如 J-50-5。

由上述可知，1：50 万、1：25 万、1：10 万比例尺地形图的分幅和编号都是在 1：100 万比例尺地形图分幅编号的基础上进行的。它们的编号都是在 1：100 万比例尺地形图编号的后面分别加上各自的代号，各自独立地与 1：100 万的图幅编号发生关系，彼此之间无联系。

（3）1：5 万、1：2.5 万、1：1 万比例尺图的分幅与编号：

1：5 万、1：2.5 万、1：1 万的地形图分幅编号是以 1：10 万地形图为基础的，如图 10-19 所示。

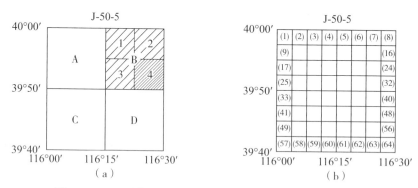

图 10-19 1：5 万、1：2.5 万、1：1 万比例尺图的分幅与编号

每幅 1：10 万的图，划分成 4 幅 1：5 万的图，分别在 1：10 万的图号后写上各自的代号 A、B、C、D，如 J-50-5-B，如图 10-19（a）所示。

每幅 1：5 万的图又可分为 4 幅 1：2.5 万的图，分别在 1：5 万地形图的编号后以 1、

2、3、4 编号，如 J-50-5-B-1，如图 10-19(a)所示。

1∶1 万地形图的编号，是以一幅 1∶10 万地形图划分为 64 幅 1∶1 万地形图，则每幅 1∶1 万地形图得经差为 3′45″，纬差为 2′30″，并分别以带括号的(1)—(64)表示，其编号是在 1∶10 万图号后加上 1∶1 万地图的序号，如 J-50-32-(10)，如图 10-19(b)所示。

(4)1∶5000 比例尺图的分幅与编号：

1∶5000 比例尺地形图的分幅和编号是在 1∶1 万比例尺地形图分幅编号的基础上进行的。每幅 1∶1 万地形图划分为 4 幅 1∶5000 地形图，经差为 1′52.5″，纬差为 1′15″。分别用小写拉丁字母 a、b、c、d 表示，其编号是在 1∶1 万图号后加上它本身的序号，如 J-50-32-(10)-a。

国家基本比例尺地形图分幅编号关系见表 10-5。

表 10-5　　　　　　　　　基本比例尺地形图的图幅大小及其图幅间的数量关系

比例尺	图幅大小		行列数量		图幅间的数量关系						
	经差	纬差	行数	列数							
1∶100 万	6°	4°	1	1	1						
1∶50 万	3°	2°	2	2	4	1					
1∶25 万	1°30′	1°	4	4	16	4	1				
1∶10 万	30′	20′	12	12	144	36	9	1			
1∶5 万	15′	10′	24	24	576	144	36	4	1		
1∶2.5 万	7.5′	5′	48	48	2304	576	144	16	4	1	
1∶1 万	3′45″	2′30″	96	96	9216	2304	576	64	16	4	1
1∶5000	1′52.5″	1′15″	192	192	36864	9612	2304	256	64	16	4

如果知道了某地的地理坐标，则可根据该地的经度、纬度，首先算出包括该地的1∶100 万比例尺地形图的图幅编号。例如已知某地位置为东经 120°09′15″、北纬30°18′10″，则可计算出该地所在的 1∶100 万图幅的编号：

$$\mathrm{int}\left[\frac{1}{4°}(30°18′10″)\right]+1=8$$

$$\mathrm{int}\left[\frac{1}{6°}(120°09′15″)\right]+31=51$$

int 表示取整数运算。横列为 8，代号 H，纵号为 51，所以某地所在 1∶100 万比例尺地形图的编号为 H-51，然后可以根据图 10-18 求出其他比例尺地形图的编号。

2)现行的国家基本比例尺地形图的分幅与编号

为方便计算机管理检索，由中国国家标准化管理委员会、中华人民共和国国家质量监督检验检疫总局于 2012 年发布《国家基本比例尺地形图分幅和编号》(GB/T 13989—2012)国家标准。

在新标准中，1：100 万比例尺地形图的分幅和编号方法仍采用国际地理学会 1：100 万地形图分幅和编号标准，只是将字母和数字间的短线去掉，如北京所在的 1：100 万比尺图的图号为 J50。

1：50 万~1：5000 地形图的编号均以 1：100 万地形图编号为基础，采用行列编号方法由其所在 1：100 万地形图的图号、比例尺代码和各图幅的行列号(按横行从上到下、纵列从到右的顺序分别用 3 位阿拉伯数字表示，不足 3 位者前面补零)共十位码组成，见图 10-20 所示。

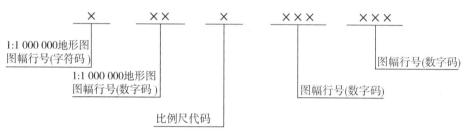

图 10-20　1：50 万、1：2.5 万、1：1 万比例尺图的分幅与编号

各种比例尺地形图的比例尺及代码见表 10-6。

表 10-6　　　　　　　　　　　　　　　　比例尺代码表

比例尺	1：50 万	1：25 万	1：10 万	1：5 万	1：2.5 万	1：1 万	1：5000
代码	B	C	D	E	F	G	H
示例	J50B001002	J50C004005	J50D012011	J50E007016	J50F024005	J50G088021	J50H190190

如果已知某点的地理坐标，则可根据该点的经度、纬度，按照下面的公式计算出该点所在比例尺地形图在 1：100 万地形图图号后的行、列号。

行号 = 4°/纬差 − int(mod(纬度/4°)/纬差)

列号 = int(mod(经度/6°)/经差) + 1

其中，int 表示取整数运算，mod 表示取余数运算。

例如，已知某地位置为东经 120°09′15″、北纬 30°18′10″，1：100 万图幅的编号为 H51，计算其所在 1：10 万、1：1 万比例尺地形图的编号。

在 1：10 万比例尺地形图上：

$$4°/20′ − int(mod(30°18′10″/4°)/20′) = 006$$

$$int(mod(120°09′15″/6°)/30′) + 1 = 001$$

故其 1：10 万地形图的图号为 H51D006001。

在 1：1 万比例尺地形图上：

$$4°/2′30′ − int(mod(30°18′10′/4°)/2′30″) = 041$$

$$int(mod(120°09′15″/6°)/3′45″) + 1 = 003$$

故其 1:1 万地形图的图号为 H51G041003。

2. 地形图的矩形分幅与编号

大比例尺地形图的图幅通常采用矩形分幅，图幅的图廓线为平行于坐标轴的直角坐标格网线。以整千米(或百米)坐标进行分幅，图幅大小见表 10-7。

表 10-7 几种大比例尺地形图的图幅大小

比例尺	图幅大小(cm^2)	实地面积(km^2)	1:5000 图幅内的分幅数
1:5000	40×40	4	1
1:2000	50×50	1	4
1:1000	50×50	0.25	16
1:500	50×50	0.0625	64

矩形分幅图的编号有以下几种方式：

1)按图廓西南角坐标编号

采用图廓西南角坐标公里数编号，x 坐标在前，y 坐标在后，中间用短线连接。1:5000取至千米数；1:2000、1:1000 取至 0.1km；1:500 取至 0.01km。例如，某幅 1:1000比例尺地形图西南角图廓点的坐标 $x=83500m$，$y=15500m$，则该图幅编号为 83.5-15.5。

2)按流水号编号

按测区统一划分的各图幅的顺序号码，从左至右，从上到下，用阿拉伯数字编号。如图 10-21(a)所示，晕线所示图号为 15。

3)按行列号编号

将测区内图幅按行和列分别单独排出序号，再以图幅所在的行和列序号作为该图幅图号。图 10-21(b)中，晕线所示图号为 A-4。

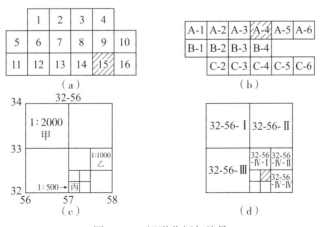

图 10-21 矩形分幅与编号

4）以 1∶5000 比例尺图为基础编号

如果整个测区测绘有几种不同比例尺的地形图，则地形图的编号可以 1∶5000 比例尺地形图为基础。以某 1∶5000 比例尺地形图图幅西南角坐标值编号，如图 10-21（c）中 1∶5000 图幅编号为 32-56，此图号就作为该图内其他较大比例尺地形图的基本图号，编号方法如图 10-21（d）所示。图中，晕线所示图号为 32-56-Ⅳ-Ⅲ-Ⅱ。

10.2　地形图测绘

地形图是将测区内地表的地物和地貌按照一定的投影方式投影至投影面上（参考椭球面），再投影至平面上，经过综合取舍及按比例缩小后，用规定的符号和一定的表示方法描述成的正射投影图。在当前测图实践中，大面积的大比例尺地形图一般采用航测法成图，其他情况下则主要采用全站仪全野外数据采集法测图，传统的大平板测图法、小平板与经纬仪联合测图法、经纬仪与半圆仪联合测图法在一定环境中也还有应用。

本节将介绍传统的地形图测绘基本步骤与方法。

10.2.1　测图前的准备工作

要完成地形图测量任务，测图前必须进行必要的准备工作。首先应整理本测区的控制点成果及测区内可利用的资料，勾绘出测图范围。按坐标以一定的比例尺绘制整个测区的展点网图，并在网图上绘注测区中图的分幅和编号。然后定出本测区的施测方案和技术要求。

对测图用的仪器应进行检验与校正，其他必要的测量工具应准备齐全。

除此之外，还应着重做好测图板的准备工作，包括图纸的准备，绘制坐标方格网及展绘控制点等工作。

1. 图纸的准备

为了保证测图的质量，应选择质地较好的图纸。对于临时性测图，可将图纸直接固定在图板上进行测绘；对于需要长期保存的地形图，为了减少图纸变形，测图时，应将图纸裱糊在锌板、铝板或胶合板上。

测绘部门大多采用聚酯薄膜，其厚度为 0.07～0.1mm，表面经打毛后，便可代替图纸用来测图。聚脂薄膜具有透明度好、伸缩性小、不怕潮湿、牢固耐用等优点，如果表面不清洁，还可用水洗涤，并可直接在底图上着墨复晒蓝图。但聚酯薄膜有易燃、易折和老化等缺点，故在使用保管过程中应注意防火防折。

2. 绘制坐标格网

控制点是根据其直角坐标值 x、y 展绘在图纸上的，为了准确地将图根控制点展绘在图纸上，首先要在图纸上精确地绘制 10cm×10cm 的直角坐标格网。绘制的方法通常有对角线法和坐标格网尺法等。

1）对角线法

如图 10-22 所示，先在图纸上画出两条对角线，以其交点 M 为圆心，取适当长度为半径画弧，在对角线上相交，得 A、B、C、D 点，用直线连接各点，得矩形 $ABCD$。再从 A、D 两点起各沿 AB、DC，每隔 10cm 定一点；从 A、B 两点起各沿 AD、BC，每隔 10cm 定一点，连接各对应边的相应点，即得坐标格网。

坐标格网画好后，要用直尺检查各方格网的交点是否在同一直线上，如图 10-22 所示，其偏离值不应超过 0.2mm；用比例尺检查方格网的边长，其值与理论值相差不应超过 0.2mm；方格网对角线长度误差不应超过 0.3mm。如超过限差，应重新绘制。

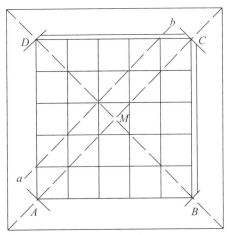

图 10-22 对角线法绘制方格网

2）坐标格网尺法

坐标格网尺是一种特制的金属直尺，尺上每隔 10cm 有一小孔，孔内有一倾斜面。左端第一孔的斜面下边缘为一直线，斜面上刻一细线，细线与斜面边缘的交点为尺的零点，其余各孔斜边和尺末端的斜边均是以零点为圆心，分别以 10，20，…，50 及 70.711cm 为半径的圆弧线，70.711cm 是边长为 50cm 的正方形对角线的长度。

用坐标格网尺绘制坐标格网的步骤如图 10-23 所示。先将直尺放在图纸下方的适当位置，沿尺边画一直线，将尺放在直线上，在线上定出直尺零点位置，再沿各孔斜边画弧线与直线相交；并定出 B 点，如图 10-23（a）所示。然后将直尺放在与 AB 线约成 90°的位置，并将直尺零点对准 B 点，如图 10-23（b）所示，沿各孔画弧线。再把直尺放到图 10-23（c）所示位置，置直尺零点对准 A，旋转直尺，使直尺末端与 B 点上方第一条弧线相交得交点 C，连接 BC，即得方格网右边线。同法；将直尺分别放到图 10-23（d）（e）所示位置，就可画出格网的左边线及上边线。连接对边各相应点，即成为边长 10cm 的坐标格网，如图 10-23（f）所示。坐标格网绘好后，也应按照上述检查方法进行检查。

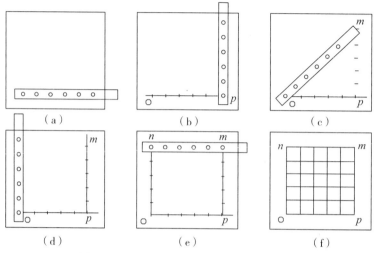

图 10-23　坐标格网尺法绘制方格网示意图

3. 展绘控制点

展点前，应根据测区所在图幅的位置，将坐标格网线的坐标值标注在相应格网边线的外侧。展点时，先要根据控制点的坐标确定其所在的方格。如控制点 A 的坐标 $x_A =$ 667.45m，$y_A = 654.62$m，根据 A 点的坐标值即可确定其位置在 $plmn$ 方格内。再按 y 坐标值分别从 l、p 点按测图比例尺向右各量 54.62m，得 a、b 两点。同法，从 p、n 点向上各量 67.45m，得 c、d 两点。连接 a、b 和 c、d，其交点即为 A 点的位置。同法将图幅内所有控制点展绘在图纸上，并在点的右侧以分数形式注明点号及高程，如图 10-24 中 1，…，5 等点。

控制点展绘后，应进行校核。方法是用比例尺量出各相邻控制点之间的距离，与相应的实地距离比较，其图纸上的尺寸差值不应超过图上 0.3mm。

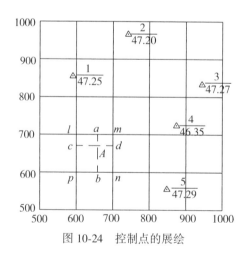

图 10-24　控制点的展绘

10.2.2 碎部点的选择

地形图是根据测绘在图纸上的碎部点来勾绘的，因此碎部点的正确选择是保证成图质量和提高测图效率的关键。碎部点应选在地物和地貌的特征点上。

选择碎部点的若干要点归纳如下：

（1）地物特征点就是决定地物形状的地物轮廓线上的转折点、交叉点、弯曲点及独立地物的中心点等。例如房屋的房角，河流、道路的方向转变点，道路交叉点等，连接有关特征点，便能绘出与实地相似的地物形状，如图 10-25 所示。

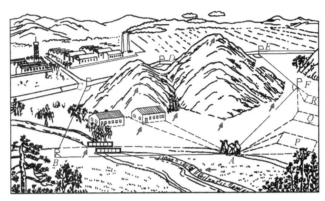

图 10-25　地物特征点选择示意图

（2）对于地貌特征点来说，应选择在最能反映地貌特征的山脊线、山谷线等地性线上，如山顶、鞍部、山脊、山脚、谷底、谷口、沟底、沟口、洼地、台地、河川湖池岸旁等的坡度和方向变化处，如图 10-26 所示。

图 10-26　地貌特征点选择示意图

（3）在进行地形图测绘时，立尺员必须正确选定地形特征点，如山头、鞍部、山脊线和山谷线上方向或坡度变化处的点。如果某处的地面坡度变化甚小，地性线的方向也没有变化，但每隔一定的距离，也要测定地形点，使其均匀分布，这样才能较精确地绘制等高线。进行大比例尺测图时，地形点间距的规定见表 10-9。为了能如实地反映地面情况，即使在地面平坦或坡度变化不大的地方，每相隔一定距离也应立尺。地形点密度和它离测站的最大距离，是随测图比例尺的大小和地形变化情况而定，见表 10-8、表 10-9。

表 10-8　　　　　　　　　　　碎部点的密度和最大视距长度

测图比例尺	地形点间隔（图上 cm）	测站到地形点最大视距长度（m）
1∶500	1~3	70
1∶1000	1~3	120
1∶2000	1~3	200
1∶5000	1~1.5	300

表 10-9　　　　　　　　　　　　　地形点间距规定

比例尺	地形点间距（m）
1∶500	15
1∶1000	30
1∶2000	50

10.2.3　碎部测量方法

传统的小平板与经纬仪联合测图法，简称经纬仪测图法，是按极坐标法定位的解析测图法。在控制测量结束后，在图根控制点上安置经纬仪（设立测站）来测定其周围地物、地貌特征点（碎部点）的平面位置和高程，并按比例尺缩绘成图。

经纬仪测图法工作步骤如下：

1. 安置仪器

如图 10-27 所示，将经纬仪安置在测站点（图根控制点）A 上，对中、整平，量出仪器高度 i。瞄准另一图根控制点 B，设置水平度盘读数为 $0°00'00''$。

将小平板仪安置在测站附近，使图纸上控制边方向与地面上相应控制边方向大致一致。连接图上相应控制点 a、b，并适当延长 ab 线，ab 即为图上起始方向线。然后用小针通过量角器圆心的小孔插在 a 点，使量角器圆心固定在 a 点上。

2. 立尺

在立尺之前，立尺员应根据实地情况及本测站实测范围，选定立尺点，并与观测员、绘图员共同商定跑尺路线。然后依次将视距尺立在地物、地貌的特征点上。

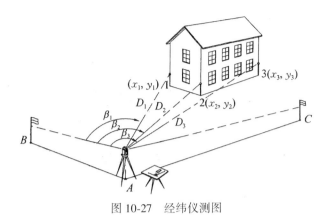

图 10-27 经纬仪测图

3. 观测

观测员转动经纬仪照准部，瞄准 1 点视距尺，读取下、上、中三丝读数，而后读取竖盘读数和水平角，同法观测 2、3、……各点。在观测过程中，应随时检查定向点方向，其归零差不应超过 4′，否则，应重新定向，并检查已测的碎部点。

4. 记录及计算

将测得的下、上、中三丝读数、竖盘读数及水平角依次填入手簿。对于有特殊作用的碎部点，如房角、山头、鞍部等，应在备注中加以说明，以备必要时查对和作图。

依测得数据按视距测量计算公式计算水平距离 D 和高差 h，并算出碎部点的高程。碎部测量观测记录手簿见表 10-10。

表 10-10 　　　　　　　　　　　**碎部测量记录手簿**

_____测区　　　　观测者_____　　　　　记录者_____

_____年_____月_____日　　　　天气_____　　　测站 A，方向 B　　　测站高程 46.54m

仪器高 $i = 1.42$m　　　　乘常数 100　　　加常数 0　　　指标差 $x = 0$

测点	水平角 ° ′ ″	尺上读数(m) 中丝	尺上读数(m) 下丝 上丝	视距间隔 l (m)	竖直角 ° ′	竖直角 ° ′	高差 (m)	水平距离 (m)	测点高程 (m)	备注
1	43 44 00	1.42	1.520 1.300	0.220	88 06	+1 54	+0.73	22.00	42.27	
2	56 43 00	2.00	2.871 1.128	1.743	92 32	−2 32	−8.28	174.00	38.26	
3	175 11	1.42	2.000 0.895	1.105	72 19	+17 41	+33.57	105.30	80.11	

213

5. 展绘碎部点

用半圆量角器(直径有 18cm、22cm 等几种)和比例尺，按极坐标法将碎部点缩绘到图纸上。方法是：用细针将量角器的圆心插在图上测站点 A 处，转动量角器，将量角器上等于水平角值的刻划线对准起始方向线 ab，如图 10-28 所示。此时量角器的零方向便是碎部点的方向。然后在零方向线上，根据测图比例尺按所测的水平距离定出点 1 的位置，并在点的右侧注明其高程。同法，将其余各碎部点的平面位置及高程绘于图上。

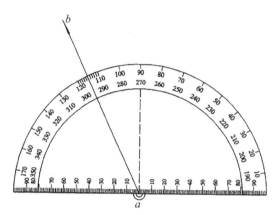

图 10-28　量角器展绘碎部点的方向

碎部测量要遵循"随测随算随绘"的原则。测绘部分碎部点后，在现场参照实际情况，在图上勾绘地物轮廓线。对于每个地形地貌点，还必须测定其高程，注记于点旁。并且用一定的临时性线条标明是山脊线、山谷线或是山脚线(例如，用点划线表示山脊线，用虚线表示山谷线)，用临时性符号标明山头和鞍部等，以便于正确绘制等高线。待等高线绘制完成后，可去掉这些临时性的线条和符号。

6. 绘制地物与勾绘等高线

碎部测量完成后，将碎部点展绘到图纸上，就需要对照实地随时描绘地物和等高线。地物要按《地形图图式》规定的符号表示。而地貌部分主要用等高线来表示。在地形图上，为了能详尽地表示地貌的变化情况，又不使等高线过密而影响地形图的清晰，必须按规定的基本等高距绘制等高线，等高距的选择与测图比例尺和地面坡度有关(参见表 10-4)。对于不能用等高线表示的特殊地貌，如悬崖、峭壁、土坎、土堆、冲沟等，应按地形图图式所规定的符号表示。

勾绘等高线时，首先轻轻描绘出山脊线、山谷线等地性线(如图 10-29 中虚线所示)。接着，由于各等高线的高程是等高距的整倍数，而测得的碎部点的高程往往不是等高距的整倍数，因此，必须在相邻点间用内插法定出等高线通过的点位。由于碎部点是选在地面坡度变化处，因此相邻点之间可视为均匀坡度。这样可在两相邻碎部点的连线上，按平距与高差成比例的关系，内插出两点间各条等高线。如图 10-30 中 A、B 两点的高程分别为

59.5m 和 63.7m, 两点间距离由图上量得为 21mm, 当等高距为 1m 时, 就有 63m、62m、61m、60m 四条等高线通过。内插时先算出一个等高距在图上的平距, 然后计算其余等高线通过的位置。用同样的方法定出其他相邻两碎部点间等高线应通过的位置。最后, 将高程相同的点连成平滑曲线, 即为等高线。

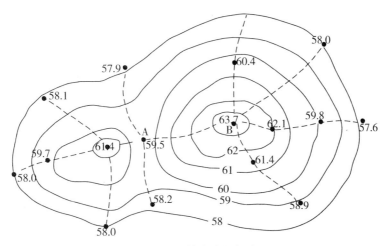

图 10-29　等高线的勾绘

勾绘等高线时, 要对照实地情况, 先画计曲线, 后画首曲线, 并注意等高线通过山脊线、山谷线的走向。

在实际工作中, 根据内插原理一般采用目估法勾绘。如图 10-30 所示, 先按比例关系估计 A 点附近 60m 及 B 点附近 63m 等高线的位置, 然后三等分求得 62m、61m 等高线的

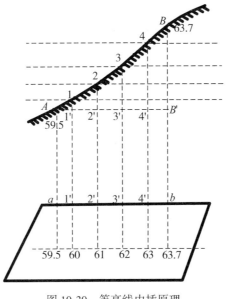

图 10-30　等高线内插原理

位置，如发现比例关系不协调时，可进行适当的调整。

为了检查测图质量，仪器搬到下一测站时，应先观测前站所测的某些明显碎部点，以检查由两个测站测得该点平面位置和高程是否相同，如相差较大，则应查明原因，纠正错误，再继续进行测绘。

10.3　地形图的拼接、检查与整饰

在大区域内测图，地形图是分幅测绘的。为了保证相邻图幅的互相拼接，每一幅图的四边都要测出图廓外 0.5cm～1cm。测完图后，还需要按测量标准或规范要求对图幅进行拼接、检查与整饰，方能获得符合要求的地形图。

10.3.1　地形图的拼接

测区面积较大时，整个测区必须划分为若干幅图进行施测。这样，在相邻图幅连接处，由于测量误差和绘图误差的影响，无论是地物轮廓线，还是等高线往往不能完全吻合（如图 10-31 所示）。相邻左、右两图幅相邻边的衔接情况，房屋、河流、等高线都有偏差。拼接时用宽 5～6cm 的透明纸蒙在左图幅的接图边上，用铅笔把坐标格网线、地物、地貌描绘在透明纸上，然后再把透明纸按坐标格网线位置蒙在右图幅衔接边上，同样用铅笔描绘地物和地貌；当用聚酯薄膜进行测图时，不必描绘图边，利用其自身的透明性，可将相邻两幅图的坐标格网线重叠；若相邻处的地物、地貌偏差不超过规定的要求时，则可取其平均位置，并据此改正相邻图幅的地物、地貌位置。

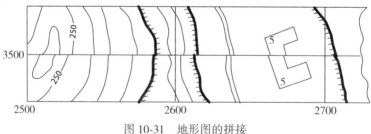

图 10-31　地形图的拼接

图的接边误差不应大于规定的碎部点平面位置、高程中误差的 $2\sqrt{2}$ 倍。在大比例尺测图中，关于碎部点(地物点与等高线内插求点)平面位置及高程的中误差规定见表 10-11。

表 10-11　地形图的高程、平面位置中误差

地形类别	高程中误差(等高距)	平面中误差(图上 mm)	备　注
平　地	1/3	±0.4	森林、隐蔽等特殊地区，可放宽 50%
丘　陵	1/2	±0.4	
山　地	2/3	±0.6	
高山地	1	±0.6	

10.3.2　地形图的检查

为了确保地形图质量，除施测过程中加强检查外，在地形图测完后，必须对成图质量作一次全面检查。检查工作包括：室内检查、外业检查和测站校核等。

（1）室内检查的内容有：观测和计算手簿的记载是否齐全、清楚和正确，各项限差是否符合规定；图上地物、地貌是否清晰易读；各种符号注记是否正确，等高线与地形点的高程是否相符，有无矛盾可疑之处，图边拼接有无问题等。如发现错误或疑点，应到野外进行实地检查修改。

（2）外业检查的内容有：首先进行巡视检查，根据室内检查的情况，有计划地按照巡视路线进行实地对照查看。主要查看原图的地物、地貌有无遗漏；勾绘的等高线是否逼真合理，符号、注记是否正确等。野外巡视检查中，对于发现的问题应及时处理，必要时应重新安置仪器进行检查并予以修正。

（3）测站校核：根据室内检查和野外检查发现的问题到野外设站检查，除对发现的问题进行修正和补测外，还要对测区内的主要地物和地貌或一些怀疑点、图幅的四角或中心地区等区域进行抽样设站检查，看看原图是否符合要求。仪器检查量一般为每幅图的10%左右。

10.3.3　地形图的整饰

当原图经过拼接和检查后，还应按《地形图图式》的规定对地物、地貌进行清绘和整饰，使图面更加合理、清晰、美观。

整饰的顺序是先图内后图外；先地物后地貌，先注记后符号。图上的注记、地物以及等高线均按规定的图式进行注记和绘制，但应注意等高线不能通过注记和地物。最后，应按图式要求写出图名、图号、比例尺、坐标系统及高程系统、施测单位、测绘者及测绘日期等。如是地方独立坐标系，还应画出真北方向。

◎　思考题

1. 何为地形图比例尺？何为比例尺精度？
2. 何为地形图图式？何为比例符号、非比例符号和半比例符号？
3. 什么是等高线？等高线有什么特性？什么是山脊线和山谷线？
4. 何为等高距、等高线平距和地面坡度？它们三者之间的关系如何？
5. 何为梯形分幅？何为矩形分幅？各适用于哪些比例尺地形图？
6. 试述经纬仪测绘法测图的工作步骤。
7. 地形图上的地物符号分为哪几类？试举例说明。
8. 何为图根控制测量？有哪些主要内容？
9. 什么是地物特征点、地貌特征点？它们在测图中有何用途？
10. 什么是坡度？试写出计算坡度的公式。
11. 在图 10-32 中用实线绘出山脊线，用虚线绘出山谷线。

图 10-32

12. 根据图 10-33 中各碎部点的平面位置和高程，其中虚线表示为山谷线，点划线表示为山脊线，试勾绘等高距为 5m 的等高线。(图中黑色三角表示山顶，虚线圆圈表示鞍部)

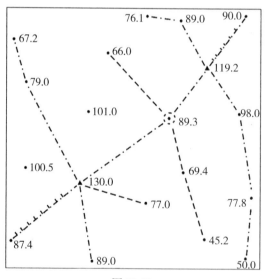

图 10-33

第11章 数 字 测 图

11.1 数字测图概述

11.1.1 数字测图的概念

数字地形图有别于传统的地形图，其借助计算机软件系统实现对地形图要素的表达和管理，是地图的数字存在。数字地图以数字形式存储全部地形、地理信息，且地图要素分层显示，图形信息量大，是各类地理信息系统的基础地理数据。相较于传统测量的纸质成果，数字地形图有更多的存储和表现形式。数字地形图按数据结构分为矢量式、栅格式和矢栅混合式三大类，目前常见的有数字高程模型(digital elevation model，DEM)、数字线化地图(digital line graphic，DLG)、数字栅格地图(digital raster graphic，DRG)和数字正射影像图(digital orthophoto map，DOM)。

数字测图实质上是一种全解析机助测图方法，在地形测量发展过程中这是一次根本性的技术变革。传统的图解法测图，图纸是地形信息的唯一载体；数字测图地形信息的载体是计算机的存储介质，极大地方便了地形数据的编辑、传输及成果共享，并能为 GIS 建设提供基础资料。

数字测图的基本原理是采集地面上地物、地貌特征点的三维坐标以及描述其性质与相互关系的信息，借助计算机绘图系统编辑、处理，生成内容丰富的电子地图，并能根据需要显示、输出地形图和各种专题图。广义的数字测图包括：利用全站仪或其他测量仪器进行野外地面数字测图；利用手扶数字化仪或扫描数字化仪对纸质地形图的数字化；利用航摄、遥感像片进行数字化测图等技术。狭义的数字测图指野外地面数字测图。

11.1.2 数字测图系统与数字测图作业过程

数字测图是通过数字测图系统来实现的。数字测图系统是以计算机为核心，在外接输入、输出硬件和软件设备的支持下，对地面地形空间数据进行采集、输入、处理、绘图、输出和管理的测绘系统。数字测图系统主要由地形数据采集系统、数据处理与成图系统、图形输出三部分组成。广义的数字测图系统如图 11-1 所示。

数字测图的作业过程包括三个基本阶段：数据采集、数据处理与图形生成、图形输出。

1. 数据采集

数字测图系统因空间数据来源不同，数据采集采用的仪器和方法不同，目前主要有以

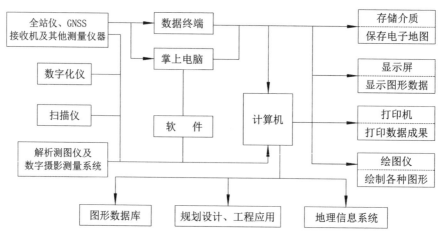

图 11-1 数字测图系统

下几种方式。

1）野外数据采集

野外数据采集是通过全站仪或 GNSS-RTK 接收机在野外实地采集地形特征点的平面位置和高程，同时利用电子手簿、仪器内部存储器或掌上电脑记录，再传入计算机中。每个特征点的记录内容包括：点号、平面坐标、高程、属性编码、与其他点间的连接关系等。由于采用全站仪或 GNSS-RTK 直接测点是地形测图方法中精度最高的一种，因此这种测图方式是目前城市大比例尺数字测图中最常采用的测图方式。

2）原图数据采集

对于已有纸质地形图的地区，如果纸质地形图现势性好，图面表示清楚、正确，图纸变形小，则可采用数字化仪和扫描仪，借助地图数字化软件对原图地形特征进行逐点采集。这种方法获取的数字化图精度一般低于原图，主要应用于计算机存档、图纸更新、修测，也可以作为建立 GIS 时数据录入的重要手段。

3）数字摄影测量

数字摄影测量也称航空数字测图，是以航空相片或遥感影像作为数据源，利用摄影测量原理，借助解析测图仪或全数字化摄影测量系统采集地形特征点的地形信息。航空数字测图适合大面积，以及中、大比例尺地形图的测绘和更新，是当前城市地形测量的重要手段和先进方法。

2. 数据处理与图形生成

数据处理涵盖整个数字测图的全过程，数据处理的主要工作是在数据采集以后对图形数据进行各种处理，具体包括数据预处理、数据转换、数据计算等。数据预处理包括坐标变换、各种数据资料的匹配、不同结构数据的转换等。数据转换内容很多，如观测记录数据转换为坐标数据，无码数据转换为带编码的数据等。数据计算则主要针对地貌关系，还包括消除非直角化误差等。数据处理的目的是为生成图形文件，无论是数据处理还是图形生成都需要借助数字化成图软件实现。数字测图系统的优劣，取决于提供数据处理的核心软件。

3. 图形输出

采集的数据经由成图软件处理后,即可得到符合规范与《地形图图式》要求的数字地形图,也就是形成图形文件。对于数字地图,可以将其转换成 GIS 的图形数据,建立和更新 GIS 图形数据库;可以以数字地图为基础,编制各种专题地图,满足不同用户的需要;也可以采用绘图仪、图形显示器、打印机等设备显示和输出地形图。

11.1.3 数字测图的作业模式

数字测图的作业模式是数字化测图作业方法、作业流程的总称。数字测图大体包含两类工作:一是借助仪器设备完成地形和地理要素的采集(外业);二是借助计算机绘图系统实现采集要素的数字化管理(内业)。因作业流程设计、数据采集使用仪器和方法的不同,数字测图有不同的作业模式。就目前我国数字测图作业中出现的方法来看,大致可分为以下几种模式,即地面数字测图模式、原图数字化成图模式和航空数字测图模式。

1. 地面数字测图模式

地面数字测图模式包括数字测记模式和电子平板测绘模式。

1)数字测记模式

数字测记模式是一种野外数据采集、室内成图的作业方法。根据使用设备的不同,可将其进一步分为全站仪测记式和 RTK 测记式。

全站仪测记式是目前外业数据采集中较为经济、经常使用的手段,也为绝大多数内业数据处理软件支持。该模式利用全站仪实地测取碎部点的三维坐标并自动记录到仪器或存储器中,在室内经过数据通信将仪器中的数据传输给计算机,由人工编辑或自动绘图。该模式适合城镇居民区、树木密集区测图和小范围工程测图。

RTK 测记式采用 GNSS-RTK 定位技术,实地测定碎部点的三维坐标并自动记录信息,这种测量模式无须测站点与碎部点通视,外业数据采集方便、快捷,内业处理模式与全站仪测记模式相同。但 RTK 采集数据由于受到高大建筑物和树木遮挡卫星的影响,在城镇居民区、树木密集区测图受到一定的限制,在非居民区、地表植被较矮小或稀疏区域的测图中,效率较全站仪数据采集要高。

2)电子平板模式

电子平板模式是融合位置采集设备(全站仪等)、计算机系统、测图软件为一体的外业测图模式。这种模式通过计算机及测图软件模拟平板测图的过程,在野外直接获取碎部点坐标的同时,完成绝大部分测图工作,实现数据采集、数据处理、图形编辑同步完成,实现内外业一体化"即测即显,所见所得"。这种成图模式能在现场及时发现并纠正测量错误,但对设备的要求比较高。随着计算机技术的发展,嵌入式设备已经取代了笔记本,使得电子平板作业变得更加方便、实用。

电子平板按照计算机所在位置,区分为测站电子平板和镜站电子平板。测站电子平板将装有测图软件的计算机直接与全站仪相连,在测站上实时地完成边测边绘工作。但这种模式受视野限制，不能准确判断碎部点的属性和相互间的关系。镜站电子平板将计算机放在镜站，测量作业时，计算机随立镜者同行，仪器每观测一个点，就通过发射装置传送给计算机，测图软件操作人员就可以在现场根据实际情况进行连线构图，不必再绘制观测草图或现场反复核查，实现了观测效率和观测质量的双重提高。特别是，如果将测站端观测设备变为测量机器人，就能实现单人测图系统。

2. 原图数字化成图模式

原图数字化也称地图数字化，是利用数字化仪或扫描仪对已有地形图进行数字化。数字化仪是通过跟踪的方式完成对现势性好的地形图的地形特征点、线的数据采集，这种作业模式是我国 20 世纪 80 年代末和 90 年代初主要的数字成图方法。扫描数字化即先用扫描仪对原图进行扫描后得到栅格图形，再用矢量化软件将栅格图形转换成矢量图形，这种作业模式速度快、劳动强度小，而且精度几乎没有损失。地图数字化目前主要用于计算机存档、图纸更新、修测。

3. 航空数字测图模式

航空数字测图是以航天航空摄影、低空无人机拍摄获得的立体相对为数据源，采用解析测图仪或全数字化摄影测量系统采集地形特征点的数据，并自动传输到计算机，经软件处理，自动生成数字地形图，并由数控绘图仪输出的作业模式。航空数字测图适合大面积中、大比例尺地形图测制和更新。作为一种工作量小，成图速度快的数字测图模式，它已成为我国基本比例尺地形图测绘的主要方法。

以上作业模式是目前最常用到的几种数字测图作业方法，当然，随着科学技术和电子信息技术的不断发展，更多快速数据采集设备的涌现如三维激光扫描仪、车载移动测量系统等，为数字测图作业模式提供了更多选择。但无论哪种作业模式，都有其各自特点，在实际作业过程中，应针对测区实际情况合理选择拟使用的作业方法，以期取得最大的经济效益和社会效益。

11.2　图根控制测量

直接为测绘地形图而实施的控制测量称为图根控制测量，其控制点称为图根控制点，简称图根点。当测区高级控制点密度不能满足大比例尺测图需要时，应布设适当数量的图根控制点来满足测图需要。目前，图根控制测量宜在各等级控制点下进行，主要采用卫星定位测量(包括单基站 RTK 及网络 RTK 测量)和全站仪三维导线测量实施，还可采用全站仪极坐标法(辐射法)和全站仪后方交会任意设站法加密。

11.2.1　图根控制点的精度要求和密度

图根点的精度要求是：根据《城市测量规范》(CJJ/T 8—2011)，图根点点位中误差和高程中误差应符合表 11-1 的规定。当基本等高距为 0.5m 时，应采用图根(等外)水准测量方法，或全站仪三角高程测量和卫星定位测量方法测定图根点高程。

表 11-1　　　　　　　　　　　图根点点位中误差和高程中误差

中误差	相对于图根起算点	相对于邻近图根点	
点位中误差	≤图上 0.1mm	≤图上 0.3mm	
高程中误差(m)	≤1/10×H	平地	≤1/10×H
		丘陵地	≤1/8×H
		山地、高山地	≤1/6×H

注：H 为基本等高距。

图根点密度应根据测图比例尺和地形条件确定，平坦开阔地区图根点密度宜符合表 11-2 的规定。地形复杂、隐蔽及城市建筑区，图根点密度应满足测图需要，并宜结合具体情况加密。

表 11-2　　　　　　　　　　　平坦开阔地区图根点的密度

测图比例尺	1：500	1：1000	1：2000
图根控制点的密度(点数/km²)	64	16	4

11.2.2　图根控制测量方法

图根控制测量包含图根平面控制测量和图根高程控制测量两部分，可同时进行，也可分别施测。

1. 图根平面控制测量

图根平面控制测量可采用图根电磁波测距导线方法、GNSS 方法等测定，局部地区控制点的加密可采用交会定点法。

1）图根电磁波测距导线

图根电磁波测距导线应布设成附合导线、闭合导线或导线网，其主要技术指标见表 11-3。

图根导线的附合不宜超过两次，在个别极困难地区，可附合三次。因地形限制，图根导线无法附合时，可布设支导线，但不应多于 4 条边，长度不应超过表 11-3 规定的 1/2，最大边长不应超过表 11-3 规定的平均边长 2 倍，转折角和边长必须往返观测。

表 11-3　　　　　　　　　　　图根光电测距导线测量的技术要求

适用比例尺	附合导线长度(m)	平均边长(m)	导线相对闭合差	测角测回数 DJ6	方位角闭合差(″)
1：500	900	80			
1：1000	1800	150	≤1/4000	1	≤±40√n
1：2000	3000	250			

注：n 为测站数。

2）GNSS 图根平面控制

用 GNSS 方法测定图根点平面坐标可采用静态、快速静态以及 GNSS-RTK 定位方法，作业要求应按《卫星定位城市测量技术标准》(CJJ/T—2019)执行。GNSS 网可采用多边形环、附合路线和插点等形式；GNSS 外业观测应采用精度不低于(10mm+2ppm×D)的各种单频或双频 GNSS 接收机，卫星截止高度角 10°，历元间隔 20s；GNSS 网平差计算采用与地面数据联合平差的方式进行。

3）图根交会定点平面控制

图根交会定点可采用前方交会、测边交会、后方交会等形式。交会定点的角度和距离测量的技术指标可参照图根导线测量。

2. 图根高程控制测量

图根高程控制测量可采用水准测量、电磁波测距三角高程测量和 GNSS 高程测量方法进行。

1）图根水准测量

图根水准可沿图根点布设为附合路线、闭合路线或结点网。图根水准测量应起讫于不低于四等精度的高程控制点上，其技术要求按照表 11-4 规定执行。

表 11-4　　　　　　　　　　　　图根水准测量的技术要求

仪器类型	附合路线长度(km)	i 角(")	视线长度	观测次数	闭合差(mm)	
					平地	山地
DS10	≤8	≤30	≤100	往测一次	$\pm 40\sqrt{L}$	$\leqslant \pm 12\sqrt{n}$

注：L 为水准路线长度(km)，n 为测站数。

图根水准可沿图根点布设为附合路线、闭合路线或结点网。当布设为水准网时，结点与高级点间、结点与结点间的路线长度不应超过 6km。条件困难时，可布设图根水准支线，但其长度不应超过 4km，且必须往返观测。

2）电磁波测距三角高程测量

图根电磁波测距三角高程路线应起讫于不低于四等的水准点上，路线中各边应对向观测，其主要技术指标见表 11-5。

表 11-5　　　　　　　　　　　　图根三角高程测量的技术指标

仪器类型		角度观测	距离观测	指标差互差(")	垂直角较差(")	对向观测高差较差(m)	三角高程路线闭合差(mm)
测角	测距						
DJ6	Ⅱ级	对向 1	单程 1	25	25	0.4×S	$\leqslant \pm 40\sqrt{L}$

注：S 为边长(km)，L 为水准路线长度(km)。

进行图根电磁波测距三角高程测量时，应在观测前后分别用小钢卷尺精确量取仪器高和棱镜高，两次量取高度的较差小于 3mm 时取中数。计算高差时，应考虑地球曲率和大气折光的影响。

3. GNSS 图根高程测量

采用 GNSS 方法布设图根高程控制点，可联测不低于四等水准的高程点，通过拟合的方法确定图根控制点的高程，联测高程点数应不少于 5 点，且均匀分布在网中。

11.3　野外数据采集

11.3.1　准备工作

为了顺利完成某一测区的数字测图任务，测图前除了要编写数字测图技术设计书，进行测区踏勘和控制测量外，还要做好下列准备工作。

1. 仪器器材与资料准备

实施数字测图前，应根据作业单位的具体情况和相应的作业方法准备好仪器、器材、工作底图、控制成果和技术资料。若使用全站仪采集数据，仪器和器材主要包括全站仪、三脚架、对中杆、棱镜、对讲机、充电器、电子手簿或计算机、备用电池、通信电缆、皮尺、小钢尺等。出测前应为全站仪、对讲机充足电。若使用 RTK 采集数据，仪器、器材主要包括 GNSS 接收机 N 套、三脚架、RTK 手簿、对中杆、天线、小钢尺、备用电池等。

目前，在野外利用数字测图系统进行数据采集时，当采用测记式时，要求绘制较详细的草图。绘制草图采取现场绘制，也可以在工作底图上进行，底图可以用旧地形图、晒蓝图或航片放大影像图。若采用简码作业或者电子平板测图，可省去绘制草图，但绘图员必须提前熟悉简码和操作菜单。在数据采集之前，最好提前将测区的全部已知成果输入电子手簿、全站仪或计算机，以方便调用。

2. 测区划分

为了便于多个作业组作业，在野外采集数据之前，通常要对测区进行"作业区"划分。数字测图不需按图幅测绘，而是以道路、河流、沟渠、山脊线等明显线状地物为界，将测区划分为若干作业区，分块测绘。对于地籍测量来说，一般以街坊为单位划分作业区。分区的原则是各区之间的数据(地物)尽可能独立(不相关)，并各自测绘各区边界的路边线或河边线。对于跨区的地物，如电力线等，应测定其方向线，供内业编绘。

3. 人员配备

测图方法和测图工作量不同，人员配备也不一样。一个作业小组一般需配备：无码作业时，测站观测员(兼记录员)1 人，镜站跑尺员 1~3 人，领尺(绘草图)员 1 人；简码作业时，观测员 1 人，镜站跑尺员 1~2 人；电子平板作业时，观测员 1 人，绘图员 1 人(也可以由观测员承担)，镜站跑尺员 1~3 人。领尺员负责画草图或记录碎部点属性。内业绘图一般由领尺员承担，故领尺员是作业组的核心成员，需技术全面的人担任。

11.3.2 全站仪测定碎部点的基本方法

从理论上讲，数字测图要求先确定所有碎部点的坐标及记录碎部点的绘图信息（即数据采集），才能利用计算机自动成图。在野外数据采集中，若用全站仪测定所有独立地物的定位点及线状地物、面状地物的转折点（统称碎部点）的坐标，不仅工作量大，而且有些点无法直接测定。因此，必须灵活运用"测算法"，通过测算结合来确定碎部点坐标。

碎部点坐标"测算法"的基本思想是：在野外数据采集使用全站仪时适当采用仪器法（主要是极坐标法）测定一些"基本碎部点"，再用勘丈法（只丈量距离）测定一部分碎部点的位置，最后充分利用直线、直角、平行、对称、全等几何特征，在室内计算出所有碎部点的坐标。

下面介绍几种常用的碎部点测算方法。

1. 仪器法

1）极坐标法

极坐标法是测量碎部点最常用的方法。如图 11-2 所示，Z 为测站点，O 为定向点，P_i 为待求点。在 Z 点安置好仪器，量取仪器高 I，照准 O 点，读取定向点 O 的方向值 L_0（常配置为零，以下设定向点的方向值为零）；然后照准待求点 P_i，照准镜高为 V_i，方向值读数为 L_i；再测出 Z 至 P_i 点间的斜距 S_i 和竖直角 R_i（全站仪大部分以天顶距 T_i 表示，$T_i = 90° - R_i$），水平距离 $D_i = S_i\cos R_i$，则待定点坐标和高程可由式（11-1）求得，即

$$\begin{cases} X_i = X_Z + D_i\cos\alpha_{Zi} \\ Y_i = Y_Z + D_i\sin\alpha_{Zi} \\ H_i = H_Z + S_i\cos T_i + I - V_i \text{ 或 } H_i = H_Z + D_i\tan R_i + I - V_i \end{cases} \quad (11\text{-}1)$$

式中，$\alpha_{Zi} = \alpha_{ZO} + L_i$，其中 α_{Zi} 为 ZP_i 方向的坐标方位角，α_{ZO} 为 ZO 方向的坐标方位角。

2）直线延长偏心法

当待求点与测站点不通视或无法立镜时，可使用偏心观测（如直线延长偏心法、距离偏心法、角度偏心法等）间接测定碎部点的点位。其中，直线延长偏心法是最常用的方法，偏心法对高程无效。

如图 11-3 所示，Z 为测站点，欲测定 B 点，但 Z、B 间不通视。此时可在地物边线方向找 B'（或 B''）点作为辅助点，先用极坐标法测定其坐标，再用钢尺量取 BB'（或 BB''）的距离 d，即可求出 B 点的坐标。

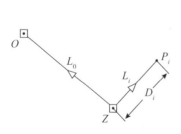

图 11-2 极坐标法

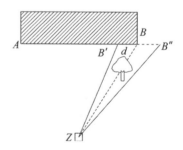

图 11-3 直线延长偏心法

$$\begin{cases} X_B = X'_B + d \times \cos\alpha'_{AB} \\ Y_B = Y'_B + d \times \sin\alpha'_{AB} \end{cases} \tag{11-2}$$

式中，α'_{AB} 为 AB' 方向的方位角。

3）距离偏心法

如图 11-4 所示，欲测定 B 点，但 B 点（电线杆中心）不能立标尺或反光镜，可先用极坐标法测定偏心点 B_i（水平角读数为 L_i，水平距离为 D_{ZBi}），再丈量偏心点 B_i 到目标点 B 的水平距离 d，即可求出目标点 B 的坐标。

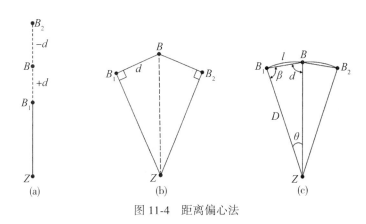

图 11-4　距离偏心法

（1）当偏心点位于目标前方或后方（B_1，B_2）时，如图 11-4(a) 所示，即偏心点在测站和目标点的连线上，B 点的坐标可由式（11-3）求得，即

$$\begin{cases} X_B = X_Z + (D_{ZB_i} \pm d) \times \cos\alpha_{ZB_i} \\ Y_B = Y_Z + (D_{ZB_i} \pm d) \times \sin\alpha_{ZB_i} \end{cases} \tag{11-3}$$

式中，α_{ZB_i} 为 ZB_i 方向的坐标方位角（当所测点位于 ZB 连线上时，d 取"+"；当位于 ZB 延长线上时，d 取"−"）。

（2）当偏心点位于目标点 B 的左或右边（B_1，B_2）时，偏心点至目标点的方向和偏心点至测站点 Z 的方向应成直角，如图 11-4(b) 所示，B 点的坐标可由式（11-4）求得，即

$$\begin{cases} X_B = X_{B_i} + d \times \cos\alpha_{B_iB} \\ Y_B = Y_{B_i} + d \times \sin\alpha_{B_iB} \end{cases} \tag{11-4}$$

式中，$\alpha_{B_iB} = \alpha_{ZB_i} \pm 90°$，当偏心点位于左侧时，取"+"，位于右侧时，取"−"。

注：当偏心距较大时，直角必须用直角棱镜设定。

（3）当偏心点位于目标点 B 的左或右边（B_1，B_2）时，选择偏心点至测站点的距离与目标点 B 至测站点的距离相等处（等腰偏心测量法），可先测得 B_i 的坐标和 B_iB 之间的距离，如图 11-4(c) 所示，B 点的坐标可按式（11-5）求得，即

$$\begin{cases} X_B = X_{B_i} + d \times \cos\alpha_{B_iB} \\ Y_B = Y_{B_i} + d \times \sin\alpha_{B_iB} \end{cases} \tag{11-5}$$

式中，$\alpha_{B_iB} = \alpha_{ZB_i} \pm \beta$，当 B_i 位于 ZB 的左侧时，取"−"，位于右侧时，取"+"。

一般情况下，偏心距 d 较小，此时 $\widehat{B_1B} \approx B_1B$（弧长 $l \approx d$）。β 可由式（11-6）求得，即

$$
\begin{cases}
\theta = \dfrac{d \times 180°}{\pi D} \\[3mm]
\beta = 90° - \dfrac{\theta}{2}
\end{cases}
\tag{11-6}
$$

4）角度偏心法

如图 11-5 所示，欲测定目标点 B，由于 B 点无法到达或 B 点不便立镜，将棱镜安置在离仪器到目标 B 相同水平距离的另一个合适的目标点 $B_i(B_1,B_2)$ 上进行测量，先测定至棱镜的距离（$D_{ZB} = D_{ZB_i} = d$），后转动望远镜照准待测目标点 B，读取水平角 L_B，则测得 B 点坐标为

$$
\begin{cases}
X_B = X_Z + d \times \cos\alpha_{ZB} \\
Y_B = Y_Z + d \times \sin\alpha_{ZB}
\end{cases}
\tag{11-7}
$$

式中，α_{ZB} 为 ZB 方向的方位角。

5）方向直线交会法

如图 11-6 所示，A、B 为已测定的碎部点，欲测定直线上的 i 点，只需照准该点，读取方向值 L_i（不测距），用前方交会公式（戎格公式）可计算出点坐标。计算公式为

$$
\begin{cases}
X_i = \dfrac{X_A\cot\beta + X_Z\cot\alpha - Y_A + Y_Z}{\cot\alpha + \cot\beta} \\[3mm]
Y_i = \dfrac{Y_A\cot\beta + Y_Z\cot\alpha + X_A - X_Z}{\cot\alpha + \cot\beta}
\end{cases}
\tag{11-8}
$$

式中，$\alpha = \alpha_{AZ} - \alpha_{AB}$，$\beta = \alpha_{Zi} - \alpha_{ZA}$。当 $L_i = \alpha_{Zi}$ 时，$\beta = L_i - \alpha_{ZA}$。

使用该法测定位于一条直线上的碎部点时较为方便。

2. 勘丈法

勘丈法是指利用勘丈的距离及直线、直角的特性测算出待定点的坐标。勘丈法对高程无效。

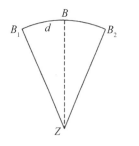

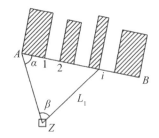

图 11-5　角度偏心法　　　图 11-6　方向直线交会法

1）直角坐标法

直角坐标法又称为正交法，它是借助测线和垂直短边支距测定目标点的方法。正交法

使用钢尺丈量距离，配以直角棱镜作业。如图 11-7 所示，已知 A、B 两点，欲测碎部点 i（1，2，3，…），则以 AB 为轴线，自碎部点 i 向轴线作垂线（由直角棱镜定垂足）。假设以 A 为原点，只要量测得到原点 A 至垂足 d_i 的距离 a_i 和垂线的长度 b_i，就可求得碎部点 i 的位置，即

$$\begin{cases} X_i = X_A + D_i \times \cos\alpha_i \\ Y_i = Y_A + D_i \times \sin\alpha_i \end{cases} \tag{11-9}$$

式中，$D_i = \sqrt{a_i^2 + b_i^2}$，$a_i = a_{AB} \pm \arctan\dfrac{b_i}{a_i}$。当碎部点位于轴线（$AB$ 方向）左侧时，取"－"；位于右侧时，取"＋"。

2）距离交会法

如图 11-8 所示，已知碎部点 A、B，欲测碎部点 i，则可分别量取 i 至 A、B 点距离 D_1、D_2，即可求得 i 点的坐标。先根据已知边 D_{AB} 和 D_1、D_2 求出角 α、β，即

$$\begin{cases} \alpha = \arccos\dfrac{D_{AB}^2 + D_1^2 - D_2^2}{2D_{AB} \times D_1} \\ \beta = \arccos\dfrac{D_{AB}^2 + D_2^2 - D_1^2}{2D_{AB} \times D_2} \end{cases} \tag{11-10}$$

再根据前方交会公式（戎格公式）可求得 X_i、Y_i，即

$$\begin{cases} X_i = \dfrac{X_A\cot\beta + X_B\cot\alpha - Y_A + Y_B}{\cot\alpha + \cot\beta} \\ Y_i = \dfrac{Y_A\cot\beta + Y_B\cot\alpha + X_A - X_B}{\cot\alpha + \cot\beta} \end{cases} \tag{11-11}$$

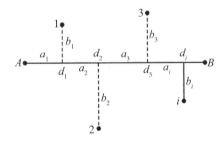

图 11-7 直角坐标法

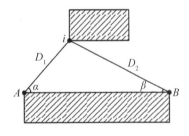

图 11-8 距离交会法

3）直线内插法

如图 11-9 所示，已知 A、B 两点，欲测定 AB 直线上 1，2，…，i 各点，可分别量取相邻点间的距离 D_{A1}、D_{12}、D_{23} 等，从而求出各内插点的坐标。公式为

$$\begin{cases} X_i = X_A + D_{Ai} \times \cos\alpha_{AB} \\ Y_i = Y_A + D_{Ai} \times \sin\alpha_{AB} \end{cases} \tag{11-12}$$

式中，$D_{Ai} = D_{A1} + D_{12} + \cdots + D_{i-1,\ i}$。

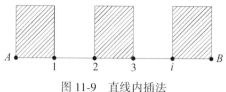

图 11-9　直线内插法

4) 微导线法

当构筑物为直角的情况下，只要测定任意两个直角点，丈量构筑物的各边长，即可计算出所有直角点的坐标。

(1) 定向微导线：

图 11-10 所示为直角构筑物，已知 A、B 两点坐标，欲求 1，2，3，$\cdots$，i 各点，可分别量取相邻点间的距离 D_1，D_2，D_3，$\cdots$，D_i，即可依次推出各点的坐标为

$$\begin{cases} X_i = X_A + D_{Ai} \times \cos\alpha_{AB} \\ Y_i = Y_A + D_{Ai} \times \sin\alpha_{AB} \end{cases} \tag{11-13}$$

式中，$a_i = a_{i-2,\ i-1} \pm 90°$（当角标等于 -1 时，为 A；当角标等于 0 时，为 B）。当 i 为左折点时取 "$-$"，为右折点时取 "$+$"，如 1 点位于 AB 方向的左侧，称为左折点；3 点位于 1 和 2 方向的右侧，称为右折点。

(2) 无定向微导线：

图 11-11 所示为直角构筑物，已知 A、B 两点坐标，欲求 1，2，3，$\cdots$，i 各点，可分别量取相邻点间的距离 a，b，D_1，D_2，D_3，$\cdots$，D_i，即可依次推出各点的坐标。

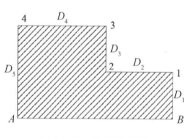

图 11-10　定向微导线

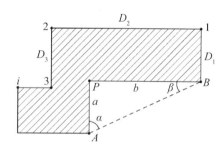

图 11-11　无定向微导线

先依据丈量的 a、b（注：a、b 可以是同方向的几条边长的代数和）长度，求两已知点 AB 的距离 S，再按余弦公式 (11-14) 求得 α、β，然后按照前方交会公式 (11-11) 计算得到 P 点的坐标。此后以 PB 为直角构筑物定向方向，按照上述定向微导线法计算即可。

$$\begin{cases} \alpha = \arccos\left(\dfrac{a^2 + S^2 - b^2}{2aS}\right) \\ \beta = \arccos\left(\dfrac{b^2 + S^2 - a^2}{2bS}\right) \end{cases} \tag{11-14}$$

3. 计算法

计算法不需要外业观测数据，仅利用图形的几何特性计算碎部点的坐标。

1）矩形计算法

如图 11-12 所示，已知 A、B、C 三个房角点，求第四个房角点，可按式（11-15）计算，即

$$\begin{cases} X_4 = X_A + (X_C - X_B) \\ Y_4 = Y_A + (Y_C - Y_B) \end{cases} \tag{11-15}$$

2）垂足计算法

如图 11-13 所示，已知碎部点 A、B、1、2、3、4，且 $11' \perp AB$，$22' \perp AB$，$33' \perp AB$，$44' \perp AB$，求 $1'$、$2'$、$3'$、$4'$各点，则可由式（11-16）计算得到其坐标，即

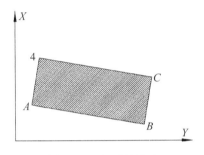

图 11-12　矩形计算法

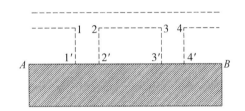

图 11-13　垂足计算法

$$\begin{cases} X'_i = X_A + D_{Ai}\cos\gamma_i\cos\alpha_{AB} \\ Y'_i = Y_A + D_{Ai}\cos\gamma_i\sin\alpha_{AB} \end{cases} \tag{11-16}$$

式中，$\gamma_i = \alpha_{AB} - \alpha_{Ai}$，$i = 1$，2，3，4；平距 D_{Ai} 和坐标方位角 α_{AB} 由坐标反算得到。

使用此法确定规则建筑群内楼道口点、道路折点十分有利。

3）直角点计算法

如图 11-14 所示，在测站上可以测定房角点 A、B、D，但直角点 C 却无法测定，而且 BC 和 CD 的长度也不易直接量取，此时可以用式（11-17）计算直角点的坐标，即

$$\begin{cases} X_C = X_B - D_{BD}\sin\gamma\sin\alpha_{BA} \\ Y_C = Y_B + D_{BD}\sin\gamma\cos\alpha_{BA} \end{cases} \tag{11-17}$$

式中，$\gamma = \alpha_{BD} - \alpha_{BA}$，$D_{BD}$ 为 B、D 点坐标反算的平距。

4）直线相交法

如图 11-15 所示，A、B、C、D 为四个已知碎部点，且 AB 与 CD 相交于 i 点，则交点 i 的坐标为

$$\begin{cases} X_i = \dfrac{X_A\cot\beta + X_D\cot\alpha - Y_A + Y_D}{\cot\alpha + \cot\beta} \\ Y_i = \dfrac{Y_A\cot\beta + Y_D\cot\alpha + X_A - X_D}{\cot\alpha + \cot\beta} \end{cases} \tag{11-18}$$

式中，$\alpha = \alpha_{AD} - \alpha_{AB}$，$\beta = \alpha_{DC} - \alpha_{DA}$，相减小于 0 时加 360°。

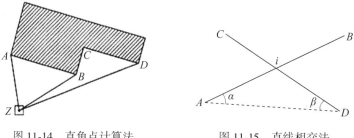

图 11-14　直角点计算法　　　　　　图 11-15　直线相交法

5）平行曲线定点法

图 11-16 是两条平行曲线，已知平行曲线一边点 1，2，3，…和与 1 点间距为 R 的另一曲线上的点 1′，求另一边线对应点 2′，3′，4′…的坐标。

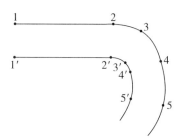

图 11-16　平行曲线定点法

（1）对于直线部分，其坐标公式为

$$\begin{cases} x'_2 = x_2 + R \times \cos\alpha_2 \\ y'_2 = y_2 + R \times \sin\alpha_2 \end{cases} \tag{11-19}$$

式中，$\alpha_2 = \alpha_{12} \pm 90°$，当所求点位于已知边的左侧时，取"−"；当所求点位于已知边的右侧时，取"+"。

（2）对于曲线部分，其坐标公式为

$$\begin{cases} x'_i = x_i + R \times \cos(\alpha_i + c) \\ y'_i = y_i + R \times \sin(\alpha_i + c) \end{cases} \quad (i = 3,\ 4,\ 5,\ \cdots) \tag{11-20}$$

式中，$\alpha_i = \dfrac{1}{2}(\alpha_{i,\,i+1} + \alpha_{i,\,i-1})$，当所求曲线点位于已知边的左侧，且 $\alpha_{i,\,i+1} > \alpha_{i,\,i-1}$ 时，或当所求点位于右侧，且 $\alpha_{i,\,i+1} < \alpha_{i,\,i-1}$ 时，$c = 0°$；当所求曲线点位于已知边的右侧，且 $\alpha_{i,\,i+1} > \alpha_{i,\,i-1}$ 时，或当所求点位于左侧，且 $\alpha_{i,\,i+1} < \alpha_{i,\,i-1}$ 时，$c = 180°$。

此法用于计算曲线道路另一侧点的坐标是十分便利的。

6）对称点法

图 11-17 为一轴对称地物，测出 1，2，…，5 和 A 点后，再测出 A 点的对称点 B，即可按式（11-21）分别求出各对称点 1′，2′，…，5′的坐标。

$$\begin{cases} X_i' = X_B + D_i \times \cos\alpha_i \\ Y_i' = Y_B + D_i \times \sin\alpha_i \end{cases} \tag{11-21}$$

式中，$D_i = \sqrt{\Delta X_{Ai}^2 + \Delta Y_{Ai}^2}$，$\alpha_i = 2\alpha_{AB} - \alpha_{Ai} - 180°$。

许多人工地物的平面图形是轴对称图形，运用该方法，可大量减少实测点。

在本节公式中，坐标方位角 α_{ij} 需用坐标反算时，可由式（11-22）求得（α_{ij} 的计算不需判断语言，编程简单），即

$$\alpha_{ij} = 180° - 90°\mathrm{SGN}(y_j - y_i) - \mathrm{ATN}((x_j - x_i)/(y_j - y_i)) \tag{11-22}$$

式中，SGN 为取正负号函数，ATN 为反正切函数。

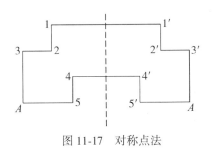

图 11-17 对称点法

11.3.3 地物和地貌测绘

1. 地物测绘

1）居民地测绘

居民地是人类居住和进行各种活动的中心场所，它是地形图上一项重要内容。在居民地测绘时，应在地形图上表示出居民地的类型、形状、质量和行政意义等。

居民地房屋的排列形式有很多，多数农村中散列式即不规则的房屋较多，城市中的房屋排列比较整齐。

测绘居民地时根据测图比例尺的不同，在综合取舍方面有所不同。对于居民地的外部轮廓，都应准确测绘 1∶1000 或更大的比例尺测图，各类建筑物和构筑物及主要附属设施，应按实地轮廓逐个测绘，其内部的主要街道和较大的空地应予区分，图上宽度小于 0.5mm 的次要道路不予表示，其他碎部可综合取舍。房屋以房基角为准立镜测绘，并按建筑材料和质量分类予以注记，对于楼房还应注记层数。圆形建筑物（如油库、烟囱、水塔等）应尽可能实测出其中心位置并量其直径。房屋和建筑物轮廓的凸凹在图上小于 0.4mm（简单房屋小于 0.6mm）时可用直线连接。对于散列式的居民地、独立房屋应分别测绘。1∶2000 比例尺测图时房屋可适当综合取舍。城墙、围墙及永久性的栅栏、篱笆、铁丝网、活树篱笆等均应实测。

2）道路测绘

道路包括铁路、公路及其他道路。所有铁路、有轨电车道、公路、大车路、乡村路均应测绘。车站及其附属建筑物、隧道、桥涵、路堑、路堤、里程碑等均须表示。在道路稠

密地区，次要的人行路可适当取舍。

(1)铁路测绘应立镜于铁轨的中心线，对于 1∶1000 或更大比例尺测图，依比例绘制铁路符号，标准轨矩为 1.435m。铁路线上应测绘轨顶高程，曲线部分测取内轨顶面高程。路堤、路堑应测定坡顶、坡脚的位置和高程。铁路两旁的附属建筑物，如信号灯、扳道房、里程碑等都应按实际位置测绘。

铁路与公路或其他道路在同一水平面内相交时，铁路符号不中断，而将另一道路符号中断表示；不在同一水平面相交的道路交叉点处，应绘以相应的桥梁或涵洞、隧道等符号。

(2)公路应实测路面位置，并测定道路中心高程。高速公路应测出两侧围建的栏杆、收费站，中央分隔带视用图需要测绘。公路、街道一般在边线上取点立镜，并量取路的宽度，或在路两边取点立镜。当公路弯道有圆弧时，至少要测取起、中、终三点，并用圆滑曲线连接。

路堤、路堑均应按实地宽度绘出边界，并应在其坡顶、坡脚适当注记高程。公路路堤(堑)应分别绘出路边线与堤(堑)边线，二者重合时，可将其中之一移位 0.2mm 表示。

公路、街道按路面材料划分为水泥、沥青、碎石、砾石等，以文字注记在图上，路面材料改变处应实测其位置并用点线分离。

(3)其他道路测绘，其他道路有大车路、乡村路和小路等，测绘时，一般在中心线上取点立镜，道路宽度能依比例表示时，按道路宽度的二分之一在两侧绘平行线。对于宽度在图上小于 0.6mm 的小路，选择路中心线立镜测定，并用半比例符号表示。

(4)桥梁测绘。铁路、公路桥应实测桥头、桥身和桥墩位置，桥面应测定高程，桥面上的人行道图上宽度大于 1mm 的应实测。各种人行桥图上宽度大于 1mm 的应实测桥面位置，不能依比例的，实测桥面中心线。

有围墙和垣栅的公园、工厂、学校、机关等内部道路，除通行汽车的主要道路外均按内部道路绘出。

3)管线测绘

永久性的电力线、通信线的电杆、铁塔位置应实测。同一杆上架有多种线路时，应表示其中的主要线路，并要做到各种线路走向连贯、线类分明。居民地、建筑区内的电力线、通信线可不连线，但应在杆架处绘出连线方向。电杆上有变压器时，变压器的位置按其与电杆的相应位置绘出。

地面上的、架空的、有堤基的管道应实测，并注记输送的物质类型。当架空的管道直线部分的支架密集时，可适当取舍。

地下管线检修井测定其中心位置按类别以相应符号表示。地下管线先用探管仪测定其深度和平面位置，管线中心的平面位置标定在地面上，然后进行实测。

4)水系测绘

水系测绘时，海岸、河流、溪流、湖泊、水库、池塘、沟渠、泉、井以及各种水工设施均应实测。河流、沟渠、湖泊等地物，通常无特殊要求时均以岸边为界，如果要求测出水崖线(水面与地面的交线)、洪水位(历史上最高水位的位置)及平水位(常年一般水位的位置)时，应按要求在调查研究的基础上进行测绘。

河流的两岸一般不大规则，在保证精度的前提下，对于小的弯曲和岸边不甚明显的地段可进行适当取舍。河流图上宽度小于 0.5mm、沟渠实际宽度小于 1m(1∶500 测图时小于0.5m)时，不必测绘其两岸，只要测出其中心位置即可。渠道比较规则，有的两岸有堤，测绘时可以参照公路的测法。对于那些田间临时性的小渠不必测出，以免影响图面清晰。

湖泊的边界经人工整理、筑堤、修有建筑物的地段是明显的，在自然耕地的地段大多不甚明显，测绘时要根据具体情况和用图单位的要求来确定，以湖岸或水涯线为准。在不甚明显地段确定湖岸线时，可采用调查平水位的边界或根据农作物的种植位置等方法来确定。

水渠应测注渠边和渠底高程，时令河应测注河底高程，堤坝应测注顶部及坡脚高程。泉、井应测注泉的出水口及井台高程，并根据需要注记井台至水面的深度。

5)境界测绘

境界线应测绘至县和县级以上的界线。乡与国营农、林、牧场的界线应按需要进行测绘。两级境界重合时，只绘高一级的界线符号。

6)植被与土质测绘

植被测绘时，对于各种树林、苗圃、灌木林丛、散树、独立树、行树、竹林、经济林等，要测定其边界。若边界与道路、河流、栏栅等重合时，则可不绘出地类界，但与境界、高压线等重合时，地类界应移位表示。对经济林应加以种类说明注记。要测出农村用地的范围，并区分出稻田、旱地、菜地、经济作物地和水中经济作物区等。一年几季种植不同作物的耕地，以夏季主要作物为准。田埂的宽度在图上大于 1mm(1∶500 测图时大于2mm)时用双线描绘，田块内要测注有代表性的高程。

地形图上要测绘沙地、岩石地、龟裂地、盐碱地等。

2. 地貌测绘

1)地貌测绘的流程

地貌形态虽然千变万化、千姿百态，但归纳起来，不外乎由山地、盆地、山脊、山谷、鞍部等基本地貌组成。地球表面的形态，可被看作是一些不同方向、不同倾斜面的不规则曲面组成，两相邻倾斜面相交的棱线，称为地貌特征线(或称为地性线)。如山脊线、山谷线即为地性线。在地性线上比较显著的点有：山顶点、洼地的中心点、鞍部的最低点、谷口点、山脚点、坡度变换点等，这些点被称之为地貌特征点。地貌测绘的一般流程是：测定地貌特征点；连接地貌特征线(地性线)和构网；勾绘等高线。

图解法测图，按实际地形先将地貌特征点连成地性线，通常用实线连成山脊线，用虚线连成山谷线，然后在同一坡度的两相邻地貌特征点间按高差与平距成正比关系求出等高线通过点(通常用目估内插法来确定等高线通过点)。最后，根据等高线的特性，把高程相等的点用光滑曲线连接起来，即为等高线，详见 10.2 节。

大比例尺数字地形图等高线的绘制是根据地貌特征点构网后自动绘制的。

2)等高线的自动绘制

野外测定的地貌特征点一般是不规则分布的数据点，根据不规则分布的数据点绘制等高线可采用网格法和三角网法。网格法是由小的长方形或正方形排列成矩阵式的网格，每个网格点的高程以不规则数据点为依据，按距离加权平均或最小二乘曲面拟合地表面等方法求得。三角网法直接由不规则数据点连成三角形网，每个三角网点的高程是直接测量的。在构成网格或三角形网后，再在网格边或三角形边上进行等值点内插、等高线点的追踪、等高线的光滑处理和绘制等高线。

（1）对不规则分布数据的构网：

①距离加权平均法求网格点高程。

距离加权平均法是基于一种假设，即在区域内任一点的高程是受周围点高程的影响，其影响的大小与它们之间的距离成反比，选择周围的点数一般规定为 4～10 个点。为求网格点的高程，逐次对每个网格点，以网格点为圆心，以初始半径限定一个搜索圆，如果搜索到的数据点数在 4～10 个点之间，则计算网格点的高程，否则扩大或缩小圆半径，直至找到的点数是 4～10 个点为止，如图 11-18 所示。

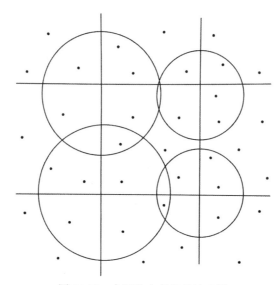

图 11-18　求网格点高程的搜索圆

若网格点的坐标为 (x_0, y_0)，在搜索圆内某数据点的坐标为 (x_i, y_i)，该点到网格点的距离为：

$$D_1 = \sqrt{(x_i - x_0)^2 + (y_i - y_0)^2}$$

则网格点的高程为

$$z = \frac{\sum (z_i/D_i)}{\sum (1/D_i)}$$

②三角形网的构建：

三角形网法是直接利用数据点构成邻接三角形，这种方法保持了数据点的精度，并在构网时容易引入地性线，因此，等高线自动绘制常采用三角形网法。三角网的构建算法有很多，常用的算法有狄洛尼（Delaunay）三角形法、最大角法等，以下介绍构建狄洛尼三角网。

在狄洛尼法中将离散分布的地形点称为"参考点"。构建狄洛尼三角网须遵循以下规定："每个由三个参考点组成的三角形的外接圆内都不包含其他参考点"。

设有参考点 $P_i(i=1, 2, \cdots, n)$，从 P_i 中取出一个点作为起始点，例如 P_1，并找出 P_1 附近的一个参考点 P_2，两点的连线作为基边，写出其直线方程：

$$y = \frac{y_2 - y_1}{x_2 - x_1}x + \frac{y(x_2 - x_1) + x_1(y_1 - y_2)}{x_2 - x_1} \tag{11-23}$$

然后，再在附近找第三点。在找第三点的过程中，要逐点比较，一般取第三点到前两点的"距离平方和最小"的参考点作为候选点，以这三点作一外接圆，计算其外接圆圆心坐标。即先求出三角形两条边的中垂线方程，如 P_1P_2 的中垂线方程为

$$y = \frac{x_1 - x_2}{y_2 - y_1}x + \frac{y_2^2 - y_1^2 + x_2^2 - x_1^2}{2(y_2 - y_1)} \tag{11-24}$$

设 P_1 点附近的另一参考点为 P_3，则 P_1P_3 的中垂线方程为

$$y = \frac{x_1 - x_3}{y_3 - y_1}x + \frac{y_3^2 - y_1^2 + x_3^2 - x_1^2}{2(y_3 - y_1)} \tag{11-25}$$

将式(11-24)和式(11-25)作为联立方程式来解，得到两条中垂线的交点的坐标，即为 P_1，P_2 和 P_3 外接圆圆心的坐标 (m, n)，其计算公式为

$$m = \frac{(b-c)y_1 + (c-a)y_2 + (a-b)y_3}{2g} \tag{11-26}$$

$$n = \frac{(c-b)x_1 + (a-c)x_2 + (b-a)x_3}{2g} \tag{11-27}$$

式中，$a = x_1^2 + y_1^2$，$b = x_2^2 + y_2^2$，$c = x_3^2 + y_3^2$

$$g = (y_3 - y_2)x_1 + (y_1 - y_3)x_2 + (y_2 - y_1)x_3 \tag{11-28}$$

然后判断周围是否有落入该外接圆的点，如图 11-19 所示。如果有，则该三角形不是狄洛尼三角形，如△123；再用周围其他的点作为候选点，重新作外接圆，重新判断周围是否有点落入该外接圆内。直到没有找到其他参考点落入外接圆内为止，则该三角形就是狄洛尼三角形，如△124。分别以该三角形的一边作为基边，用同样的方法形成其他三角形。直到所有参考点都参与构造狄洛尼三角网为止。三角网形成后，就可将三角网信息写入数据文件中。

(2)等值点内插：

在网格或三角形网形成后，需要确定等高线点在网格边或三角形边上的位置。首先要判断等高线是否通过某一条边，然后通过线性内插方法求出等高线点的平面位置。设等高线的高程为 z，只有当 z 值介于边的两个端点高程值之间时，等高线才通过该条边，则等高线通过某一条边的判别式为：

$$\Delta z = (z - z_1) \cdot (z - z_2) \tag{11-29}$$

当 $\Delta z \leq 0$ 时，则该边上有等高线通过，否则，该边上没有等高线通过。式(11-29)中，z_1、z_2 分别为该边两个端点的高程。当 $\Delta z = 0$ 时，说明等高线正好通过边的端点，为了便于处理，可在精度允许范围内将端点的高程加上一个微小值(如 0.0001m)，使端点高程不等于 z。

当确定了某条边上有等高线通过后，即可求该边上等高线点的平面位置。下面分别讨

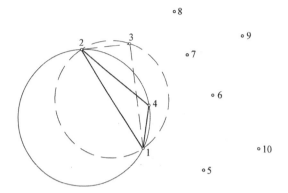

图 11-19　狄洛尼三角网的建立

论等高线点在网格边上和三角形边上平面位置的表示。

①在网格边上等高线点的平面位置。

网格分划以行和列值表示，设沿 y 方向网格分划记为 $i = 1$，2，$\cdots$，m，沿 x 方向网格分划记为 $j = 1$，2，$\cdots$，n，则共有网格点 $m \times n$ 个，每个网格点的高程用 $z_{0(i, j)}$ 表示，网格的纵边长为 ny，横边长为 nx，如图 11-20 所示。

等高线点在网格边上的位置用等高线点到网格点的距离来表示，如图 11-21 所示。如果在网格横边上内插高程值为 z 的等高线点 A'，则可计算出 A' 在横边上距 A 点的距离 $S_{(i, j)}$，即

$$S_{(i, j)} = nx \cdot \frac{z - z_{0(i, j)}}{z_{0(i, j+1)} - z_{0(i, j)}} \tag{11-30}$$

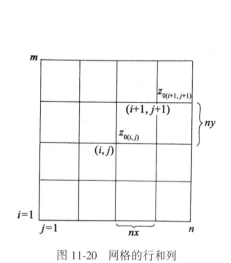

图 11-20　网格的行和列

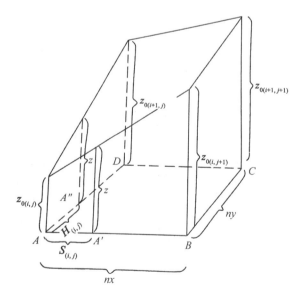

图 11-21　在网格边上内插等高线点

若以网格横向边长 nx 为单位长，则上式可简化为

$$S_{(i, j)} = \frac{z - z_{0(i, j)}}{z_{0(i, j+1)} - z_{0(i, j)}}. \tag{11-31}$$

同理，如果在网格纵边上内插高程值为 z 的等值点 A''，则可计算出 A'' 在纵边上距 A 点的距离 $H_{(i, j)}$，即

$$H_{(i, j)} = ny \cdot \frac{z - z_{0(i, j)}}{z_{0(i+1, j)} - z_{0(i, j)}} \tag{11-32}$$

若以网格纵向边长 ny 为单位长，则上式可简化为

$$H_{(i, j)} = \frac{z - z_{0(i, j)}}{z_{0(i+1, j)} - z_{0(i, j)}} \tag{11-33}$$

等高线点的坐标为

$$\begin{cases} a_x = [j - 1 + F \cdot S_{(i, j)}] \cdot nx \\ a_y = [i - 1 + (1 - F) \cdot H_{(i, j)}] \cdot ny \end{cases} \tag{11-34}$$

式中，F 是 a 点所在边的标志，当 a 位于横边上时，$F=1$，当 a 位于纵边上时，$F=0$。

②在三角形边上等高线的平面位置。

设高程为 z 的等高线点，通过三角形边的两个端点的三维坐标分别为 (x_1, y_1, z_1) 和 (x_2, y_2, z_2)，则等高线点的平面坐标为

$$\begin{cases} x_z = x_1 + \dfrac{x_2 - x_1}{z_2 - z_1}(z - z_1) \\ y_z = y_1 + \dfrac{y_2 - y_1}{z_2 - z_1}(z - z_1) \end{cases} \tag{11-35}$$

（3）等高线点的追踪：

①在网格上等高线通过点的追踪。

等高线通过相邻网格的走向有 4 种可能，即自下而上、自左至右、自上而下、自右至左。如图 11-22 所示，Ⅰ 和 Ⅱ 是任意两个相邻的网格，如果已经顺序找到两个等值点 a_1 和 a_2，a_2 点位于网格 Ⅰ 和 Ⅱ 的邻边上，a_1 点在网格 Ⅰ 的其他三边的任一边上，a_1 点的行的下标为 i_1，列的下标为 j_1，a_2 的行的下标为 i_2，列的下标为 j_2。为了判断等高线追踪方向，可以建立以下判断条件，依次进行判断：

如果 $i_1 < i_2$，则自下而上追踪，如图 11-22(a) 所示。

a. 如果 $j_1 < j_2$，则自左至右追踪，如图 11-22(b) 所示。

b. 如果 a_2 点横坐标的整数值小于 a_2 点的横坐标值，即 $j_2 \cdot nx < a_2 x$，则自上而下追踪，如图 11-22(c) 所示。

c. 如果不满足上述三个条件，一定是自右至左追踪，如图 11-22(d) 所示。

按以上条件判断等高线的追踪方向，便知道 a_1 和 a_2 点的位置。对于开曲线，可以将在区域边界上寻找到的等值点作为 a_2，根据实际情况，假定一点作为 a_1，并使其满足以上条件之一，开始追踪新点。然后，将新点作为 a_2 点，而原来的 a_2 点作为 a_1 点，再追踪新点，直至终点(也为边界点)。当开曲线跟踪完后，再按同样的方法在区域内部跟踪

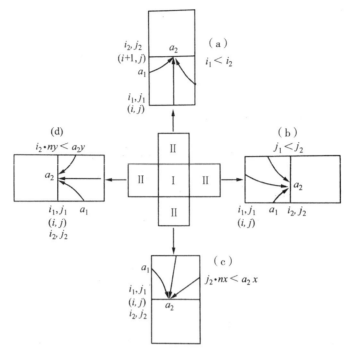

图 11-22 在格网上追踪等值点

闭曲线。在跟踪过程中，同一等值点除闭曲线起点外，不能重复。如果在同一方格内的 4 条边上都有同一高程的等值点时，连接的两条等高线不能相交。

②三角形网上等高线通过点的追踪。

在相邻三角形公共边上的等值点，既是第一个三角形的出口点，又是相邻三角形的入口点，根据这一原理来建立追踪算法。对于给定高程的等高线，从构网的第一条边开始顺序去搜索，判断构网边上是否有等值点。当找到一条边后，则将该边作为起始边，通过三角形追踪下一条边，依次向下追踪。如果追踪又返回到第一个点，即为闭曲线，如图 11-23 中 1、2、3、4、5、6、1。如果找不到入口点(即不能返回到入口点)，如图 11-23 中 7、8、9、10、11，则将已追踪的点逆排序，再由原来的起始边向另一方向追踪，直至终点，如图 11-23 中 12、13、14、15、16，二者合成，即 11、10、9、8、7、12、13、14、15、16 成为一条完整的开曲线。

(4)等高线的光滑：

经过等高线点的追踪，可以获得等高线的有序点列，将这些点作为等高线的特征点保存在文件中。在绘制等高线时，从等高线文件中调出等高线的特征点的坐标，用曲线光滑方法(如分段三次多项式插值法、抛物线加权平均法、张力样条函数插值法等)计算相邻两个特征点间的加密点，用短线段逐次连接两点，即可绘制出光滑的等高线。

3. 地形图上各要素配合表示的一般原则

地形图上各要素配合表示是地形图绘制的一个重要问题。配合表示的原则是：

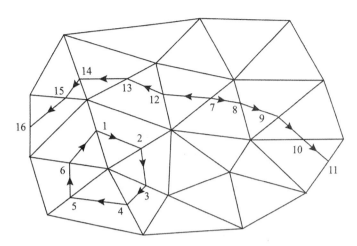

图 11-23 三角形网等高线追踪

(1)当两个地物重合或接近难以同时准确表示时,可将重要地物准确表示,次要地物移位 0.2mm 或缩小表示。

(2)点状地物与其他地物(如房屋、道路、水系等)重合时,可将独立地物完整地绘出,而将其他地物符号中断 0.2mm 表示;两独立地物重合时,可将重要独立地物准确表示,次要独立地物移位表示,但应保证其相关位置正确。

(3)房屋或围墙等高出地面的建筑物,直接建筑在陡坎或斜坡上的建筑物,应按正确位置绘出,坡坎无法准确绘出时,可移位 0.2mm 表示。悬空建筑在水上的房屋轮廓与水涯线重合时,可间断水涯线,而将房屋完整表示。

(4)水涯线与陡坎重合时,可用陡坎边线代替水涯线;水涯线与坡脚重合时,仍应在坡脚将水涯线绘出。

(5)双线道路与房屋、围墙等高出地面的建筑物边线重合时,可用建筑物边线代替道路边线,且在道路边线与建筑物的接头处,应间隔 0.2mm。

(6)境界线以线状地物一侧为界时,应离线状地物 0.2mm 按规定符号描绘境界线;若以线状地物中心为界时,境界线应尽量按中心线描绘,确实不能在中心线绘出时,可沿两侧每隔 3~5mm 交错绘出 3~4 节符号。在交叉、转折及与图边交接处须绘出符号以表示走向。

(7)地类界与地面上有实物的线状符号重合时,可省略不绘。与地面无实物的线状符号(如架空的管线、等高线等)重合时,应将地类界移位 0.2mm 绘出。

(8)等高线遇到房屋及其他建筑物、双线路、路堤、路堑、陡坎、斜坡、湖泊、双线河及其注记,均应断开。

(9)为了表示出等高线不能显示的地貌特征点的高程,在地形图上要注记适当的高程注记点。高程注记点应均匀分布,其密度为每平方分米 8~20 点。山顶、鞍部、山脊、山脚、谷底、谷口、沟底、沟口、凹地、台地、河岸和湖岸旁、水涯线上以及其他地面倾斜变换处,均应有高程注记点。城市建筑区的高程注记点应测注在街道中心线、交叉口、建筑物墙基脚、管道检查井井口、桥面、广场、较大的庭院内,或空地上以及其他地面倾斜变换处。基本等高距为 0.5m 时,高程注记点应注记至厘米,基本等高距大于 0.5m 时,高程注记点应注记至分米。

11.3.4　测记式数据采集

测记式就是用全站仪或 GNSS-RTK 在野外测量地形特征点的点位，用仪器内存储器记录测点的定位信息，用草图、笔记或简码记录其他绘图信息，到室内将测量数据传输到计算机，经人机交互编辑成图。由于测记式设备简单，外业作业时间短，是测绘人员常采用的作业方法。测记式按使用仪器的不同可区分为全站仪数据采集和 RTK 数据采集，按数据记录内容的不同可区分为无码作业和简码作业。

1. 全站仪法数据采集

使用全站仪进行野外数据采集是目前较为广泛采用的一种方法。尽管全站仪种类很多，但野外数据采集的方法和步骤基本相同，大致如下：

（1）在已知点(等级控制点、图根点或支站点)上安置全站仪，并量取仪器高。

（2）启动全站仪，对仪器的有关参数进行设置。主要包括：照明设置、气象改正、加常数和乘常数改正、棱镜常数设置、角度和距离测量模式设置等。

（3）进入全站仪的数据采集菜单，输入数据文件名，如"202300808Y"。

（4）进入测站点数据输入子菜单，输入测站点的坐标和高程，或从已有数据文件中调用。

（5）进入后视点(定向点)数据输入子菜单，输入后视点的坐标、高程或方位角，或从已有数据文件中调用。

（6）将单杆棱镜立在后视点，全站仪照准棱镜进行定向测量。将其测量值与已知坐标值相比较，如果二者差值在限差以内，则可进行碎部点数据采集工作。如果出现错误或超限情况，可从以下方面来查找问题：检查已知点和定向点的坐标值是否输错、已知点成果表是否抄错、成果计算是否有误、仪器设备是否有故障等。用全站仪采集数据通常不需观测第三个已知点进行定向检查。

（7）进入前视点坐标高程测量子菜单，开始测量碎部点。领尺员指挥跑尺员在碎部点上立棱镜，观测员操作全站仪，照准棱镜，输入第一个立镜点的点号(如 0001)，按测量键进行碎部点测量(通常记录碎部点的坐标和高程)。第一点数据测量保存后，全站仪自动显示下一立镜点的点号(点号顺序增加，如 0002)。

（8）依次测量其他碎部点。领尺员绘制草图或记录绘图信息，直至本测站全部碎部点测量完毕。在一个测站上所有的碎部点测完后，要找一个已知点重测进行检核，以检查施测过程中是否存在因误操作、仪器碰动或出故障等原因造成的错误。

（9）检查确定无误后，中断电子手簿，关掉仪器电源，搬至下一测站再重复上述过程采集数据。

特殊情况下也可在通视良好、测图范围广的地点安置全站仪，利用全站仪中后方交会的功能进行自由设站，先测算出测站点的坐标，再用该点作为已知点进行数据采集。

2. RTK 数据采集

RTK 数据采集与 RTK 图根控制测量的方法基本相同。在数据采集之前，首先要对仪器和控制软件进行正确的设置(可在室内进行),还要测定坐标转换参数。使用不同厂家的仪器,具体的仪器操作不同,但基本内容和步骤大致相同。

(1)安置仪器。基准站要尽量选在地势高、视野开阔地带;要远离高压输电线路、微波塔及其他微波辐射源,其距离最好大于200m。基准站可以安置在已知控制点上,也可以任意设站。RTK仪器有内置电台和外置电台之分。当作业距离比较近(4km以内)时,可采用内置电台,当作业距离比较远时,还要选配外置电台。基准站主机安置在三脚架上,外置电台安置在基准站3m以外,并使发射天线尽量升高。移动站主机安置在对中杆上,数据采集手簿用托架固定在对中杆上。正确连接各电缆(或蓝牙连接)后,打开主机、电台和手簿开关。

(2)基准站设置。主要包括:建立作业项目(工程、任务)、设置投影参数、设置接收机参数、设置通信参数等。RTK仪器一般有默认关机时的模式,若上次关机已设置为基准站模式,开机后不需再设置。还应输入测区已知点坐标和高程,输入接收机天线高。

(3)流动站设置。主要包括:接收机参数设置、通信参数设置、测量点位限差设置(平面2cm,高程3cm)等。一般设置一次后不再详细设置。

(4)测站校正(亦称点校正、坐标转换)。测站校正的目的是将GPS所获得WGS-84坐标转换至工程所需的地方坐标。若基准站设在已知点上,如果有测区转换参数(含高程异常),可直接输入转换参数;如果没有测区转换参数,输入测站点地方坐标,测定测站点的WGS-84坐标,用"一步法"求转换参数。若基准站没设在已知点上(自由设站),必须在两个以上的已知点上测定WGS-84坐标,用2个公共点计算"四参数",或用3个公共点计算"七参数"。测站校正后,应检测一个已知点,看是否正确。

(5)数据采集(碎部测量)。求定转换参数后就可以进行数据采集。将移动站对中杆立在碎部点上,保持对中杆气泡居中,静止数秒(采集5个历元左右),手簿出现固定解状态后,即可保存碎部点的坐标和高程。有时还要输入属性、天线高。进行下一个点测量时,点号自动增加,天线高、属性默认上一点的。

RTK数据采集时如长时间不能获得固定解时,应断开通信链路,再次进行初始化操作,手簿显示固定解后才能进行测量。每次作业开始与结束前,均应进行一个以上已知点的检核。

3. 无码作业

无码作业就是用全站仪(或RTK接收机)测定碎部点的定位信息(X_i,Y_i,H_i),并自动记录在电子手簿或内存储器,手动记录碎部点的属性信息与连接信息。由于无码作业无需向仪器输入地物点的属性信息和连接关系,因此外业速度快。但此法需要一个人绘制草图或记录绘图信息,且内业需人机交互编辑成图。

无码作业现场不输入地物代码(编码),而用草图或笔记记录绘图信息。领尺员在镜站把所测点的属性及连接关系在草图(用放大的旧图作为工作底图更好)上反映出来,供内业处理、图形编辑时用。草图的绘制要遵循清晰、易读、相对位置准确、比例尽可能一致的原则。草图示例如图11-24所示,图为某测区在测站1、2、3上施测的部分点。在野外采集数据时,若只使用全站仪内存记录,应尽可能多地使用仪器法(主要用极坐标法)

测定碎部点位置；对于测不到的碎部点可用勘丈法测定，将丈量结果记录在草图上，室内用交互编辑方法绘图。若使用电子手簿记录，可充分利用电子手簿的测、量、算功能，及时计算碎部点坐标，以满足内业绘图需要。

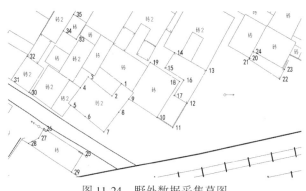

图 11-24　野外数据采集草图

对于有丰富作业经验的领尺员，可以将绘制观测草图改为用记录本记录绘图信息，这将大大地方便外业。采用表 11-6 的记录形式，可以较全面准确地反映采集点的属性、方向、方位、连接关系和是否参与建模等信息。表 11-6 中，F、L、D、P(代码可以随意编)分别表示一般房角点、道路点、电杆、坡坎点，GD、DD 分别表示高压、低压电线杆，H＝0 表示该点不参与建模。记录时，一栋房屋的点尽量记录在一行，连续观测的线形地物尽量记录在一行。

表 11-6　　　　　　　　　　　　　草图记录表

86，F 东南，87，F 东北，98，F 西南，H＝0 88，F 西南，89，F 东南，90，F 角
91，F 东南，宽 8m 92，#
93，GD 东——西，R＝0.2m 94，L 南，95，L 南，H＝0
96，L 北，97，L 北，H＝0 99，DD 南——北，R＝0.12m
100，L 南西，101，L 南东
102，L 西，103，L 东 104，105，113 106，P 顶，西南——东北，107，P 顶，108，P 顶
109，P 底，西南——东北，110，P 底 111，F 简西北，112，F 简西南，宽 7.8m

在进行地貌采点时，可以用一站多镜的方法进行。一般在地性线上要有足够密度的点，特征点也要尽量测到。例如在山沟底测一排点，也应该在山坡边再测一排点，这样生成的等高线才真实。测量陡坎时，最好坎上坎下同时测点或准确记录坎高，这样生成的等高线才没有问题。在其他地形变化不大的地方，可以适当放宽采点密度。

野外数据采集，由于测站离测点可以比较远，观测员与立镜员或领尺员之间的联系通常离不开对讲机。仪器观测员要及时将测点点号告知领尺员或记录员，使草图标注的点号或记录手簿上的点号与仪器观测点号一致。若两者不一致，应查找原因，是漏标点了，还是多标点了，或一个位置测重复了等，必须及时更正。

4. CASS 简码作业

1）CASS 简码

为了方便外业数据采集，测图系统一般提供一套简码成图方案。简码方案是在野外作业时仅输入简单的提示性编码，经内业简码识别后，自动转换为内部码。CASS 系统的野外操作码（也称为简码或简编码）可区分为类别码（表 11-7）、关系码（表 11-8）和独立符号码（表 11-9）三种，每种只有 1~3 位字符组成。其形式简单，规律性强，易记忆，并能同时采集测点的地物要素和拓扑关系，能够适应多人跑尺（镜）、交叉观测不同地物等复杂情况。CASS 系统用 JCODE.DEF 文件来描述野外操作码与内部码的对应关系。

（1）类别码：

类别码（也称为地物代码或野外操作码）如表 11-7 所示，是按一定的规律设计的，不需要特别记忆。有 1~3 位，第一位是英文字母，大小写等价，后面是范围为 0~99 的数字，如代码 F0，F1，F2，…，F6 分别表示坚固房、普通房、一般房屋……简易房。F 取"房"字的汉语拼音首字母，0~6 表示房屋类型由"主"到"次"。另外，K0 表示直折线型的陡坎，U0 表示曲线型的陡坎；X1 表示直折线型内部道路，Q1 表示曲线型内部道路。由 U、Q 的外形很容易想象到曲线。类别码后面可跟参数，如野外操作码不到 3 位，与参数间应有连接符"-"，如有 3 位，后面可紧跟参数，参数有下面几种：控制点的点名，房屋的层数，陡坎的坎高等，如 Y012.5 表示以该点为圆心，半径为 12.5m 的圆。

表 11-7　　　　　　　　　　　　　类别码符号及含义

类　型	符号及含义
坎类（曲）	K(U)+数（0-陡坎；1-加固陡坎；2-斜坡；3-加固斜坡；4-垄；5-陡崖；6-干沟）
线类（曲）	X(Q)+数（0-实线；1-内部道路；2-小路；3-大车路；4-建筑公路；5-地类界；6-乡镇级行政界；7-县级行政界；8-地级行政界；9-省级行政界）
垣栅类	W+数（0；1-宽为 0.5 米的围墙；2-栅栏；3-铁丝网；4-篱笆；5-活树篱笆；6-不依比例围墙，不拟合；7-不依比例围墙，拟合）
铁路类	T+数[0-标准铁路（大比例尺）；1-标（小）；2-窄轨铁路（大）；3-窄（小）；4-轻轨铁路（大）；5-轻（小）；6-缆车道（大）；7-缆车道（小）；8-架空索道；9-过河电缆]

类　　型	符号及含义
电力线类	D+数(0-电线塔；1-高压线；2-低压线；3-通讯线)
房屋类	F+数(0-坚固房；1-普通房；2-一般房屋；3-建筑中房；4-破坏房；5-棚房；6-简单房)
管线类	G+数[0-架空(大)；1-架空(小)；2-地面上的；3-地下的；4-有管堤的]
植被土质	拟合边界：B+数(0-旱地；1-水稻；2-菜地；3-天然草地；4-有林地；5-行树；6-狭长灌木林；7-盐碱地；8-沙地；9-花圃) 不拟合边界：H+数(同上)
圆形物	Y+数(0 半径；1-直径两端点；2-圆周三点)
平行体	P+[X(0~9)，Q(0~9)，K(0~6)，U(0~6)…]
控制点	C+数(0-图根点；1-埋石图根点；2-导线点；3-小三角点；4-三角点；5-土堆上的三角点；6-土堆上的小三角点；7-天文点；8-水准点；9-界址点)

(2)关系码：

关系码(也称为连接关系码)，共有四种符号："+""-""A＄"和"p"，与数字配合来描述测点间的连接关系。其中，"+"表示连接线依测点顺序进行，"-"表示连接线依测点相反顺序进行连接，"p"表示绘平行体，"A＄"表示断点识别符，见表 11-8。

表 11-8　　　　　　　　　　　连接关系码的符号及含义

符号	含　　义
+	本点与上一点相连，连线依测点顺序进行
-	本点与下一点相连，连线依测点顺序相反方向进行
n+	本点与上 n 点相连，连线依测点顺序进行
n-	本点与下 n 点相连，连线依测点顺序相反方向进行
p	本点与上一点所在地物平行
np	本点与上 n 点所在地物平行
+A ＄	断点标识符，本点与上点连
-A ＄	断点标识符，本点与下点连

(3)独立符号码：

对于只有一个定位点的独立地物，用 A×× 表示(见表 11-9)，如 A14 表示水井，A70表示路灯等。

表 11-9   **类别码符号及含义**

符号类别	编码及符号名称				
水系设施	A00 水文站	A01 停泊场	A02 航行灯塔	A03 航行灯桩	A04 航行灯船
	A05 左航行浮标	A06 右航行浮标	A07 系船浮筒	A08 急流	A09 过江管线标
	A10 信号标	A11 露出的沉船	A12 淹没的沉船	A13 泉	A14 水井
居民地	A16 学校	A17 肥气池	A18 卫生所	A19 地上窑洞	A20 电视发射塔
	A21 地下窑洞	A22 窑	A23 蒙古包		
公共设施	A68 加油站	A69 气象站	A70 路灯	A71 照射灯	A72 喷水池
	A73 垃圾台	A74 旗杆	A75 亭	A76 岗亭.岗楼	A77 钟楼.鼓楼.城楼
	A78 水塔	A79 水塔烟囱	A80 环保监测点	A81 粮仓	A82 风车
	A83 水磨房.水车	A84 避雷针	A85 抽水机站	A86 地下建筑物天窗	
…	…	…	…	…	…

2) CASS 简码作业

使用简码作业采集数据时，现场对照实地输入野外操作码(也可自己定义野外操作码，内业编辑索引文件)，图 11-25 所示点号旁的括号内容为每个采集点输入的操作码。

对于 CASS 的简码作业，其操作码的具体使用规则如下：

(1) 对于地物的第一点，操作码＝地物代码。

(2) 连续观测某一地物时，操作码为"+"或"-"。

(3) 交叉观测不同地物时，操作码为"n+"或"n-"

(4) 观测平行体时，操作码为"p"或"nP"。对于带齿牙线的坎类符号，将会自动识别是堤还是沟。若上点或跳过 n 个点后的点所在的符号不为坎类或线类，系统将会自动搜索已测过的坎类或线类符号的点。因而，用于绘平行体的点，可在平行体的一"边"未测完时测对面点，亦可在测完后接着测对面的点，还可在加测其他地物点之后，测平行体的对面点。

(5) 若要对同一点赋予两类代码信息，应重测一次或重新生成一个点，分别赋予不同的代码。

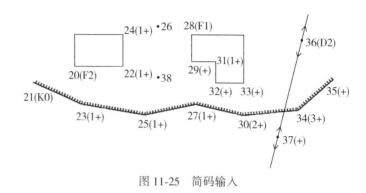

图 11-25　简码输入

11.4　数字地形图的内业成图和检查验收

通过不同数据采集手段获取各种地形信息数据并传输到计算机之后，经过人机交互编辑，生成数字地形图。这种利用计算机对原始数据进行计算、整理和地形图绘制的过程称为地形图的计算机编绘。

11.4.1　地形图的内业成图

地形图编绘是利用传输到计算机中的碎部点坐标和属性信息，在计算机屏幕上绘制地物、地貌图形，经人机交互编辑，生成数字地形图或由打印机(或绘图仪)绘制出地形图。下面针对应用最为广泛的草图测记法模式，说明地形图编绘内业工作的内容和方法。

1. 数据传输

数字测图软件均提供与内存卡、电子手簿或者带内存的全站仪之间的数据传输功能，能够进行数据的双向传输。内存卡可直接插入计算机接口，电子手簿或者带内存的全站仪则需用通信电缆、蓝牙或红外传输等方式与微机连接。

1)与带内存的全站仪通信

将全站仪通过适当的通信电缆等方式与计算机系统进行通信，打开数字测图软件，选择"读取全站仪数据"的菜单选项，再选择全站仪的型号。同时在全站仪和计算机数据通信设置项中选择相同的通信参数，如波特率、数据位、停止位和检验位等，先在计算机上确认，后在全站仪上确认，即可将全站仪的数据传输到计算机。

2)通过存储卡读取

FGO 测量办公软件是苏州一光仪器公司开发的测量数据处理软件，可以使全站仪与计算机实现双向传输，也可以先将数据存储在全站仪的存储卡上，然后在 FGO 测量办公软件中转换为 CASS 等数字化成图软件的数据格式，从而可在成图软件中进一步进行数据处理与地形图的编绘。FGO 测量办公软件包含两个子系统：常规仪器处理和 GNSS 数据后处理。

2. 测点展绘

对于数字测图软件，不论是底层开发的还是平台二次开发的，均具有测点展绘功能，就是将野外所测地形点的点号、坐标和高程在计算机屏幕上按照坐标显示出来。草图测记法模式，就是根据草图的点号和连接信息，在计算机上进行交互式图形绘制。

3. 地物绘制

数字测图软件系统一般均有地图符号库，根据地物类型不同分为三类，即点状地物、线状地物和面状地物，大致对应图式符号中的非比例符号、半比例符号和比例符号。采用数字测图软件绘制地物符号的工作相对比较简单。对照外业绘制草图，根据软件中地物绘制命令(或点击功能按钮、屏幕菜单等)绘制所有地物符号。

1)点状地物绘制

点状地物符号具有定位点，有的还具有定向线或真实方位。根据野外实测定位点的坐标、真实方位绘制出点状符号。

2)线状地物绘制

根据草图绘制的线状地物性质，连接点号，应用软件中线状地物绘制功能，可自动调用该地物的线型和线宽，在规定的图层，使用规定的颜色绘制出相应的线状符号。

3)面状地物绘制

面状地物具有外围边界线，根据外业草图和展绘的测点，调用相应面状地物符号进行绘制。需要进行面状地物填充时要注意阴影线之间的间距或相邻点状符号的间距选择，《地形图图式》中虽有明确的规定，但在实际工作时，尤其是在大面积植被填充时，建议选择比《地形图图式》规定的间距大一些。

4. 等高线绘制

野外测定的地貌特征点一般是离散的数据点，采用离散高程点绘制等高线，首先根据离散高程点构建数字地面模型(DTM)，即不规则三角网(TIN)。然后在不规则三角网上跟踪等高线通过点，将相邻的高程相同点用折线连接起来成为等高线，再利用适当的光滑参数对等高线进行光滑处理，从而形成光滑的等高线。等高线绘制的基本原理参见11.3节。

5. 图形编辑

在大比例尺数字测图过程中，由于实际地形、地物的复杂性，漏测、错测甚至重复测是难以避免的，此时需要在保证精度的前提下，消除相互矛盾的地形、地物，对于错测、漏测的部分，应及时进行外业检查、补测或重测，还应对地名、街道名等进行注记。另外，当地形图测好后，随着时间的变化，要及时对地图进行更新，即要根据实地变化情况，对变化了的地形地物进行增加、删除或修改，以保证地图的现势性。

1)常规编辑

常规编辑主要是对图形进行基本的处理，如图元编辑、删除、断开、延伸、修剪、移动、旋转、比例缩放、复制、偏移拷贝、复合处理等，一般是对单个图形的局部进行编辑处理，以符合实际地形情况。

2）符号编辑

符号编辑主要是对图形进行规范化处理，如坐标转换、植被填充、土质填充、测站改正、房檐改正、直角纠正、修改墙宽等，一般是对符号的整体进行编辑处理，以符合图式的规定。

3）图面整饰

数字地形图整饰主要是进行图面的压盖处理，保证图面整洁美观和清晰易读，包括各种文字注记、数字注记和面状要素填充等与地物、地貌符号位置关系的处理。

（1）当两个地物之间的间距过小无法看清时，可将次要地物移位绘制。

（2）各种文字和数字注记，与其他地物地貌符号容易产生压盖问题，如高程注记点与屋、道路、等高线等出现重叠或压盖，可进行适当的位置调整。

（3）植被符号是表示地表面覆盖物的面状符号，当与等高线等产生压盖问题时，亦可进行位置的调整甚至删除压盖的个别植被符号。

4）注记处理

地形图上除了各种图形符号外，还有各种注记要素，包括文字注记和数字注记，具体可以分为名称注记、说明注记、数字注记以及图幅注记。《地形图图式》对注记的字体、大小、方向、字空、字列和字位均有严格规定，一般通过人机交互绘制。注记内容，除一部分（如等高线计曲线高程、高程点高程等）可以从文件中调出外，大多数将通过键盘输入。通过注记参数对话框选择字体、大小、字空等参数，然后由鼠标选择注记位置后，绘制注记。

6. 数字地形图的分幅、整饰和输出

数字地形图经各小组编辑处理，所有小组图形的合并检查完成后，即可进行图形的分幅、图廓生成和绘图输出。

1）图形分幅

在图形分幅前，应做好分幅的准备工作。一是查阅设计规定的分幅方法，如标准分幅；二是了解图形数据文件中 X 坐标和 Y 坐标的最小值和最大值，划分图幅的数量，确定每幅图的名称。各数字测图软件都能提供分幅的方法和具体操作，但要注意检查自动分幅时对图形的断开处理是否恰当，尤其是某些点状、面状符号处于两幅图的相交处，容易出现不正确的现象，需要进行手动处理。

2）图廓生成

图廓的内容包括内外图廓线、方格网、接图表、图廓间和图廓外的各种注记等。各数字测图软件提供图廓的自动生成功能，在设置中输入图幅的名称，测图的时间、方法、坐标系统，作图依据的图式版本，测图单位，相邻图幅的图名，测量员，制图员，审核员等。

3）图形输出

大比例尺地形图在完成编辑后，应用数字测图软件的"绘图仪或打印机出图"功能进

行绘图。输出时应注意设置绘图的比例尺，不同软件设置方式不尽相同。AutoCAD 的图形像素以输入数据的单位(一般为米)为准，因此，1∶1000 比例尺地形图输出时为 1∶1，1∶500 要放大一倍输出，1∶2000 则是缩小 50% 输出。

11.4.2　数字地形图的检查验收

1. 大比例尺数字地形图的基本要求

大比例尺数字地形图的平面坐标采用以"2000 国家大地坐标系统"为大地基准、高斯-克吕格投影的平面直角坐标系，投影长度变形值不应大于 25mm/km，特殊情况下可采用独立坐标系。高程基准采用"1985 国家高程基准"。

根据《城市测量规范》(CJJT 8—2011)中对大比例尺数字地形图地物点的平面位置精度的规定，地物点相对邻近控制点的图上点位中误差在平地和丘陵地区不得大于 0.5mm，在山地和高山地不得大于 0.75mm，特殊困难地区可按地形类别放宽 0.5 倍。高程精度，在城市建筑区和基本等高距为 0.5m 的平坦地区，高程注记点相对邻近控制点的高程中误差不得大于 0.15m；其他地区高程精度以等高线插求点的高程中误差，应符合表 11-10 中的规定，困难地区可放宽 0.5 倍。图上高程注记点分布均匀，高程注记点间距为图上 20~30mm(或每 100cm^2 内 8~20 个)。

表 11-10　　　　　　　　　　　等高线插求点的高程中误差

地形类别	平地	丘陵地	山地	高山地
高程中误差	≤1/3×H	≤1/2×H	≤2/3×H	≤1×H

注：表中 H 为基本等高距。

2. 大比例尺数字地形图的质量要求

大比例尺数字地形图的质量要求通过对产品的数据说明、数学基础、数据分类与代码、位置精度、属性精度、逻辑一致性、完备性等质量特性的要求来描述。

数据说明包括：产品名称和范围说明、存储说明、数学基础说明、采用标准说明、数据采集方法说明、数据分层说明、产品生产说明、产品检验说明、产品归属说明和备注等。

数学基础是指地形图采用的平面坐标和高程基准、等高线等高距。

大比例尺数字地形图数据分类与代码应按照《基础地理信息要素分类与代码》(GB/T 13923—2007)等标准执行，补充的要素及代码应在数据说明备注中加以说明。

位置精度包括：地形点、控制点、图廓点和格网点的平面精度、高程注记点和等高线的高程精度、形状保真度、接边精度等。

地形图属性数据的精度是指描述每个地形要素特征的各种属性数据必须正确无误。

地形图数据的逻辑一致性是指各要素相关位置应正确，并能正确反映各要素的分布特点及密度特征。线段相交,无悬挂或过头现象,面状区域必须封闭等。

地形要素的完备性是指各种要素不能有遗漏或重复现象,数据分层要正确,各种注记要完整,并指示明确等。

数字地形图模拟显示时,其线划应光滑、自然、清晰、无抖动、重复等现象。符号应符合相应比例尺地形图图式的规定。注记应尽量避免压盖地物,其字体、字大、字向等一般应符合《地形图图式》规定。

3. 大比例尺数字地形图平面和高程精度的检查和质量评定

1)检测方法和一般规定

野外测量采集数据的数字地形图,当比例尺大于 1∶5000 时,检测点的平面坐标和高程采用外业散点法按测站点精度施测,每幅图一般各选取 20~50 个点。用钢尺或测距仪量测相邻地物点间距离,量测边数每幅图一般不少于 20 处。平面检测点应是均匀分布、随机选取的明显地物点。

2)检测点的平面坐标和高程中误差计算

地物点的平面坐标中误差按式(11-36)计算:

$$\begin{cases} M_x = \sqrt{\dfrac{\sum\limits_{i=1}^{n}(X_i'-X_i)^2}{n-1}} \\ M_y = \sqrt{\dfrac{\sum\limits_{i=1}^{n}(Y_i'-Y_i)^2}{n-1}} \end{cases} \qquad (11\text{-}36)$$

式中,M_x 为坐标 X 的中误差,M_y 为坐标 Y 的中误差,X_i' 为坐标 X 的检测值,X_i 为坐标 X 的原测值。Y_i' 为坐标 Y 的检测值,Y_i 为坐标 Y 的原测值。n 为检测点个数。

相邻地物点之间间距中误差按式(11-37)计算:

$$M_s = \sqrt{\dfrac{\sum\limits_{i=1}^{n}\Delta S_i^2}{n-1}} \qquad (11\text{-}37)$$

式中,ΔS_i 为相邻地物点实测边长与图上同名边长较差,n 为量测边条数。

高程中误差按式(11-38)计算:

$$M_h = \sqrt{\dfrac{\sum\limits_{i=1}^{n}(H_i'-H_i)^2}{n-1}} \qquad (11\text{-}38)$$

式中,H_i' 为检测点的实测高程,H_i 为数字地形图上相应的内插点高程。n 为高程检测点个数。

4. 大比例尺数字地形图的检查验收

对大比例尺数字地形图的检查验收实行"两级检查,一级验收"制度,两级检查指的是过程检查和最终检查，验收工作应经最终检查合格后进行。在验收时，一般按检验批中的单位产品数量的 10% 抽取样本。检验批一般应由同一区域、同一生产单位的产品组成，同一区域范围较大时，可以按生产时间不同分别组成检验批。在验收中对样本进行详查，并进行产品质量核定，对样本以外的产品一般进行概查。如样本中经验收有质量为不合格产品时，须进行二次抽样详查。验收工作完成后，编写验收报告，随产品归档。

11.5 数字测图技术进展

地形测绘中数据采集技术主要包括两类：一类是单点采集，如利用经纬仪、全站仪、GPS 等仪器获取离散点的三维坐标，该方法不能快速获取空间的大量信息，对地形险峻的地区存在采点困难、效率低等缺点；另一类是面采集方法，即通过摄影测量、遥感获取影像数据，处理得到大量点的三维坐标，但需花费大量时间处理影像。

11.5.1 三维激光扫描

20 世纪 60 年代开始出现的激光探测及测距技术(light detection and ranging, LiDAR)通常称为激光雷达或激光扫描技术，又称为"实景复制"技术。它采用高精度逆向三维建模及重构技术，以获取目标的三维坐标数据，并通过计算机重构三维模型。该技术可直接实现各种大型、复杂、不规则的实体或实景三维数据的完整采集，在数据采集效率、模型精度、数据处理速度和数据分析准确性等方面都具有明显的优势，是继 GNSS 技术以后的又一项测绘技术新突破。

根据承载激光扫描装置的平台不同，可分为地面激光扫描(包括手持式、背包式、固定式和车载式)、机载激光扫描(基于飞机飞艇等载体)和星载激光扫描。

无论扫描仪的类型如何，三维激光扫描仪的构造原理都是相似的。三维激光扫描仪的主要构造是由一台高速精确的激光测距仪，配上一组可以引导激光并以均匀角速度扫描的反射棱镜。激光测距仪主动发射激光，同时接受由自然物表面反射的信号从而可以进行测距，针对每一个扫描点可测得测站至扫描点的斜距，再配合扫描的水平和垂直方向角，可以得到每一扫描点与测站的空间相对坐标。如果测站的空间坐标是已知的，那么则可以求得每一个扫描点的三维坐标。

采用三维激光扫描系统开展地形测绘成图工作，是传统地形测绘工作有益的补充，在测绘人员难以到达的区域开展数据采集具有较大的优势。

11.5.2 航空摄影测量与无人机倾斜摄影测量

1. 航空摄影测量

航空摄影测量是指在飞机上用航摄仪器对地面连续摄取像片，结合地面控制点测量、调绘和立体测绘等步骤，绘制出地形图。

航空摄影测量大致分为航空摄影、航测外业和航测内业三个阶段。航测外业包括：①像片控制点联测，像片控制点一般是航摄前在地面上布设的标志点，也可选用像片上明显地物点(如道路交叉点等),用测角交会、测距导线、等外水准、高程导线等普通测量方法测定其平面坐标和高程;②像片调绘,在像片上通过判读,用规定的地形图符号绘注地物、地貌等要素;测绘没有影像的和新增的重要地物;注记通过调查所得的地名等;③综合法测图,在单张像片或像片图上用平板仪测绘等高线。航测内业包括:①加密测图控制点,以像片控制点为基础,一般用空中三角测量方法,推求测图需要的控制点、检查其平面坐标和高程。②测制地形原图。

与地面测图相比,航空摄影测量测图具有速度快、精度均匀、效率高等优点。它可以将大量野外测绘工作移到室内进行,以减轻测绘工作者的劳动强度。尤其对高山区或人不易到达的地区,航空摄影测量更具有优越性。目前,航空摄影测量被广泛用于大面积的地形图测绘。

2. 无人机倾斜摄影测量

倾斜摄影技术是国际摄影测量领域近十几年发展起来的一项高新技术,该技术通过从一个垂直、四个倾斜共五个不同的视角同步采集影像,获取到丰富的建筑物顶面及侧视的高分辨率纹理。它不仅能够真实地反映地物情况,高精度地获取物方纹理信息,还可通过先进的定位、融合、建模等技术,生成真实的三维城市模型。

无人机倾斜摄影系统是以无人机为飞行平台,以倾斜摄影相机为任务设备的航空影像获取系统。传统航空摄影只能从垂直角度拍摄地物,且需要大量进行地面人工打点才能获取高精度数据,不但费时费力,其合理性还高度依赖于作业员的经验,甚至当地信号、交通、地理地形等条件。无人机摄影测量技术逐步突破了传统航测精度的限制,结合像控技术,已经能够满足 1:500、1:1000、1:2000 等大比例尺地形图精度要求。

无人机摄影测量分为外业和内业两个部分:外业主要流程为前期准备、测区环境勘察、像控布设、无人机及云台搭建、航线规划、飞行作业、航测数据导出。内业主要流程有航测数据整理、POS 数据整理(ppk 解算)、空三加密、刺像控点、平差、三维建模及生成 DOM/DSM/DEM 等、使用数据采集软件加载生成的模型并进行 DLG 线划图。

无人机倾斜摄影测量大大减少了外业工作量,提高了测绘效率和质量,与传统地面测量相比,效率提高了几倍甚至是 10 倍以上。但在应用过程中,存在模型分辨率不一致、精度不可靠、格式不匹配的问题,且没有现行的标准对任务质量进行评价,这在一定程度上限制了无人机倾斜摄影测量技术进一步发展。

11.5.3　卫星遥感测图

遥感是利用人造卫星、宇宙飞船、有人驾驶飞机、无人驾驶飞机、飞艇等航天航空飞行器,携载各类成像传感器,获取地球表面自然与社会各类景观所辐射的电磁波信号,经图像处理,从而提取几何、物理与人文信息的技术。

使用遥感技术进行地形图制作是一种有效的方法,可以提供精确、全面的地形信息。其制作过程包括选择合适的遥感数据源、数据预处理、地物提取、地形分析与建模、地形图制作与可视化。

1. 选择合适的遥感数据源

根据所携载的传感器及其所获取的影像信号类型的不同，可分为可见光全色遥感、红外遥感、多光谱遥感、高光谱遥感、微波(雷达)遥感等，还可根据成像的几何特性分成双视(立体)成像、单视(非立体)成像、框幅式成像、扫描式成像、激光扫描成像等。常用分辨率来描述遥感系统的技术能力，影像上每个像元所对应的地面单元尺寸称为空间分辨率(如美国快鸟影像的空间分辨率为0.6m)；影像每个波段的光谱带宽度称为光谱分辨率(如某高光谱影像的光谱分辨率为10nm)；同一地点先后两景影像的时间间隔称为时间分辨率(如陆地卫星影像的时间分辨率为14d)。

根据地形图制作的目的、精度要求以及数据可获得性等因素，选择合适的遥感数据源。一般来说，高分辨率的遥感影像能够提供更详细的地形信息，但数据量较大，处理也相对复杂。

2. 数据预处理

在进行地形图制作之前，还需要对所选的遥感数据进行预处理。预处理的主要目的是去除数据中的噪声和杂波，以便更准确地提取地形信息。预处理的步骤包括辐射校正、大气校正、几何校正等。辐射校正可以纠正影像数据中的亮度差异，使其具有可比性；大气校正可以消除大气散射对影像的影响；几何校正可以校正影像数据中的位置偏差，使其准确地反映实际地面。

3. 地物提取

地物提取是地形图制作的关键步骤，其目的是从预处理后的遥感数据中提取出地形信息。地物提取的方法有很多种，常用的方法包括阈值分割、边缘检测、纹理分析等。通过这些方法，可以将地形要素如山脉、河流等进行提取，并生成相应的矢量数据。

4. 地形分析与建模

地形分析与建模是地形图制作的另一个重要步骤。通过地形分析与建模，可以对地形特征进行进一步的分析和处理，以便更好地理解地表形态。常用的地形分析工具包括坡度分析、高程剖面分析、流域分析等。这些工具可以提供详细的地形信息，并为地形图制作提供支持。

5. 地形图制作与可视化

在地形分析与建模之后，就可以进行地形图的制作与可视化工作了。地形图的制作可以使用专业的地理信息系统软件，通过将地形数据与各种专题图层进行叠加生成最终的地形图。地形图的可视化需要考虑色彩搭配、符号标注、比例尺等因素，以便更好地传达地形信息。

◎ 思考题

1. 数字测图有哪几个作业过程？
2. 数字化测量的作业模式有哪几种？
3. 试述全站仪测定碎部点的基本方法。
4. 数字化成图系统绘制等高线的步骤是什么？
5. 简述大比例尺数字测图野外数据采集的模式。
6. 大比例尺数字测图野外数据采集需要得到哪些数据和信息？
7. 如何检查大比例尺数字地形图的平面和高程精度？
8. 简述大比例尺数字地形图的检查验收过程。

第 12 章　数字地形图应用

大比例尺地形图是建筑工程规划设计和施工中的重要地形资料。特别是在规划设计阶段，不仅要以地形图为底图，对规划地区的各种地物、地类、地貌等的分布情况作系统而周密的调查研究，进行总平面的布设；而且还要根据需要，从地形图上获取地物、地貌、居民点、水系、交通、通信、管线、农林等要素的数量、质量、层次等多方面的信息，以便因地制宜地进行合理的规划和设计。

设计人员可以在地形图上确定点位、点与点之间的距离和直线间的夹角；可以确定直线的方位角，进行实地定向；可以确定点的高程和两点间的高差；可以在图上绘制集水线和分水线，标出洪水位线和淹没线；可以从地形图上计算出土地等的面积和体积，从而确定用地面积、土石方量、蓄水量、矿产量等；可以从图上确定各设计对象的施工数据；可以从图上截取断面，绘制断面图。在 GIS 平台中，以地形图为底图，还可以编绘出一系列专题地图，如地籍图、地质图、水文图、农田水利规划图、国土空间规划图、建筑物总平面图、城市交通图等。因此，地形图也是基础地理信息系统中的重要组成部分。

12.1　地形图的识读

为了正确地应用地形图，首先必须认识地形图上各种线条、符号、字符注记和总体说明，称为地形图的识读。地形图的识读，可按先图外后图内、先地物后地貌、先主要后次要、先注记后符号的基本顺序，并参照相应的《地形图图式》逐一阅读。

12.1.1　地形图图廓外注记和说明

在地形图的图廓外有许多注记，如图号、图名、接图表、比例尺、图廓线、经纬度格网、坐标格网、三北方向线和坡度尺等，图 12-1 所示为一幅 1∶10000 比例尺的地形图图廓样式。

1. 图号、图名和接图表

为了区别各幅地形图所在的位置和拼接关系，每一幅地形图上都编有图号，图号是根据统一的分幅进行编号的。除图号以外，还要注明图名，图名是以本图幅内最著名的地名、最大的村庄、突出的地物、地貌等的名称来命名的，目的是便于记忆和寻找。图号、图名注记在北图廓上方的中央。

在图的北图廓左上方，绘有该幅图四邻各图号（或图名）的略图，称为接图表。中间一格画有斜线的代表本图幅，四邻分别注明相应的图号（或图名）。按照接图表，就可找

257

到相邻的图幅。图 12-1 图廓上方所示,"东林庄"为本幅图的图名,"H50G021048"为图号。

2. 比例尺

在每幅图的南图框外的中央均注有测图的数字比例尺,并在数字比例尺下方绘出直线比例尺。利用直线比例尺,可以用图解法确定图上的距离,或将实地距离换算成图上长度,如图 12-1 的图廓下方所示的"1∶10000"和下面的直线比例尺图形。

对于 1∶500、1∶1000 和 1∶2000 等大比例尺地形图,一般只注明数字比例尺,不注明直线比例尺。

3. "三北"方向线关系图

在中、小比例尺图的南图廓线右下方,还绘有真子午线 N、磁子午线 N′和纵坐标轴这三者的角度关系,称为三北方向线关系图(图 12-1 右下角)。该图幅中,磁偏角为 2°45′(西偏);坐标纵线偏于真子午线以西 0°15′;而磁子午线偏于坐标纵线以西 2°30′。利用该关系图,可对图上任一方向的真方位角、磁方位角和坐标方位角三者间作相互换算。

大比例尺地形图的图廓外注记比小比例尺图要简单一些。大比例尺地形图不需要经纬线格网,只需要坐标格网,因此不需要经纬度注记和三北方向线;一般也不画直线比例尺,仅注明数字比例尺。

4. 经纬度及坐标格网

梯形图幅的图廓是由上、下两条纬线和左、右两条经线构成的。对于 1∶10000 的图幅,经差为 3′09″,纬差为 2′42″。本图幅位于东经 116°57′35″~117°00′44″、北纬 31°08′09″~31°10′51″所包括的范围。图廓四周标有黑、白分格,横分格为经线分数尺,纵分格为纬线分数尺,每格表示经差(或纬差)为 1′,如果用直线连接相应的同名分数尺,即形成由子午线和平行圈构成的梯形经纬线格网。

图 12-1 中部的方格网为平面直角坐标格网,纵横轴线分别平行于以投影带的中央子午线为 X 轴和以赤道为 Y 轴的轴线,其间隔通常是 1km,所以也称为公里格网。

按照高斯平面直角坐标系的规定,横坐标值 y 位于中央子午线以西为负,为了避免横坐标 y 出现负值,特将每一带的纵坐标轴西移 500km。同时在点的横坐标值前直接标明所属投影带的号。在图 12-1 中,第一条坐标纵线 y 为 20711km,其中,20 为带号,其横坐标值为(711km-500km)= 211km,即位于中央子午线以东 211km 处。图中第一条坐标横线 x 为 3450km,则表示位于赤道以北 3450km 处。经纬线格网可以用来确定图上各点的地理坐标——经纬度,而公里格网可以用来确定图上各点的平面直角坐标和任一直线的坐标方位角。

12.1.2　地形图的坐标系统、图式和精度

在进行识读之前,还应了解地形图的平面直角坐标系统和高程系统,地形图图式和等高线,以及地形图的精度。

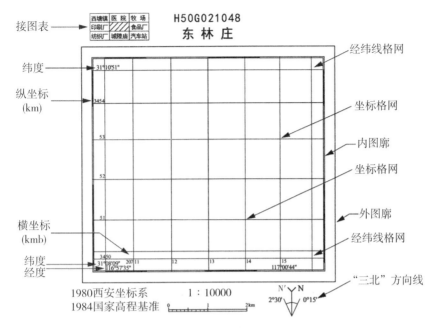

图 12-1　1∶10000 比例尺图的图廓和格网

1. 地形图的平面直角坐标系统和高程系统

对于比例尺为 1∶10000 或比例尺更小的地形图，通常是采用国家统一的高斯平面直角坐标系。城市地形图多数采用以通过城市中心地区的某一子午线为中央子午线的高斯平面直角坐标系，称为城市独立坐标系。当工程建设范围比城市更小时，也可采用把测区作为平面看待的工程独立坐标系，建筑工程中往往采用以建筑轴线为坐标轴的建筑坐标系，例如在建筑物施工测量时，以及测绘建筑总平面图时采用。

对于高程系统，自 1956 年起，我国统一规定以黄海平均海水面作为高程起算面，建立"1956 黄海高程系"。后来，又根据青岛验潮站历年积累的验潮资料，建立"1985 国家高程基准"。大部分地形图属于上述高程系统，但也有一些地方性的高程系统，如上海及其邻近地区即采用"吴淞高程系"，在地形图应用时，必须加以注意。通常，地形图采用的高程系在图框外的左下方用文字说明。各高程系统之间只需加减一个常数即可进行换算。

2. 地形图图式和等高线

应用地形图应该了解地形图所使用的地形图图式，熟悉一些常用的地物符号和地貌符号，了解图上文字注记和数字注记的确切含义，我国现行的大比例尺地形图图式是由国家质量监督检验检疫总局与国家标准化管理委员会发布、2007 年 12 月 1 日实施的《地形图图式》，它是识读地形图的重要依据。另外还应该了解等高线的特性，要能根据等高线判读出山丘、山脊、山谷、鞍部、山脊线、山谷线等各种地貌。

259

3. 地形图的精度

地形图的精度直接关系到从图上获得的地形信息的可靠程度。对于传统的纸质地形图，根据我国《城市测量规范》(CJJ/T 8—2011)的规定：城市大比例尺地形图上，地物点平面位置精度为地物点相对于邻近图根点的点位中误差在图上不得超过 0.5mm；邻近地物点间距中误差在图上不得超过 0.4mm。山地、高山地和设站施测困难的旧街坊内部，其精度要求按上述规定适当放宽，分别为 0.75mm 和 0.6mm。对于高程精度，该规范规定：城市建筑区和基本等高距为 0.5m 的平坦地区，其高程注记点相对于邻近图根点的高程中误差不得超过 0.15m；在等高线地形图上，根据相邻等高线内插求得地面点相对于邻近图根点的高程中误差，在平坦地区不得超过 1/3 等高距，在丘陵地区不得超过 1/2 等高距，在山地不得超过 2/3 等高距，在高山地不得超过 1 个等高距。

对于数字地形图(数字线划图)：地物点相对于邻近图根点的点位中误差不得大于 ±10cm，施测困难的不得大于 ±15cm；相邻地物点间距中误差不得大于 ±10cm，施测困难的不得大于 ±15cm；地面高程注记点相对于邻近图根点的高程中误差在稳固坚实地面不得大于 ±5cm，其他地面不得大于 ±10cm；不定形地形点的点位中误差不得大于 ±20cm，高程中误差不得大于 ±10cm。由于野外实测的数字地形图在数图转换以及图形绘制过程中不存在精度损失，因此，野外采集数据的精度即为数字地形图的精度。

对于地形图使用者来说，应该了解以上这些有关地形图的精度指标。

12.1.3 地物和地貌的识读

在识读地形图时，还应注意地面上的地物和地貌不是一成不变的。由于城乡建设事业的迅速发展，地面上的地物、地貌也随之发生变化，因此，在应用地形图进行规划以及解决工程设计和施工中的各种问题时，除了细致地识读地形图外，还需进行实地勘察，以便对建设用地作全面正确地了解。

地形图上的地物、地貌是用不同的地物符号和地貌符号表示的。比例尺不同，地物、地貌的取舍标准也不同，随着各种建设的不断发展，地物、地貌又在不断改变。要正确识别地物、地貌，阅读前应先熟悉测图所用的地形图式、规范和测图日期。下面分别介绍地物、地貌的识别方法。

1. 地物的识别

识别地物的目的是了解地物的大小种类、位置和分布情况。通常按先主后次的程序，并顾及取舍的内容与标准进行。按照地物符号先识别大的居民点、主要道路和用图需要的地物，然后再扩大到识别小的居民点、次要道路、植被和其他地物。通过分析，就会对主、次地物的分布情况，主要地物的位置和大小形成较全面的了解。

2. 地貌的识别

识别地貌的目的是了解各种地貌的分布和地面的高低起伏状况。识别时，主要是根据基本地貌的等高线特征和特殊地貌(如陡崖、冲沟等)符号进行。山区坡陡，地貌形态复杂，尤其是山脊和山谷等高线犬牙交错，不易识别。可先根据水系的江河、溪流找出山谷、山脊系列，无河流时可根据相邻山头找出山脊。再按照两山谷间必有一山脊，两山脊间必有一山谷的地貌特征，即可识别山脊、山谷地貌的分布情况。结合特殊地貌符号和等高线的疏密进行分析，就可以较清楚地了解地貌的分布和高低起伏情况。

最后，将地物、地貌综合在一起，整幅地形图就像立体模型一样展现在眼前。

12.2　地形图应用的基本内容和方法

地形图是国家各个部门、各项工程建设中必需的基础资料，在地形图上可以获取多种所需信息。从地形图上确定地物的位置和相互关系及地貌的起伏形态等情况，比实地更准确、更全面、更方便、更迅速。

12.2.1　点的坐标量测

从地形图上获得长度、角度、坐标、面积等数据的过程称为**量测**。欲确定地形图上某点的坐标，可根据格网坐标用图解法求得。图框边线上所注的数字就是坐标格网的坐标值，它们是量取坐标的依据。

如图 12-2 所示，欲求图上 P 点的坐标，首先找出 P 点所处的小方格，并用直线连成小正方形 abcd，其西南角 a 点的坐标为 x_a、y_a，再量取 ag 和 ae 的长度，即可获得 P 点的坐标为

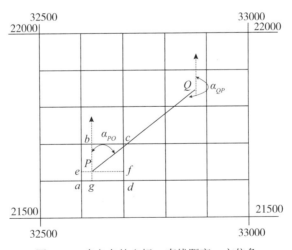

图 12-2　确定点的坐标、直线距离、方位角

$$\begin{cases} x_A = x_a + ae \cdot M \\ y_A = y_a + ag \cdot M \end{cases} \tag{12-2}$$

式中，M 为地形图比例尺分母。

由于图纸的伸缩，在图纸上实际量出的方格长度往往不等于 10cm，为了提高坐标量

算的精度，这时就需要考虑图纸伸缩的影响。设在图纸上量得 ab 的实际长度为 $\overline{ab}$，量得 ad 的实际长度为 $\overline{ad}$，则 A 点的坐标按下式计算：

$$\begin{cases} x_A = x_a + \dfrac{10}{\overline{ab}} \cdot ae \cdot M \\ y_A = y_a + \dfrac{10}{\overline{ad}} \cdot ag \cdot M \end{cases} \tag{12-3}$$

式中，$\overline{ab}$、ae、$\overline{ad}$、ag 均为图上量取的长度（单位为 mm），量至 0.1mm，M 为地形图比例尺分母。

图解法求得的坐标精度受图解精度的限制，一般认为，图解精度为图上 0.1mm，则图解坐标精度不会高于 0.1M（单位为毫米）。

12.2.2　两点间的水平距离和方位角量测

1. 距离量测

如图 12-2 所示，在图上先量得直线两端点 P 和 Q 的坐标 x_P、y_P 和 x_Q、y_Q，反算直线长度 D_{PQ}。算式如下：

$$D_{PQ} = \sqrt{(x_Q - x_P)^2 + (y_Q - y_P)^2} \tag{12-4}$$

如果 P，Q 两点的坐标按式（12-3）计算得到，则这样量算而得的水平距离改正了图纸伸缩的影响。当量测距离的精度要求不高时，则可以用比例尺直接在图上量取。

2. 方位角量测

欲求直线 PQ 的方位角，可先求出 P、Q 两点坐标，然后按照下式计算直线 PQ 的坐标方位角 α_{PQ}：

$$\alpha_{PQ} = \arctan \frac{y_Q - y_P}{x_Q - x_P} \tag{12-5}$$

12.2.3　点位高程及两点间的坡度量测

在等高线地形图上，如果地面点恰好位于某一等高线上，则根据等高线的高程便可直接确定该点高程。如图 12-3 所示，p 点的高程为 20m。

当地面点位于相邻两等高线之间时，可过该点作垂直于相邻两等高线的线段，再依高差和平距成比例的关系求解。例如，图 12-3 中等高线的基本等高距为 1m，则 q 点高程为：

$$H_q = H_m + \frac{mq}{mn} \cdot h = 23 + \frac{14}{20} \times 1 = 23.7\text{m} \tag{12-6}$$

式中，mn、mq 均是在图上量取的，h 是等高距，H_m 是 m 点高程。

在地形图上量测到两点间的水平距离 D 和高差 h 后，可按下式计算两点间的地面坡

度 i ，通常以百分率(%)或千分率(‰)表示：

$$i = \frac{h}{D} = \frac{h}{d \cdot M} \quad\quad (12\text{-}7)$$

如果直线两端位于相邻两条等高线上，则所求的坡度与实地坡度相符。如果两点间的距离较长，直线通过疏密不等的多条等高线，则式(12-7)所求地面坡度为两点间的平均坡度，与实地坡度不完全一致。

如果是数字地形图，在 AutoCAD 屏幕量测两点间的水平距离 D 的同时，也可得到两点的三维坐标差 $(\Delta X，\Delta Y，\Delta Z)$ ，因此可以按下式计算两点间的地面坡度：

$$i = \frac{\Delta Z}{D} \quad\quad (12\text{-}8)$$

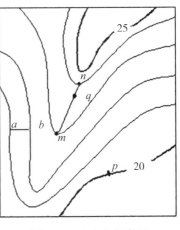

图 12-3　确定点的高程

12.2.4　在图上设计等坡线

在山区或丘陵地区进行管线或道路工程设计时，均有坡度限制。在地形图上选线时，可按限制坡度设计最佳路线。

如图 12-4 所示，欲在 A 和 B 两点间选定一条坡度不超过 i 的路线，设图上等高距为 h ，地形图的比例尺为 $1：M$ ，由坡度定义可得，线路通过相邻两条等高线的最短距离为

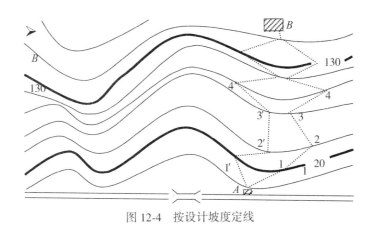

图 12-4　按设计坡度定线

$$d = \frac{h}{i \cdot M} \quad\quad (12\text{-}9)$$

为了满足限制坡度的要求，根据上式计算出该路线经过相邻等高线之间的最小水平距离 d 。于是，以 A 点为圆心，以 d 为半径画弧，交相邻等高线于 1、1′两点，再分别以点 1、1′两点为圆心，以 d 为半径画弧，交另一等高线于 2、2′两点，依此类推，直到 B 点为止。然后依次连接 A，1，2，…，B 和 A，1′，2′，…，B，便在图上得到两条符合限制坡度的路线。最后，通过结合实地调查，充分考虑少占农田，建筑费用最少，避开塌方或崩

裂地带等主要因素,从中选定一条最合理的路线。

在作图过程中,如遇等高线之间的平距大于半径 d 时,即以 d 为半径的圆弧将不会与等高线相交。这说明该处的坡度小于限制坡度。在这种情况下,路线方向可按最短距离绘出。

12.3　面积量测和计算

在工程设计和土地管理等工作中,经常需要在地形图上对平面图形进行面积量测和计算。如城市和工程建设中的土地面积、建筑面积、绿化面积和工程实体的断面面积量测,农业建设中的耕地面积、植树造林面积、水库汇水面积量测,地籍管理中的宗地面积和用地分类面积量测,等等。

12.3.1　几何图形面积量测

1. 简单几何图形面积量测

利用分规和比例尺,在地形图上量取图形的各几何要素(一般为线段长度),通过公式计算面积;也可以把某些复杂图形分解为若干个规则的几何图形,例如三角形、梯形或平行四边形等,如图 12-5 所示。量出这些图形的边长,就可以利用几何公式计算出每个图形的面积。最后,将所有图形的面积之和乘以该地形图比例尺分母的平方,即为所求面积。

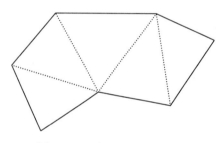

图 12-5　几何图形法测算面积

上量测线段长度时精确到 0.1mm。

2. 坐标计算法面积量测

如果图形为任意多边形,且各顶点的坐标已知,则可利用坐标计算法精确量测该图形的面积。如图 12-6 所示,各顶点 1、2、3、4、5、6、7 按照逆时针方向编号,在地形图上量测到各点坐标后,则可利用面积公式计算多边形面积:

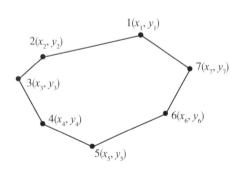

图 12-6　坐标计算法测算面积

$$S = \frac{1}{2} \sum_{i=1}^{n} x_i (y_{i-1} - y_{i+1}) \qquad (12\text{-}9)$$

式中,当 $i=1$ 时,y_{i-1} 用 y_n 代替;当 $i=n$ 时,y_{i+1} 用 y_1 代替。

上式为坐标计算法量测面积的通用公式。

12.3.2 不规则图形面积量测

地物和土地边界的图形极为复杂，除了由直线段、圆曲线段等有规则线条组成的几何图形以外，还有各种由任意曲线组成的图形，总称为不规则图形。不规则图形的面积量算方法对于纸质地形图可用"求积仪法"。对于数字化地形图，则可利用 AutoCAD 的"面积量测功能"确定图形面积。不规则图形的面积计算的原理是对曲线围成的图形进行定积分。

求积仪原本是一种机械装置的测量面积仪器，电子求积仪改用电子脉冲计数设备和微处理器，使用更方便。图 12-7 所示为 KP-90N 电子求积仪。

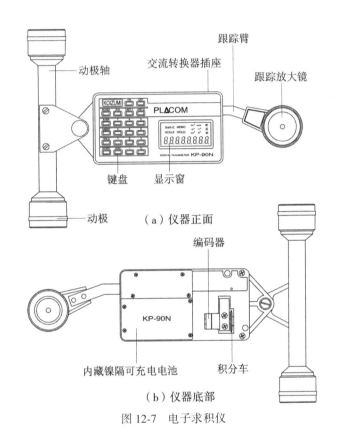

（a）仪器正面

（b）仪器底部

图 12-7　电子求积仪

在地形图上求取图形面积时，先在求积仪的面板上设置地形图的比例尺和使用单位，再利用求积仪一端跟踪透镜的十字中心点绕图形一周来求算面积。电子求积仪具有自动显示量测面积结果、储存测得的数据、计算周围边长、数据打印、边界自动闭合等功能，计算精度可以达到 0.2%。同时，具备各种计量单位，例如，公制、英制，有计算功能，当数据量溢出时会自动移位处理。由于采用了 RS-232 接口，可以直接与计算机相连进行数据管理和处理。

为了保证量测面积的精度和可靠性，应将图纸平整地固定在图板或桌面上。当需要测量的面积较大，可以采取将大面积划分为若干块小面积的方法，分别求这些小面积，最后把量测结果加起来。也可以在待测的大面积内划出一个或若干个规则图形（四边形、三角形、圆等等），用解析法求算面积，剩下的边、角小块面积用求积仪求取。

有关电子求积仪的具体操作方法和其他功能，可参阅使用说明书。

12.3.3　数字地形图面积量测

对于数字地形图上的地块、房屋、道路、池塘等封闭图形，可以用 AutoCAD 的面积查询命令 area，或点击"查询"工具条中的"面积"查询快捷键，求得由若干个点或若干线段（直线或曲线）所围成的平面图形的面积和周长，因此可以用来量测地形图上各种图形的面积，按图形类型的不同，有以下两种量测图形面积的方法。

1. 多边形角点捕捉法

此方法先使用 area 命令，然后利用"对象捕捉"（object snap）工具条中的捕捉到节点（nod），捕捉到交点（int）、捕捉到端点（end）等快捷键，按图形的顺时针或逆时针方向依次捕捉组成多边形的各点，最后按回车键，屏幕的命令窗口中即可显示该图形的面积和周长。本方法适用于由若干个点（不论各点之间是否以直线相连）组成的任意多边形，相当于用"坐标解析法"求多边形面积。

在 AutoCAD 2000 及以后版本中，又增加了"自动跟踪捕捉"功能的设置，该项设置能记忆捕捉第一点时的捕捉命令。然后，光标在沿着图形轮廓线移动时，会自动捕捉到各个多边形角点。该功能的设置方法如下：单击主菜单"工具"，选中"草图设置"中的"对象捕捉"，显示其对话框。在对话框中选择"启用对象捕捉"，并在复选框中复选"节点""交点""端点"等；最后，单击"确定"，完成对这些点的自动跟踪捕捉功能的设置。

2. 建立面域法

该方法首先需要对待量测面积的图形建立一个"面域"（region）。圆形、单独由一条样条曲线所围成的图形在作图时，已建立一个面域；对于其他任意图形，建立面域的方法如下：在命令行发 region 命令，或点击主菜单"绘图"（或"绘图"工具条）中的"面域"快捷键，命令行提示"选择对象"，用光标依次选取组成图形的各个图元（entity）——各段直线、圆弧或样条曲线；所选图元必须使图形严格封闭，最后按回车键确定。如果图元选取无误，命令行中显示"已建立 1 个面域"，然后发 area 命令，再在命令行键入"o"（对象object），命令行提示"选择对象"，用光标选中已建立的面域，命令行中立即显示该图形的面积及周长。本方法适用于圆形、椭圆形、矩形、多边形以及由直线、圆弧或样条曲线组成的任意封闭图形的面积查询。

另外，还可以将一个量测对象的面积加上（或减去）随后指定的另一对象的面积。面积相加的方法如下：键入 area 命令后，命令行显示"指定第一个角点或[对象(o)/加(a)/减(s)]、键入"a"（add），选择面积相加；再键入"o"，选定第一个对象，显示其面积；再选定第二个对象，显示其面积的总和；并再继续加下去。面积相减的方法如下：键入 area 命令后，再键入"s"（subtract）选择面积相减；再键入"o"，选定第一个对象，显示其面积；再选定第二个对象．显示其面积之差；也可再继续减下去。

12.4 工程建设中的地形图应用

12.4.1 绘制地形断面图

在道路、管线等线路工程设计中，经常需要了解沿线路方向的地面起伏情况，可利用地形图绘制沿指定方向的纵断面图。

如图 12-8(a)所示，若要绘制 AB 方向的断面图，在等高线地形图上作 A，B 两点的连线，与各等高线相交，各交点的高程即为其所在等高线的高程，而各交点的平距可在图上用比例尺量得。画地形断面图时，先画出两条相互垂直的轴线，如图 12-8(b)所示，以横轴表示平距，以竖轴表示高程，然后在地形图上量取 A 点至各交点及地形特征点 1、2、3、……的平距，并按作图比例尺把它们分别转绘在横轴上，以相应的高程作为纵坐标，得到各交点在断面上的位置。用光滑的曲线连接这些点，即得 AB 方向的断面图。

为了突出显示地面的高低起伏状况，断面图的高程比例尺可根据需要扩大 5~10 倍。

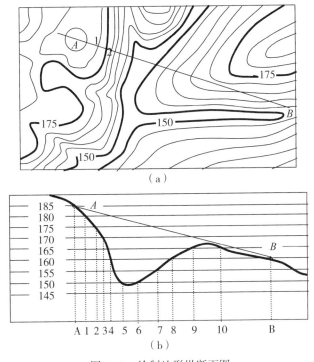

图 12-8 绘制地形纵断面图

若要判断地面上两点是否通视，只需在这两点的断面图上用直线连接两点：如果直线与断面线不相交，说明两点通视；否则，两点之间不通视。如图 12-8 中，A、B 两点连线与断面线不相交，证明两点通视。地面两点间通视情况判断，对于架空索道、输电线路、

267

水文观测、测量控制网布设、军事指挥及军事设施的兴建等都有很重要的意义。

12.4.2 确定汇水范围

汇水面积指的是雨水流向同一山谷地面的受雨面积。跨越河流、山谷修筑道路时，必须建桥梁和涵洞。兴修水库必须筑坝拦水。而桥梁涵洞孔径的大小、水坝的设计位置与坝高、水库的蓄水量等都要根据这个地区的降水量和汇水面积来确定。

由于雨水是沿山脊线(分水线)向两侧山坡分流，所以汇水面积的边界线是由一系列的山脊线连接而成的。如图 12-9 所示，一条公路经过山谷，拟在 m 处架桥或修涵洞，其孔径大小应根据流经该处的流水量决定，而流水量又与山谷的汇水面积有关。欲确定汇水面积，先确定汇水面积的边界线。如图由山脊线 ab、bc、cd、de、ef、fg 与公路上的 ga 所围成的闭合图形的面积即为这个山谷的汇水面积。量测该面积的大小，再结合气象水文资料，便可进一步确定流经公路 m 处的水量，从而为桥梁或涵洞的孔径设计提供依据。

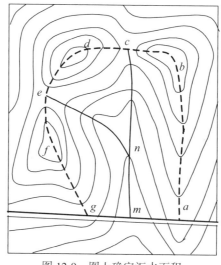

图 12-9 图上确定汇水面积

12.4.3 填挖边界线确定和土石方量计算

在建筑工程中，往往要进行建筑场地的平整。利用地形图可以估算土石方工程量，选择既合理又经济的最佳方案。场地平整有两种情形：一种是平整为水平场地，另一种是整理为倾斜场地。

1. 平整为水平场地

如图 12-10 所示，欲将 40m 见方的 ABCD 坡地平整为某一高程的平地，要求确定其填挖边界和极端填挖方量。方法如下：

1)绘制方格网

在地形图上拟平整土地的区域绘制方格网。方格的大小取决于地形的复杂程度、地形图比例尺和土石方量概算的精度。一般取小方格的图上边长为 2cm，实地边长为 10m 或 20m，图 12-10 中为 10m。

　　2）计算设计高程

　　根据地形图上的等高线，用内插法求出各方格顶点的地面高程，标注在方格顶点的右上方。如图 12-10 中，74.0m、74.7m、74.5m 和 73.8m 等。再分别求出各方格四个顶点的平均高程 $H_i(i=1，2，\cdots，n)$，然后将各方格的平均高程求和并除以方格总数 n，即得到设计高程 $H_{设}$（$H_{设}$ 也可以根据工程要求直接给出），根据图 12-10 中数据，求得设计高程为 71.9m。

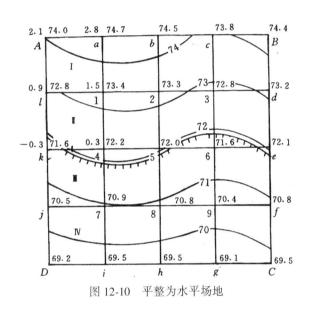

图 12-10　平整为水平场地

　　3）绘制填、挖边界线

　　根据 $H_{设}=71.9m$，在地形图上用内插法绘出 71.9m 等高线，则该线就是填挖边界线，在此线上的点不填又不挖，亦称零等高线。见图 12-10 中标短线的等高线。

　　4）计算填、挖高度

　　将各方格网点的地面高程减去设计高程 $H_{设}$，即得各方格网点的填、挖高度，并注于相应顶点的左上方，正号表示挖，负号表示填，如图 12-10 中，+2.1m、+0.9m、−0.3m 等。

　　5）计算填、挖土石方量

　　计算填、挖土石方量有两种情况：一种是整个方格都是填方或都是挖方，如图 12-10 中方格 Ⅰ 和 Ⅳ，另一种是既有填方又有挖方，如图中方格 Ⅱ 和 Ⅲ。

　　设 $V_{Ⅰ挖}$ 为方格 Ⅰ 的挖方量，$V_{Ⅱ挖}$ 和 $V_{Ⅱ填}$ 分别为方格 Ⅱ 的挖方量和填方量，则

$$V_{Ⅰ挖}=\frac{1}{4}(2.1+2.8+0.9+1.5)A_{Ⅰ挖}=1.825A_{Ⅰ挖} \tag{12-12}$$

$$V_{Ⅱ挖}=\frac{1}{5}(0.9+1.5+0.3+0+0)A_{Ⅱ挖}=0.54A_{Ⅱ挖} \tag{12-13}$$

$$V_{\text{II填}} = \frac{1}{3}(0 + 0 - 0.3)A_{\text{II填}} = -0.1A_{\text{II填}} \tag{12-14}$$

根据以上公式，分别计算出各个方格的填、挖方量，然后求和，即可求得场地的总填、挖土方量。由于设计高程 $H_{\text{设}}$ 是各个方格的平均高程值，则最后计算出来的总填方量和总挖方量应基本平衡。

2. 平整为倾斜场地

有时为了充分利用自然地势，减少土石方工程量，以及场地排水的需要，在填挖土石方量基本平衡的原则下，可将场地平整成具有一定坡度的倾斜面，其步骤如下：

1）绘制方格网

方法与平整水平场地相同，如图 12-11 所示。然后根据等高线求出各方格顶点的地面高程，并注在各顶点的右上方。

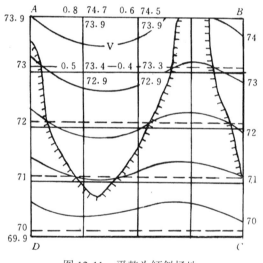

图 12-11　平整为倾斜场地

2）计算场地平均高程

场地平均高程的计算方法与水平场地的设计高程计算方法相同，则 $H_{\text{平}} = 71.9\text{m}$。

3）计算倾斜场地最高边线和最低边线高程

如图 12-11 所示，欲将 ABCD 地块平整为由 AB 向 CD 倾斜 10% 的坡度，因此 AB 线上各点为最高点，DC 线上各点为最低点。当 AB 线和 DC 线之间中点位置的设计高程为 $H_{\text{平}}$ 时，方可使场地的填、挖土石方量平衡。设 AD 边长为 D_{AD}，由此得：

$$H_A = H_B = H_{\text{平}} + \frac{1}{2}D_{AD} \cdot i = 71.9 + \frac{1}{2}(40 \times 10\%) = 73.9\text{m} \tag{12-15}$$

$$H_C = H_D = H_{\text{平}} - \frac{1}{2}D_{AD} \cdot i = 71.9 - \frac{1}{2}(40 \times 10\%) = 69.9\text{m} \tag{12-16}$$

4）确定倾斜场地的等高线

根据 A、D 两点的设计高程，在 AD 直线上用内插法定出 70m、71m、72m、73m 各设计等高线的点位，过这些点作 AB 的平行线(图 12-11 中以虚线表示)，这就是倾斜场地的等高线。

5)确定填、挖边界线

倾斜场地等高线(设计等高线)与原地形图上与其同高程等高线的交点刚好位于倾斜面上，这些点既不填又不挖(又称零点)。连接这些点即为填、挖边界线。填挖边界线上有短线的一侧为填方区，另一侧为挖方区。

6)计算方格顶点的设计高程

根据倾斜场地等高线用内插法确定各方格顶点的设计高程，并注于方格顶点的右下方。

7)计算填挖土方量

其方法与整理成水平场地时相同。

12.5　数字地形图的应用

利用 AutoCAD 或者相关专业软件相应功能(如南方 CASS 软件中的"工程应用")，可以很方便地从数字地形图上查询点、线、面等地形图应用的基本信息。数字地形图还可以制作成各种专题图。如去掉高程部分，通过权属调查，加绘相应的地籍要素，经编辑处理可生成数字地籍图，若加上房产信息可制作房产图，若加上地下管线信息可制作地下管线图等。

由数字地形图可以得到数字高程模型，在测绘、水文、气象、地质、土壤、工程建设、通信、军事等国民经济和国防建设及人文和自然科学领域有着广泛的应用。在测绘中可用于绘制等高线、坡度图、坡向图、立体透视图，制作正射影像、立体景观图、晕渲图、立体地形模型，还可用于地图修测；在工程建设上，可用于土石方计算、通视分析、日照分析，以及各种剖面图的绘制及线路的设计等；在防洪减灾方面，数字高程模型是进行水文分析，如汇水分析、水系网络分析、降雨分析、蓄洪计算、淹没分析等的基础；数字高程模型是 GIS 的基础数据，可与其他专题数据叠加用于分析与地形相关的各种应用，如洪水险情预报，土地利用现状的分析和合理规划等；在军事方面，数字高程模型也有着重要的应用价值，如应用于巡航导弹的导航、无人驾驶或遥控飞行装置的控制、通信与作战任务的制订等工作。

随着计算机技术和数字化测绘技术的迅速发展及其向各个领域的渗透，数字地形图在国民经济建设、国防建设和科学研究的各个领域将发挥越来越大的作用。

12.5.1　数字地形图的基本应用

以南方 CASS 数字化成图软件中"工程应用"为例，从基本几何要素的查询、土石方量计算、断面图绘制和面积应用等方面介绍数字地形图在工程建设中的应用。

1. 基本几何要素查询

在 CASS 软件【工程应用】菜单中，提供了很多相应的查询与计算功能，如坐标查询、面积查询、距离与方位查询等。

1）查询指定点的坐标与坐标标注

在 CASS 软件中，执行【工程应用】→【查询指定点的坐标】命令或单击实用工具栏中的【查询坐标】按钮，选择适宜的捕捉方式，用鼠标捕捉到需要查询的点。首先在状态栏或者鼠标十字标靶附近显示该点的坐标值，点击鼠标左键后则在文本显示窗口显示该点坐标值。也可以采用先进入点号定位方式，导入相应坐标数据文件后，按照点号进行坐标查询。

单击屏幕菜单【文字注记】→【特殊注记】，选择注记坐标，则可以在所需位置将该点的坐标标注在图上。

2）查询两点的距离和方位角

在 CASS 软件中，执行【工程应用】→【查询两点距离及方位】命令或单击实用工具栏中的【查询距离和方位角】按钮，按提示用鼠标捕捉需要查询的两个点，在文本显示窗口则显示两点间的距离和方位角。也可以先进入【点号定位方式】，导入相应坐标数据文件后，再输入两点的点号进行查询。

3）查询线长

在 CASS 软件中，执行【工程应用】→【查询线长】命令，用鼠标选择实体（直线或曲线），弹出提示框，显示查询的线对象长度值。

4）查询实体面积

在 CASS 软件中，执行【工程应用】→【查询实体面积】命令，按命令行提示选择查询方式，可利用实体边线或点选取实体内部任意位置后，命令行显示实体面积，要注意实体应是封闭的。

2. 土石方量的计算

在【工程应用】下拉菜单中提供了 DTM 法、断面法、方格网法、等高线法和区域土石方量平衡五种土石方量的相关计算方法。其中，DTM 土石方计算法是由 DTM 模型来计算土石方量。通常是根据实地测定的地面离散点坐标(X，Y，H)进行构网，组成不规则三角网结构。三角网构建好之后，依据平场标高，计算填方和挖方分界线，然后用生成的三角网来计算每个三棱柱的填挖方量，最后累计得到指定范围内填方和挖方总量。计算时，三棱柱体上表面用斜平面拟合，下表面为设计平场标高水平面或按照一定坡度平场的参考面。如图 12-12(a)所示，A、B、C 为地面上相邻的高程点，垂直投影到某平面上对应的点为 a、b、c，S 为三棱柱底面积，h_1、h_2、h_3 为三角形角点到平场标高面的填挖高差。计算公式为

$$V = \frac{h_1 + h_2 + h_3}{3} \cdot S \tag{12-16}$$

DTM 土石方计算法在 CASS 软件中提供了三种计算模式，即根据坐标文件计算、根据图上高程点计算、根据图上三角网计算。计算时执行【绘图处理】→【展高程点】命令，将坐标数据文件中的碎部点三维坐标展绘到当前图形中。再用复合线命令 Pline 根据工程要求绘制一条闭合多义线作为土石方计算的边界。最后，执行【工程应用】→【DTM 法土方计算】→【根据坐标文件】命令，按提示选择边界线后在对话框中显示区域面积，接着输入平场设计标高与恰当的边界插值间隔（系统默认为 20m），在对话框中显示挖方量和填方量

（图 12-12（c））。

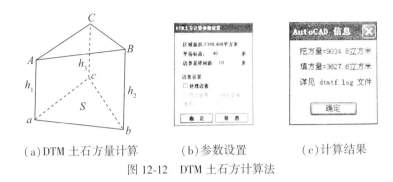

(a)DTM 土石方量计算　　　(b)参数设置　　　(c)计算结果

图 12-12　DTM 土石方计算法

12.5.2　数字地形图在线路设计中的应用

1. 线路曲线设计

CASS 提供了进行线路曲线设计的基本计算功能，进行单个交点和多个交点的处理，可得到平曲线要素和逐桩坐标成果表。现以多个交点的线路曲线设计为例，简要说明其计算方法。

（1）执行【工程应用】→【公路曲线设计】→【要素文件录入】命令，命令行提示选择：①偏角定位；②坐位定位。选择坐标定位，弹出【公路曲线要素录入】对话框，可直接输入线路起点坐标和各交点坐标，也可以用鼠标在已经设计好的线路中线上直接拾取以上各点坐标。

（2）执行【工程应用】→【公路曲线设计】→【曲线要素处理】命令，弹出相应对话框，输入要素文件名后按命令行提示操作可显示如图 12-13 所示线路图和相应的成果表。

2. 断面图绘制

CASS 软件提供了根据已知坐标文件、根据里程文件、根据等高线和根据三角网绘制断面图这四种方法。根据已知坐标文件绘制断面图时，首先在数字地图上用复合线画出断面方向线，执行【工程应用】→【绘断面图】→【根据坐标文件】命令。按命令行提示依次选择断面线，输入高程点数据文件名，在绘制纵断面图对话框中输入采样点的间距、起始里程、横向比例、纵向比例、隔多少里程绘一个标尺等要素，屏幕上则显示出所选断面线的断面图，如图 12-14 所示。

12.5.3　数字地面模型的应用

数字地面模型中除包含基本的地物信息和地貌信息外，还包含自然资源信息、环境信息和社会经济信息，可以用于建立各种各样的模型，解决一些实际问题。如按用户设定的等高距生成等高线图、透视图、坡度图、断面图、晕渲图，与数字正射影像复合生成景观

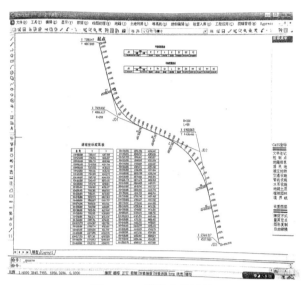

图 12-13 线路曲线设计

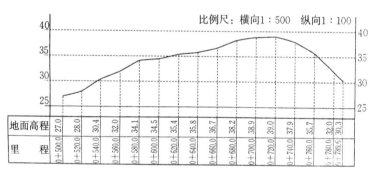

图 12-14 指定方向断面图

图，或者计算特定物体对象的体积、表面覆盖面积等，还可用于空间复合、可达性分析、表面分析、扩散分析等。借助地理信息系统，数字地面模型可广泛应用于工程建设、导航、国土空间规划、交通旅游、农业气象、应急救援、军事指挥等各个领域，在智慧城市、城市信息模型(CIM)、建筑信息模型(BIM)、数字孪生和元宇宙等新兴领域也具备很好的应用前景。

◎ 思考题

1. 纸质地形图和数字地形图有何区别，各有哪些主要用途？

2. 设图 12-15 为 1：10000 的等高线地形图，图下有直线比例尺，用以从图上量取长度。根据该地形图，用图解法确定：

(1)求 A，B 两点的坐标及 A—B 连线的坐标方位角；

（2）求 C 点的高程及 A—C 连线的地面坡度；

（3）从 A 点到 B 点定出一条地面坡度 $i=7\%$ 的线路。

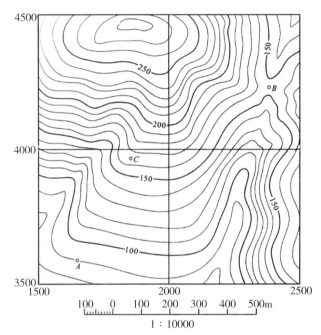

图 12-15 在地形图上量取坐标高程方位角及地面坡度

3. 根据如图 12-16 所示的等高线地形图，按图中已画好的高程比例，沿图上 A—B 方向作出其地形断面图。

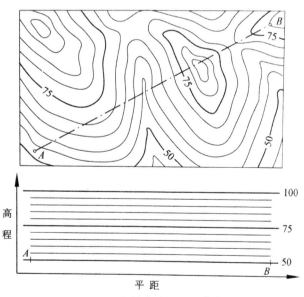

图 12-16 根据等高线地形图作断面图

4. 将地形图 12-17 所示范围平整成高程为 40.6m 的水平地面，在图上确定其填挖边界并计算填挖土石方量(以 m³ 为单位的填土或挖土体积)。

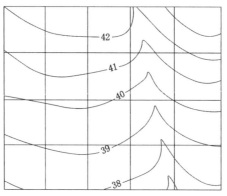

图 12-17　在地形图上设计水平面

5. 在如图 12-18 所示的等高线地形图上设计一倾斜平面，倾斜方向为 A—B 方向，要求该倾斜平面通过 A 点时的高程为 45m，通过 B 点时的高程为 50m，在图上作出填、挖边界线，并在填土部分画上斜阴影线。

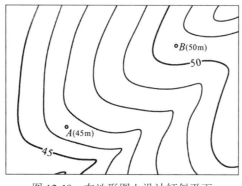

图 12-18　在地形图上设计倾斜平面

6. 对第 9 章思考题中第 4 题(图 9-36)所计算的闭合导线各点所围成的图形，用坐标解析法计算其面积(m²)，化为亩数；设导线点的坐标中误差 $m_c = \pm 0.025$m，估算用坐标解析法计算面积的精度和相对精度。

第13章　建筑工程测量

在国民经济建设中，凡涉及建造、购置和安装固定资产的经济活动以及与之相联系的其他工作，统称为工程建设，包括工业与民用建筑、道路工程、桥梁与隧道工程、水利水电枢纽工程、地下工程、管线工程、矿山工程和其他工程。工程建设一般分为勘测设计、施工建设和运营管理三个阶段。其中铁路、公路、石油与燃气管线、输电线及索道等线状延伸的工程称为线路工程。

地形图和各种测量数据为工程的勘测设计提供必要的测绘资料。不同的工程建设规模和工程阶段，对地形图比例尺的需求也不同。勘测设计阶段一般使用 1：1 万到 1：5 万的中小比例尺地图；施工建设的初步设计阶段，可能会用到 1：5000 和 1：2000 的局部地区或带状地区的地形图，可采用航空摄影测量方法测图；施工建设阶段，则要用到 1：500 到 1：2000 的大比例尺地形图，工程细部还可能需要比例尺大于 1：500 的地形图，大多采用数字测图方法成图。

在各种建筑工程勘测设计、施工建设与运营管理阶段所进行的测量工作称为**建筑工程测量**。在勘测设计阶段，需作测图控制和大比例尺地形图测绘；在施工建设阶段，需布设施工控制网，进行场地平整测量，建筑主轴线和细部放样，以及施工期间的变形监测工作，建筑完工时，应作竣工测量；在运营管理期间，要进行建筑物的变形和安全监测。

13.1　施工测量基础

施工测量的基本任务是将图纸上设计好的建（构）筑物的平面位置和高程，按设计和施工的要求在施工作业面上标定出来，以便据此施工，这项工作也叫**测设或施工放样**。

由于施工现场各种建筑物分布较广，各工段往往又不能同时施工，为了保证各个建（构）筑物在平面位置和高程上都能合乎设计要求，互相连成一个整体，施工测量和地形测量一样也应遵循由整体到局部，先控制后碎部的工作程序。施工测量的精度要求取决于建（构）筑物的等级、大小、结构、材料、用途和施工方法等因素。但一般而言，施工测量精度高于地形测量精度，变形观测精度高于其他施工测量工作的精度，钢结构工程精度高于钢筋混凝土工程精度，高层建筑放样精度高于低层建筑，工业建筑的放样精度高于民用建筑，吊装施工方法的精度高于浇筑施工方法。因此，必须选择与施工精度要求相适应的仪器和方法进行施工测量，才能保证施工质量。

13.1.1　施工放样的种类

施工放样目的和顺序与测量恰好相反，测量是将地面上的地形、地物描绘到图上，而放样是将图上设计的工程建(构)筑物标定到地面。**施工放样的基本工作**包括角度放样、距离放样和高程放样，以及在此基础上的点位放样、坡度放样。

(1)角度放样。以某一已知方向为基准，放样出另一方向，使两方向间的夹角等于设计角度。角度放样可用经纬仪或全站仪，通过盘左盘右定点取中的方法进行。

(2)距离放样。将设计图上的已知距离按给定的起点和方向标定出来。可用钢尺放样，也可用电磁波测距放样。

(3)高程放样。把设计图上的高程在实地标定出来。

(4)点位放样。根据图纸上建筑物特征点的设计坐标将其标定到实地的测量工作。工程建筑物的形状和大小，是通过一些特征点描述的，如矩形建筑的四个角点、线形建筑的转折点等。点位放样是建筑物放样的基础。

(5)坡度放样。根据一点的高程，在给定方向上连续测设一系列坡度桩，使桩顶连线构成设计坡度。

13.1.2　角度放样

水平角放样(测设)是从一个已知方向出发，测设出另一个方向，使该方向与已知方向的夹角等于设计水平角。已知方向上需要测设角度的点为"测站点"，另一点为"定向点"，或称"后视点"。当测设精度要求不高时，用直接法，当精度要求较高时采用归化法。

1. 直接法

如图 13-1(a)所示，AB 为已知方向，欲标定 AC 方向，使其与 AB 方向之间的水平夹角等于设计角度 β。在 A 点安置经纬仪，以 B 点为定向点，盘左位置照准 B 点，设置水平度盘读数为零，转动照准部使水平度盘读数为 β，在此视线上定出 C' 点；倒转望远镜，盘右位置按同样方法测设水平角 β，在此视线上定出 C'' 点，取 C'、C'' 的中点 C，则 $\angle BAC$ 就是测设的 β 角。

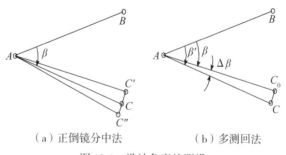

（a）正倒镜分中法　　　　（b）多测回法

图 13-1　设计角度的测设

2. 归化法

在诸如大型厂房主轴线间水平角度测设等工作中，待测设角度精度要求很高，可以采用归化法。如图 13-1(b)所示，在 A 点安置经纬仪，用直接法按定向点 B 测设 β 角，在地面上标定出 C 点；以多个测回(不少于两测回)观测水平角 $\angle BAC$，测回间平均值设为 β'，则其与设计角度之差 $\Delta\beta=\beta-\beta'$，并按下式计算在 C 点处的左右移动值：

$$CC_0 = AC\tan\Delta\beta = AC \cdot \frac{\Delta\beta}{\rho''} \tag{13-1}$$

过 C 点作 AC 的垂线，再从 C 点沿垂线方向量取 CC_0($\Delta\beta>0$，外量；$\Delta\beta<0$，内量)，则 $\angle BAC_0$ 为设计角值 β。

13.1.3 距离放样

按照施测工具的不同，可采用钢尺法和全站仪法进行距离放样。

1. 钢尺法

在平坦地区测设水平距离时，可以用经过长度检定的钢尺从一已知点出发，沿指定的方向标出另一点的位置，使两点间的水平距离等于设计长度 D。必要时需要根据所用钢尺的尺长方程式分别计算尺长改正值 ΔD_k 和温度改正值 ΔD_t，如果施工作业面不水平，还需要测定距离两端点间的高差，并计算该段距离的高差改正值 ΔD_h，求出与设计长度 D 对应的实地丈量距离：

$$D' = D - \Delta D_k - \Delta D_t - \Delta D_h \tag{13-2}$$

然后从已知的起点，按计算出的数据，用钢尺沿已知方向丈量 D'，经过两次同向或往返丈量，丈量精度达到一定要求后，取其平均值标出该线段终点的位置。

钢尺法适合于场地平整、距离较短的场合，特别是在建筑物内部地坪上进行建筑物细部放样时，便于使用该方法进行距离放样。

2. 全站仪法

待放样距离较长、地面不平坦时，可以采用测距仪或全站仪放样距离。在 A 点安置仪器，按施测时的温度、气压在仪器上设置改正值，瞄准 AC 方向，指挥装于标杆上的棱镜前后移动，当跟踪反光镜显示距离达到待放样水平距离 D_{AB} 时，即可定出 B 点。

13.1.4 高程放样

在场地平整、基坑开挖、路面定坡及地坪标高测定等工程建筑施工中，需要根据施工现场已有的水准点测设设计所指定的高程。高程放样与水准测量的区别在于，水准测量是测定两固定点之间的高差，而高程放样是根据一个已知高程的水准点，测设另一点的高低位置，使其高程值为设计值。

如图 13-2 所示，设水准点 A 的高程为 H_A，需要测设 B 桩的设计高程值为 H_B。在 A、B 两点间安置水准仪，先在 A 点竖立水准尺，读取尺上读数 a，由此得到视线高为

$$H_i = H_A + a \tag{13-3}$$

在 B 桩侧面立尺，为使尺底高程为 H_B，则该点处水准尺上读数应为

$$b = H_i - H_B \tag{13-4}$$

上下移动水准尺，使水准仪的读数为 b，沿水准尺底部在桩侧划线，此线处高程即为设计高程 H_B。

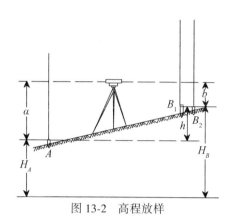

图 13-2　高程放样

当放样高程点位于较深的基坑内时，除用水准尺外，还需垂直悬挂钢卷尺，卷尺零端悬挂重锤。如图 13-3 所示，欲在深基坑内测设一点 B，其高程设计值为 H_B。先安置水准仪于地面，后视立于水准点 A（其高程值为 H_A）的水准尺，读数为 a_1，前视钢卷尺，读数为 b_1；移置水准仪于基坑内，后视钢卷尺读数为 a_2，由此得到视线高为

$$H_i = H_B + b_2 + (b_1 - a_2) = H_A + a_1$$

B 点水准尺上应有读数为

$$b_2 = H_A + a_1 - (b_1 - a_2) - H_B \tag{13-5}$$

上下移动水准尺，使水准仪读数为 b_2，沿水准尺底部在木桩侧面画线，此线即标志出设计高程 H_B。

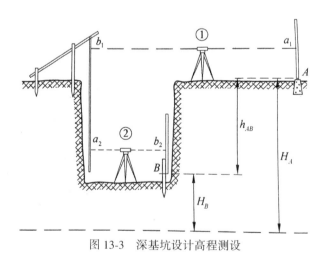

图 13-3　深基坑设计高程测设

13.1.5　点位放样

点位放样的方法有直角坐标法、极坐标法、距离交会法和角度交会法等，一般根据平

面控制点的分布、施工控制网形、现场地形条件、仪器设备和放样点位的精度要求选择合适的放样方法。

1. 直角坐标法

直角坐标法是根据已知点与设计点的坐标增量进行点位放样的方法。当施工控制网为矩形格网时，设计建筑物的轴线往往与控制网平行或垂直，此时采用该方法放样点位较为方便。如图 13-4 所示，A、B、C、D 为方格网控制点，a、b、c、d、e 为欲测设建筑的角点，根据设计图上各点坐标可确定测设数据。以点 a 为例，测设数据为

$$AE = y_a - y_A = \Delta y_{Aa}$$
$$Ea = x_a - x_A = \Delta x_{Aa};$$

放样 a 点时，首先在 A 点安置仪器，后视格网点 B，按距离放样方法在 AB 直线上定出点 E；在 E 点安置仪器，后视格网点 B，向左测设 AB 的垂线方向，在该方向上放样水平距离 Ea，标定出 a 点。用同样的方法放样其余四个角点。最后检查建筑物各角是否等于 $90°$，各边的实测长度与设计长度之差是否在允许范围内。

2. 极坐标法

如图 13-5 所示，点 $A(x_A, y_A)$，$B(x_B, y_B)$ 为平面控制点，点 P 为待放样点，其设计坐标为 (x_P, y_P)。若以 A 点为测站，首先按坐标反算公式计算测设数据：

$$\begin{cases} D = \sqrt{(x_P - x_A)^2 + (y_P - y_A)^2} \\ \beta = \alpha_{AP} - \alpha_{AB} \end{cases} \tag{13-6}$$

式中，α_{AB} 和 α_{AP} 分别按照坐标方位角反算方法，根据各点的坐标计算。

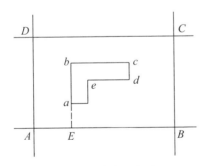

图 13-4　直角坐标法

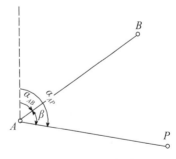

图 13-5　极坐标法

在 A 点安置经纬仪或全站仪，瞄准后视点 B，放样水平角 β，定出 AP 方向；在此方向上放样水平距离 D，定出 P 点。AP 方向也可直接根据方位角确定，即在 A 点瞄准 B 点时，将水平度盘读数设置成 α_{AB} 的值，转动照准部，使水平度盘读数为 α_{AP}，此时的视准轴方向即为 AP 的方向。

3. 角度交会法

角度交会法也叫方向交会法，当待放样点远离控制点或不便于量距而又缺少测距仪

时，可以用该方法放样点位。如图 13-6 所示，为了保证测设点 P 的精度，需要用两个三角形进行交会。根据点 $A(x_A，y_A)$，$B(x_B，y_B)$，$C(x_C，y_C)$ 及点 P 的设计坐标 $(x_P，y_P)$，分别计算测设数据 β_1、γ_1 和 β_2、γ_2；然后将经纬仪分别安置于 A、B、C 点放样水平角 β_1、γ_1 和 β_2、γ_2，并在 P 点附近沿 AP、BP、CP 方向线各打两个小木桩，桩顶中央拉一细线以表示该方向线，三条方向线的交点即为待放样点 P。

由于放样过程存在误差，三条方向线不会正好交于一点，而是形成一个很小的三角形，称为误差三角形。当误差三角形的边长在允许范围内时，可将误差三角形的重心作为 P 点的点位；若误差三角形至少一条边长超过容许值，按照上述方法重新进行方向交会。

4. 距离交会法

距离交会法又称长度交会法，适用于场地平坦，便于钢尺量距且待放样点到控制点距离不超过一尺段的情形，如图 13-7 所示，根据控制点 A，B 的坐标及待放样点 P 的设计坐标计算测设数据 D_1、D_2；从控制点 A 和 B 同时用钢尺放样这两段水平距离，其相交处即为待放样的点位 P。

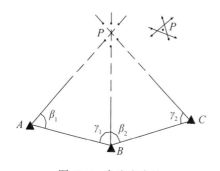
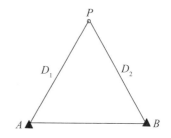

图 13-6　角度交会法　　　　　图 13-7　距离交会法

13.1.6　坡度放样

坡度放样就是根据一点的高程，在给定方向上连续放样一系列坡度桩，使桩顶连线构成设计坡度。在管线铺设、路面修筑等工程中，经常需要进行坡度放样。如图 13-8 所示，设 A 点桩顶高程为 H_A，A、B 间水平距离为 D，从 A 点沿 AB 方向放样一段设计坡度为 k 的直线，则 B 点的设计高程为

$$H_B = H_A + k \cdot D \tag{13-7}$$

先按上述高程放样的方法，放样 B 点高程；然后在 A 点安置水准仪，使一个脚螺旋在 AB 方向线上，另两个脚螺旋连线与 AB 垂直，量取仪器高 i 并瞄准 B 点水准尺，转动 AB 方向线上的脚螺旋或微倾螺旋，使 B 点水准尺上的读数为 i，则仪器的视线平行于设计坡度。在 AB 方向线上依次放样中间点 1，2，…，使各中间点水准尺上的读数均为 i，并以木桩标记，这样桩顶连线即为设计坡度线。

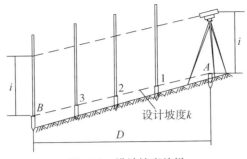

图 13-8 设计坡度放样

13.2 工业与民用建筑测量

工业与民用建筑包括工业厂区建筑、城市公共建筑和居民住宅建筑，测量目的是把图纸上设计好的各种建(构)筑物，按照设计的要求测设到相应的地面上，并设置各种标志，作为施工的依据。

13.2.1 建筑施工控制测量

1. 施工控制网概述

建筑施工控制测量的任务是建立施工控制网。在勘测阶段所建立的测图控制网，由于各种建筑物的设计位置尚未确定，无法满足施工测量的要求；另外，施工场地预先作土地平整时，大量土石方的填挖，也会损坏原有的测量控制点，因此，在建筑施工时，一般需要建立施工控制网。

工业厂房、民用建筑、道路和管线等工程，一般都是沿相互平行或垂直的方向布置成正方形或矩形的控制网，这种形式的施工控制网称为建筑方格网；对于面积不大又不十分复杂的建筑场地，常平行于主要建筑物的轴线布置一条或数条基线，作为施工测量的平面控制网，称为建筑基线；一些改扩建工程中，布设以上网形有困难，也可将施工控制网布置成导线。

2. 施工平面控制网

1) 建筑基线

建筑基线是根据设计建筑物的分布，以较简单的形式布设的施工平面控制网。通常可布置成三点直线形、三点直角形、四点"丁"字形和五点"十"字形等形式，如图 13-9 所示。布设的方法主要是精确放样 90°或 180°的水平角和距离，埋设在施工期间能保持稳定的地面标志，以便于建筑物轴线及其细部的施工放样。

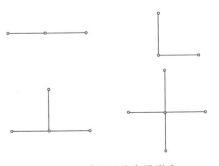

图 13-9 建筑基线布设形式

2）建筑方格网

建筑方格网应根据建筑设计总平面图上各建（构）筑物、道路及各种管线的布设情况，结合现场的地形情况进行布置。如图 13-10 所示，测设时应先选定建筑方格网的主轴线 *MN* 和 *CD*，然后再放样其他方格点。方格网布置时，应注意以下几点：

（1）格网的主轴线应布设在整个场区的中部，并与主要建筑物的基本轴线平行；

（2）格网中水平角的测角中误差一般为±5″；

（3）格网的边长一般为 100~300m，边长测量的相对精度为 1/2 万~1/3 万；

（4）格网点位应选在土质坚实、不受施工影响并能长期保存之处。

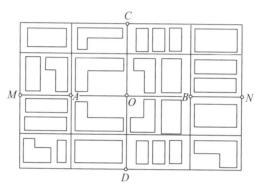

图 13-10　建筑方格网的布置

3. 施工高程控制网

在建筑施工场地，用四等水准测量精度，从国家或城市水准点联测高程，布设若干个（一般不少于 3 个）临时水准点，建立高程控制网。水准点的密度应尽可能一次安置仪器即可测设所需的高程点。对于连续生产的车间或管道线路，应提高精度等级，采用三等水准测量方法测定各水准点的高程。

为了内部构件的细部放样方便并减少误差，在布设高程施工控制网的同时，应以相同的精度在各厂房内部或附近专门设置±0.000 水准点，作为厂房内部底层的地坪高程。需要注意，设计中各建（构）筑物的±0.000 水准点高程不完全相同，应严格区分。

13.2.2　建筑施工测量

建筑施工测量指在施工控制网的基础上，对工业与民用建筑施工过程中每个环节进行的细部测设工作，包括建筑物的定位、轴线控制桩的测设、基础施工测量、主体施工测量以及厂房构件的安装测量工作。下面分别介绍民用建筑施工测量和工业厂房施工测量。

1. 民用建筑施工测量

民用建筑指的是住宅、办公楼、食堂、俱乐部、医院和学校等建筑物。施工测量的任务是按照设计的要求，把建筑物的位置测设到地面上，并配合施工以保证工程质量。

1）施工测量前的准备工作

设计图纸是施工测量的依据。施工测量前，应熟悉建筑物的设计图纸，了解施工的建筑物与相邻地物的相互关系，以及建筑物的尺寸和施工的要求等；应进行现场踏勘，以了解现场的地物、地貌和原有测量控制点的分布情况。此外，还要进行施工现场的平整和清理，拟订测设计划、绘制测设草图并计算测设数据，仔细核对各设计图纸的有关尺寸及测设数据，以免出现差错。表 13-1 列出了施工测量时必须准备的图纸资料。

表 13-1　　　　　　　　　　　　施工测量时必须准备的图纸资料

图纸名称	内　　容	作　　用
总平面图（见图 13-11）	待建建筑物与已建地物的位置关系，以及建筑物的尺寸	建筑物定位的数据来源和施工测量的总体依据
建筑平面图（见图 13-12）	给出建筑物各定位轴线间的尺寸关系及室内地坪标高	是进行轴线测设和高程放样的依据
基础平面图	给出基础轴线间的尺寸关系和编号	是开挖基坑及砌筑基础的重要依据
基础大样图（见图 13-13）	给出基础设计宽度、形式及基础边线与轴线的尺寸关系	是基础放样的依据
立面图和剖面图（见图 13-13）	给出基础、地坪、门窗、楼板、屋架和屋面等设计高程	是高程测设的主要依据

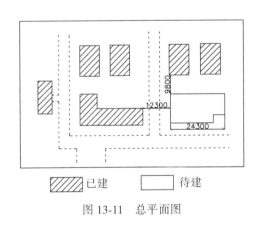

图 13-11　总平面图

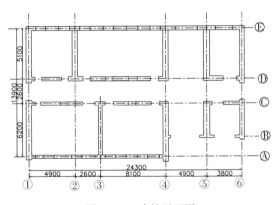

图 13-12　建筑平面图

2）建筑物定位

建筑物的定位，就是把建筑物外廓各轴线交点在地面上标定出来，然后再根据这些点进行细部放样。根据施工现场情况及设计条件，可采用以下方法进行建筑物定位：

（1）根据建筑方格网或测量控制点定位：

如场区内布设有建筑方格网，可根据方格网点的坐标和建筑物角点的设计坐标用直角坐标法定位；当待建建筑物附近有测量控制点时，可利用控制点的坐标和建筑物角点的设计坐标用极坐标法或方向交会法进行建筑物定位。

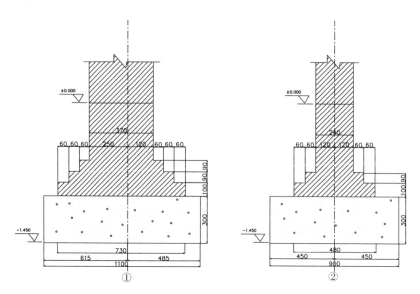

图 13-13　基础剖面图

（2）根据建筑红线定位：

对于统一规划的待建房屋，若房屋外廓轴线与建筑红线平行时，可按平行线推移法根据建筑物红线确定待建房屋外廓轴线交点，具体施测过程见 13.2.1 小节中"施工平面控制网"；若房屋外廓轴线与建筑红线不平行或垂直时，也可考虑用其他方法进行定位。

（3）根据与现有建筑物的关系定位：

在建筑区增建或改建房屋时，应根据与原有建筑物的空间关系，进行建筑物的定位。在图 13-14 中，绘有斜线的表示原有建筑物，没有斜线的是设计建筑物。图（a）为延长直线定位法，即先作 AB 边的平行线 $A'B'$，在 B' 点安置经纬仪作 $A'B'$ 的延长线 $E'F'$；然后分别在 E' 和 F' 点安置经纬仪，测设 90°，定出 EG 和 FH。图（b）为平行线定位法，即在 AB 边平行线上的 A' 和 B' 点安置经纬仪分别测设 90°而定出 GE 和 HF。图（c）为直角坐标定位法，首先在 AB 边平行线上的 B' 点安置仪器作 $A'B'$ 的延长线，定出 O 点，然后在 O 点安置仪器测设 90°，定出 G、H 点，最后在该两点上测设 90°定出 E 和 F 点。

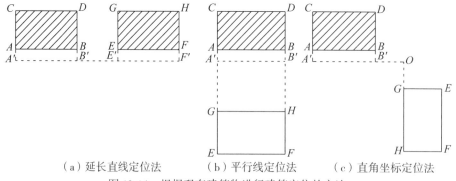

（a）延长直线定位法　　（b）平行线定位法　　（c）直角坐标定位法

图 13-14　根据现有建筑物进行建筑定位的方法

　　3）龙门板和轴线控制桩的设置

　　建筑物定位以后，应该进行建筑物细部轴线的测设。建筑物细部轴线测设就是根据定位所测设的角桩(即外墙轴线交点)，详细测设建筑物各轴线的交点位置，并在桩顶钉一小钉，作为中心桩；然后根据中心桩，用白灰画出基槽边界线。由于施工时中心桩会被挖掉。因此，应将轴线延长到安全地点，并作好标志，以便施工时能恢复各轴线的位置。延长轴线的方法一般有龙门板法和轴线控制桩法两种。

　　(1)龙门板法：

　　龙门板法适用于一般小型的民用建筑物，为了方便施工，在建筑物四角与隔墙两端基槽开挖边线以外 1.5~2m 处钉立的木桩叫龙门桩，钉在龙门桩上的木板叫龙门板。龙门桩要钉得竖直、牢固，桩的外侧面与基槽平行，如图 13-15 所示。

　　建筑物室内(或室外)地坪的设计高程称为地坪标高(也叫±0 标高)，以此作为建筑设计和施工测量的高程起算面。建筑物细部轴线测设时，根据建筑场地的水准点，用水准仪在每个龙门桩上测设建筑物±0.000 标高线；若现场条件不允许，也可以测设一个高于或低于±0.000 标高一定数值的标高线。但一个建筑物只能选择一个这样的标高。根据各龙门桩上的±0.000 标高线把龙门板钉在龙门桩上，使龙门板的顶面在一个水平面上，且与±0.000标高线一致。龙门板钉好后，用经纬仪将各轴线引测到龙门板顶面上，并以小钉标记(称为轴线钉)，同时将轴线号标在龙门板上。施工时可将细线系在轴线钉上，以控制建筑物位置和地坪标高。

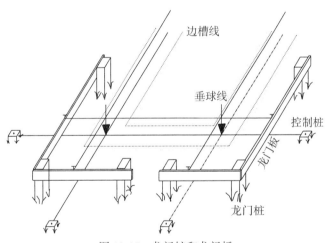

图 13-15　龙门桩和龙门板

　　(2)轴线控制桩法：

　　龙门板法使用方便，但占地大，影响交通，因而在机械化施工时，一般只设置轴线控制桩。为方便引测、易于保存桩位，轴线控制桩设置在基槽外不受施工干扰的基础轴线延长线上，桩顶面钉小钉标明轴线的准确位置，作为开槽后各施工阶段确定轴线位置的依据，如图 13-16 所示。轴线控制桩离基础外边线的距离根据施工场地的条件而定。如果附近有已建的建筑物，也可将轴线投设在建筑物的墙上。为了保证控制桩的精度，施工中往往将控制桩与定位桩一起测设，也可以先测设控制桩，再测设定位桩。

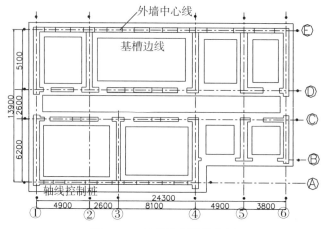

图 13-16　轴线控制桩的位置

4）基础施工测量

建筑物±0 标高以下部分称为建筑物的基础。基础以下用以承受整个建筑物荷载的土层为地基，地基不属于建筑物的组成部分。有些地基必须进行处理，如打桩处理时应根据桩的设计位置布置桩位，定位误差应在−5cm 到+5cm 之间。基础施工测量包括基槽开挖边线确定、基槽标高测设、垫层施工测设和基础测设等环节。

（1）基槽开挖边线确定：

基础开挖前，根据轴线控制桩或龙门板的轴线位置和基础宽度，并顾及基础挖深应放坡的尺寸，在地面上标出记号，然后在记号之间拉一细线并沿细线撒上白灰放出基槽边线（也叫基础开挖线），挖土就在此范围内进行。

（2）基槽标高测设：

开挖基槽时，不得超挖基底，要随时注意挖土的深度，当基槽挖到离槽底 0.300～0.500m 时，用水准仪在槽壁上每隔 2～3m 和拐角处钉一个水平桩，用以控制挖槽深度及作为清理槽底和铺设垫层的依据。水平桩的标高测设允许误差为±10mm。

图 13-17 中，建筑物基槽底标高为−1.600m，在基槽两壁标高为−1.300m 处钉水平桩，并沿水平桩在槽壁上弹墨线，作为挖槽和铺设基础垫层的依据。

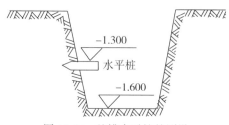

图 13-17　基槽水平桩的测设

（3）垫层施工测设：

基槽挖土完成并清理后，在槽底铺设垫层。可根据龙门板或控制桩投设垫层边线，具体投设方法为，在轴线两端控制桩的铁钉处系上细线，重锤挂在细线上并垂到槽底，以铁钉标记，按照垫层的设计宽度用平行线推移法定出垫层边线。

垫层标高以槽壁墨线或槽底小木桩控制。如垫层需要支模板，可直接在模板上弹出标高控制线。

（4）基础测设：

垫层做完后，根据龙门板或控制桩所示的轴线位置及基础设计宽度在垫层上弹出中心线和边线。鉴于此基准将控制整个建筑的位置和高程，因此应严格按照设计尺寸校核。

2. 工业厂房施工测量

工业厂房指各类生产用房及其附属建筑，可分为单层和多层厂房，其中金属结构及装配式钢筋混凝土结构的单层厂房最为常见。工业厂房的施工测量工作主要包括厂房柱列轴线测设、柱基施工测量、厂房构件安装测量。

1）厂房柱列轴线测设

对于跨度较小、结构安装简单的厂房，可按民用建筑施工测量的方法进行厂房定位与轴线测设；而对那些跨度大、结构及设备安装复杂的大型厂房，其柱列轴线一般根据厂房矩形控制网进行测设。为此，应先进行厂房控制网角点和主轴线坐标的设计，根据建筑场地的控制网测设这些点位并进行检核，符合精度要求后，即可根据柱间距和跨间距用钢尺沿矩形网各边量出各轴线控制桩的位置，并打入大木桩，钉上小钉，作为测设基坑和施工安装的依据。

图 13-18 为一两跨、十一列柱子的厂房，厂房控制网以 M、N 和 P、Q 为主轴线点，M'、N' 和 P'、Q' 点为相应的辅点以检查和保存主轴线点。分别在各主轴线点上安置经纬仪，测设 90°，以方向交回法确定厂房角桩 A、B、C、D 点，然后按照各柱列设计宽度以

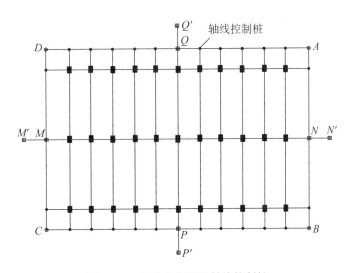

图 13-18　厂房控制网及轴线控制桩

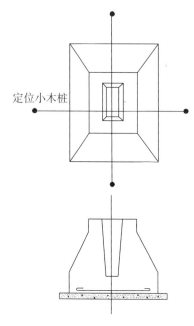

定位小木桩

图 13-19　基坑放样

钢尺量距标定出各柱列轴线控制桩的位置。

2）柱基施工测量

柱基施工测量应依次进行基坑放样、基坑的高程测设以及基础模板的定位。

（1）基坑放样：

基坑开挖之前应根据基础平面图和基础大样图的有关尺寸，把基坑开挖的边线测设于地面上。由于厂房的柱基类型不一，尺寸各异，在进行柱基测设时，应注意定位轴线不一定都是基础中心线，放样时应特别注意。

柱基放样时，经纬仪分别安置在相应的轴线控制桩上，依柱列轴线方向在地上测设小的定位桩，桩顶钉上小钉，交会出各桩基的位置，然后按照基础大样图的尺寸，根据定位轴线放样出基础开挖线，撒上白灰，标明开挖范围，如图 13-19 所示。

（2）基坑的高程测设：

如图 13-20 所示，当基坑挖到离坑底设计高程 0.3~0.5m 处时，应在坑壁四周设置水平桩，作为基坑修坡、清底和打垫层的高程依据。此外在坑底设置小木桩，使桩顶面恰好等于垫层的设计高程，作为垫层高程测设的依据。

（3）基础模板的定位：

打好垫层之后，根据坑边定位小木桩，用拉线的方法，吊垂球把柱基定位线投到垫层。用墨斗弹出墨线，用红漆画出标记，作为柱基立模板和布置基础钢筋网的依据。立模时，将模板底线对准垫层上的定位线，并用垂球检查模板是否竖直。最后在模板内壁用水准仪测设出柱基顶面设计高程，标以记号，作为柱基混凝土浇注的依据。

拆模后，根据柱列轴线控制桩将柱列轴线投测到基础顶面，并用红油漆画上"▲"标记。同时在杯口内壁测设标高线，向下量取一整分米数即到杯底设计标高，供底部整修之用，如图 13-21 所示。

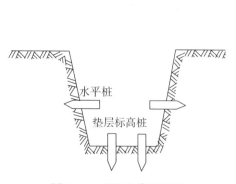

水平桩

垫层标高桩

图 13-20　基坑的高程测设

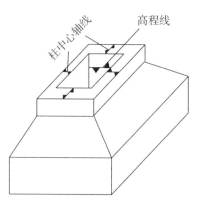

高程线

柱中心轴线

图 13-21　基础模板的定位

3）厂房构件安装测量

装配式单层工业厂房主要由柱、吊车梁、吊车轨道、屋架等主要构件组成。每个构件的安装包括绑扎、起吊、就位、临时固定、校正和最后固定几个环节。厂房构件安装测量工作开始前，必须熟悉设计图，掌握限差要求，并制定作业方法。柱子、桁架或梁的安装测量允许偏差应符合表 13-2 的规定；构件预装测量及附属构筑物安装测量的允许偏差应分别符合表 13-3 和表 13-4 的规定。下面着重介绍柱子、吊车梁及吊车轨道等安装操作要求比较高的构件在安装时的校正工作。

表 13-2　　　　　　　　　　柱子、桁架或梁安装测量的允许偏差

测量内容	测量允许偏差（mm）	测量内容	测量允许偏差（mm）
钢柱垫板标高	±2	桁架和实腹梁、桁架和钢架的支承结点间相邻高差的偏差	±5
钢柱±0 标高检查	±2		
混凝土柱（预制）±0 标高	±3	梁间距	±3
混凝土柱、钢柱垂直度	±3	梁面垫板标高	±2

注：当柱高大于 10m 或一般民用建筑的混凝土柱、钢柱垂直度，可适当放宽。

表 13-3　　　　　　　　　　构件预装测量的允许偏差

测量内容	测量允许偏差（mm）	测量内容	测量允许偏差（mm）
平台面抄平	±1	预装过程中的抄平工作	±2
纵横中心线的正交度	$±0.8\sqrt{l}$		

注：l 为自交点起算的横向中心线长度（m），不足 5m 时，以 5m 计。

表 13-4　　　　　　　　　　附属构筑物安装测量的允许偏差

测量内容	测量允许偏差（mm）	测量内容	测量允许偏差（mm）
栈桥和斜桥中心线投点	±2	管道构件中心线定位	±5
轨面的标高	±2	管道标高测量	±5
轨道跨距测量	±2	管道垂直度测量	H/1000

注：H 为管道垂直部分的长度（m）。

（1）柱子安装测量：

前已述及，柱子吊装前，应根据轴线控制桩，把柱中心轴线投测到杯形基础的顶面（见图 13-21）。在柱子的三个侧面也应弹出柱中心线，每一面又需分为上、中、下三点，并画小三角形"▲"标志，以便安装校正，如图 13-22 所示。

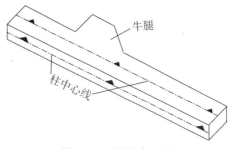

图 13-22　柱子中心线

柱子牛腿面至柱底的设计长度假定为 l，牛腿面设计高程为 H_2，实际杯底的高程若为 H_1，则它们之间应满足：

$$H_2 = H_1 + l \qquad\qquad (13\text{-}8)$$

在预制柱子时，由于模板制作和模板变形等原因，不可能使柱子的实际尺寸与设计尺寸一样，为了解决这个问题，往往在浇筑基础时把杯形基础底面高程降低 2~5cm，然后用钢尺从牛腿顶面沿柱边量到柱底，根据这根柱子的实际长度，用 1:2 水泥沙浆在杯底进行找平，使牛腿面符合设计高程 H_2。

柱子插入杯口后，首先应使柱身基本竖直，再令其侧面所弹的中心线与基础轴线重合。用木楔或钢楔初步固定，然后进行竖直校正。校正时用两架经纬仪分别安置在柱基纵横轴线附近，离柱子的距离约为柱高的 1.5 倍。先瞄准柱子中心线的底部，然后固定照准部，再仰视柱子中心线顶部。如重合，则柱子在这个方向上就是竖直的。如果不重合，应用钢锲和钢缆进行调整，直到柱子两个侧面的中心线都竖直，定位后用二次灌浆加以固定。

由于纵轴方向上柱距很小，通常把仪器安置在纵轴的一侧，在此方向上，安置一次仪器可校正数根柱子，但仪器偏离轴线的角度 β 不应超过 15°，如图 13-23 所示。

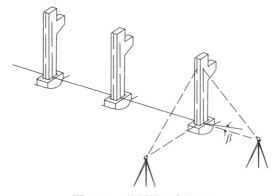

图 13-23　柱子的竖直校正

柱子校正时还应注意以下事项：

①校正用的经纬仪事前应经过严格检校，而且操作时必须使照准部水准管气泡严格居中。

②柱子的竖直校正与平面定位应反复进行。在两个方向的垂直度都校正好后，应再复查柱子下部的中线是否仍对准基础的轴线。

③柱子竖直校正应在早晨或阴天时进行。因为柱子受太阳照射后，柱子向阴面弯曲，会使柱顶产生水平位移。

（2）吊车梁及吊车轨道安装测量：

吊车梁及吊车轨道安装测量的目的是使吊车梁中心线、轨道中心线及牛腿面上的中心线在同一个竖直面内，梁面和轨道面符合设计高程并且轨距和轮距满足要求。吊车梁安装前应先弹出吊车梁顶面中心线和吊车梁两端中心线，首先用高程传递的方法在柱子上标出高于牛腿面设计高程一常数的标高线，称为柱上水准点，作为修平牛腿面或加垫板的依据。然后，分别安置经纬仪于吊车轨道中心线的一个端点上，瞄准另一端点，仰起望远镜，即可将吊车轨道中心线投测到每根柱子的牛腿面上并弹以墨线。其次，根据牛腿面的中心线和梁端中心线，将吊车梁安装在牛腿上。吊车梁安装完后，利用柱上标高线检查吊车梁的高程，最后在梁下用铁板调整梁面高程，使之符合设计要求。

吊车轨道安装测量就是将轨道中心线投测到吊车梁上，由于在地面上看不到吊车梁顶面，通常多用平行线法。如图 13-24 所示，首先在地面上从吊车轨中心线向厂房中心线方向垂直量出长度 $a=1$m，定出 A''、B''点。然后安置经纬仪于 A'' 或 B'' 点上，瞄准平行线另一端点，固定照准部，仰起望远镜投测。此时另一人在梁上移动横放的木尺，当视线正对准尺上一米刻划时，尺的零点应与梁面上的中线重合。如不重合应予以改正，可用撬杠移动吊车梁。

吊车轨道按中心线安装就位后，利用柱上标高线，在轨道面上每隔 3m 测一点高程，与设计高程相比较，误差应在 -3mm 到 $+3$mm 之间。还要用钢尺检查两吊车轨道间跨距，与设计跨距相比较，误差应在 -5mm 到 $+5$mm 之间。

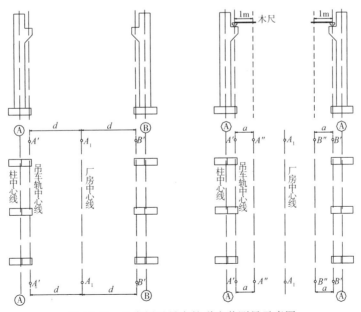

图 13-24　吊车梁及吊车轨道安装测量示意图

13.3　高层建筑物测量

高层建筑一般指层数为 17 层以上的建筑。高层建筑施工重点是控制竖向偏差，要将基础控制网逐层向上传递，《高层建筑混凝土结构技术规程》(JGJ 3—2002) 对高层竖向轴线传递和高程传递的允许偏差规定见表 13-5。

表 13-5　　　　　　　　　　　　竖向轴线传递和高程传递允许偏差

高度 H	每层	≤30m	30m~60m	60m~90m	90m~120m	120m~150m	>150m
允许偏差	3mm	5mm	10mm	15mm	20mm	25mm	30mm

高层建筑施工测量中的主要问题是建筑轴线的垂直投影和高程传递，此外还包括楼层细部放样、垂直度计算和深基坑变形监测等问题。

13.3.1　内部控制网的建立和垂直投影

内部控制网就是在建筑物的地坪层(±00 高程面)布设基础平面控制网，形式一般为一个或数个矩形，如图 13-25 所示。各层楼板在基础平面控制网点竖向相应位置预留尺寸约 30cm×30cm 的传递孔，通过传递孔逐次向上层投影。

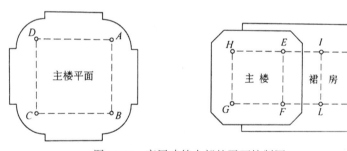

图 13-25　高层建筑内部的平面控制网

基础平面控制网点应与建筑轴线相适应，有利于建筑物细部测设并便于保存，此外还必须满足以下要求：

(1)控制网的各边与建筑轴线平行；

(2)建筑物内部的柱和承重墙等内部结构不影响控制点间的通视；

(3)控制点的铅垂线方向应避开横梁和楼板中的主钢筋。

在高层建筑施工过程中，平面控制网点的垂直投影，是将地坪层的控制点沿铅垂线方向逐层向上测设，使在建造中的每个层面都有与地坪层控制点的坐标完全相同的平面控制网。

目前，由于工程施工过程对安全环保的要求，在建中的高层建筑外围一般都架设有脚手架和安全网，传统经纬仪视线容易受阻，给垂直投影工作带来不便。激光垂准仪以其精度高、速度快和操作简便广泛应用于高层建筑的垂直投影之中。如图 13-26 所示，在下方的控制点上，对中和整平垂准仪后，仪器的视准轴即处于通过控制点的铅垂线位置；接收靶采用刻有"+"字线的透明有机玻璃板，在楼板的预留孔上放置接收靶，当望远镜照准接收靶时，在靶上就会显示一亮斑。为消除仪器的轴系误差，投测时应采用四个对称位置分别向上投点，取投点的平均位置为最后的投测点。在建筑物的平面上，根据需要设置投测点，每条轴线需两个投测点。根据梁、柱的结构尺寸，投测点距定位轴线距离 l 一般为 500~800mm，如图 13-27 所示。

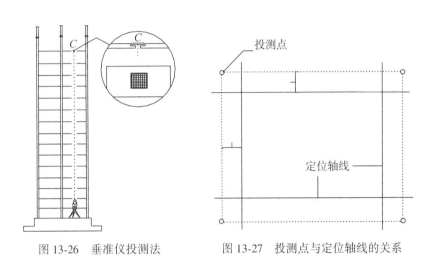

图 13-26 垂准仪投测法   图 13-27 投测点与定位轴线的关系

13.3.2 高程传递

高层建筑施工场地的高程控制网为一组临时水准点(一般不少于 3 个)，待高层建筑基础和地坪层施工完成后，在建筑物的墙和柱上测设"一米(或半米)标高线"(标高为 +1.000m 或 +0.500m 的水平视线)，作为测设建筑物细部点的标高之用。施工过程中，要从地坪层"一米(或半米)标高线"逐层向上传递标高，使上层的楼板、窗台、梁、柱等在施工时符合设计高程。高程传递方法有钢尺垂直量距法和全站仪天顶测距法。

1. 钢尺垂直量距法

如图 13-28(a)所示，将钢尺零端朝下悬挂于建筑物侧面，将水准仪架设在底层，后视底层 1m 线上的水准尺读数，前视钢尺并读数；然后将水准仪搬至上一楼层，后视钢尺读数，前视水准尺，根据设计标高放样该楼层的 1m 线。

2. 全站仪天顶测距法

如图 13-28(b)所示，将全站仪架设于底层轴线控制点上，首先在水平盘位(竖直角为 0)，利用水准尺配合，测量底层 1m 线的高度。然后在垂直度盘竖直角为 90 °的盘位，通过各楼层的轴线传递孔向上测距，并利用水准仪测量施工层的 1m 线。

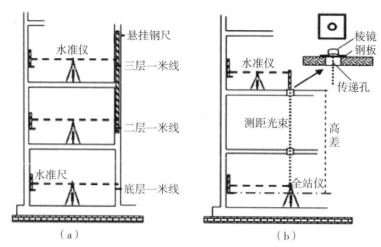

图 13-28　高层建筑的高程传递

13.3.3　建筑结构细部测设

高层建筑各层面上的外墙、立柱、横梁、楼梯及各种安装构件的预埋件等建筑结构细部施工时，均须按照设计数据测设其平面位置和高程。细部点的平面位置可根据各层面的平面控制点，用极坐标法或距离交会法等进行测设，细部点的高程可根据各层的"一米（或半米）标高线"用水准仪测设。

◎　**思考题**

1. 测设与测图有什么区别，测设的基本工作有哪些？

2. 点位的测设方法有几种，各适用于什么场合？

3. 已知点 M、N 的坐标分别为：$x_M = 500.89$m，$y_M = 509.32$m；$x_N = 685.35$m，$y_N = 398.67$m。点 A、B 的设计坐标分别为 $x_A = 823.77$m，$y_A = 466.24$m；$x_B = 758.06$m，$y_B = 469.29$m。试分别用极坐标法和角度交会法测设点 A 和 B。

4. 假设某建筑物室内地坪的高程为 50.000m，附近有一水准点 BM.2，其高程 $H_2 = 49.680$m。现要求把该建筑物地坪高程测设到木桩 A 上。测量时，在水准点 BM.2 和木桩 A 间安置水准仪，在 BM.2 上立水准尺，读得读数为 1.506m。求测设 A 桩所需的数据和测设步骤。

5. 已知 A 点高程为 126.85m，AB 间的水平距离为 68m，设计坡度 $k = +10‰$，试述其测设过程。

6. 测设铅垂线有哪几种方法，各适用于什么场合？

7. 施工平面控制网有哪些形式，如何进行测设？

8. 已知某厂房两个相对房角点的坐标，放样时顾及基坑开挖范围，欲在厂房轴线以外 6m 处设置矩形控制网，如图 13-29 所示，求厂房控制网四角点 T、U、R、S 的坐标值。

9. 如何测设建筑物轴线，龙门板的作用是什么，在施工工地有时标定了轴线桩，为什么还要测设控制桩?

10. 如图 13-30 所示, 在建筑方格网中拟建一建筑物, 其外墙轴线与建筑方格网线平行, 已知两相对房角设计坐标和方格网坐标, 现按直角坐标放样, 请计算测设数据, 并说明测设步骤。

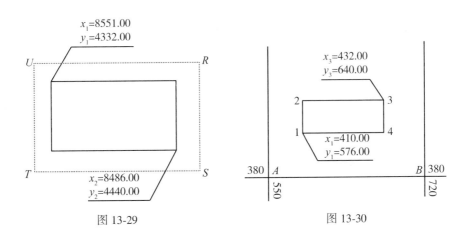

图 13-29

图 13-30

第14章 线状工程测量

国民经济建设中的综合运输系统(网)由铁路、公路、水运、航空及管道等运输方式组成,因此,将铁路、公路、水运、航空、管道及其附属建(构)筑物如桥梁、隧道、涵洞统称为线状工程。为各种线状工程规划设计、施工建设与运营管理阶段所进行的测量工作称为**线状工程测量**。

14.1 道路工程测量

道路工程测量也应遵循"先控制后碎部"的工作程序,先进行道路工程控制测量和道路沿线的地形测量,再进行道路工程的设计,然后进行施工测量。道路工程控制网一般由沿线路方向的导线网或 GNSS 控制网组成平面控制网,由水准路线组成高程控制网,但应与国家或城市控制网联测,纳入统一的大地坐标系统。

平且直是最为理想的道路路线,但由于地形及其他原因的限制,路线必须有转折和上、下坡。为了选择一条经济、高效、合理的路线,必须进行路线勘测。路线勘测一般分为**初测**和**定测**两个阶段。

初测阶段的主要任务是在道路沿线范围内布设导线网、GNSS 控制网和水准网,测量路线带状地形图和纵断面图,收集沿线地质、水文等资料,作纸上定线,编制比较方案,为初步设计提供依据。根据初步设计,选定某一方案,便可转入路线的定测工作。

定测阶段的任务是在选定设计方案的路线上进行中线测量、纵断面和横断面测量以及局部地区的大比例尺地形图测绘,为路线纵坡设计、工程量计算等道路技术设计提供详细的测量资料。初测和定测工作称为路线勘测设计测量。

道路经过技术设计,具备平面线型、纵坡、横断面等设计数据和图纸资料后,即可进行道路施工。施工前和施工中,需要恢复中线、测设路基边桩和竖曲线等。当工程逐项结束后,还应进行竣工验收测量,为工程竣工后的使用、养护提供必要的资料。这些测量工作称为道路施工测量。下面主要介绍定测阶段的测量工作和道路施工测量。

14.1.1 道路中线测量

道路中线测量是把道路的设计中心线测设在实地上。道路中线的平面几何线型由直线和曲线组成,如图 14-1 所示。中线测量工作主要包括:测设中线上各交点(JD)和转点(ZD)、路线转折角 α 测定、里程桩的设置、测设圆曲线和缓和曲线等。

1. 路线交点和转点测设

路线交点是相邻直线段的相交之点,交点(包括起点和终点)是详细测设道路中线的

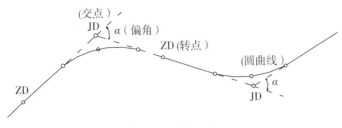

图 14-1　道路中线

控制点。一般先在初测的带状地形图上进行纸上定线，设计交点位置，然后实地标定交点位置。

定线测量中，当相邻两交点互不通视或直线较长时，需要在其连线上测定一个或几个**转点**，以便在交点测量转折角和直线量距时作为照准和定线的目标。直线上一般每隔 200~300m 设一转点，另外，在路线与其他道路交叉处以及路线上需设置桥梁、涵洞等构筑物处，也要测设转点。

1）交点测设

（1）根据与地物的关系测设路线交点。

如图 14-2 所示，交点 JD_8 的位置已在地形图上选定，在图上量得该点至两房角和电杆的距离，在现场用距离交会法测设路线交点 JD_8。

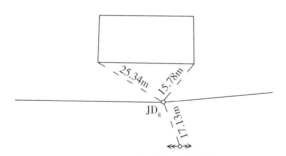

图 14-2　根据地物测设交点

（2）根据平面控制点测设路线交点。

按平面控制点的坐标和路线交点的设计坐标，计算测设数据，用极坐标法、距离交会法或角度交会法测设交点。如图 14-3 所示，根据导线点 T_5、T_6 和 JD_{11} 三点的坐标，计算出导线边的方位角 $\alpha_{5.6}$ 和 T_5 至 JD_{11} 的平距 D 和方位角 α，用极坐标法测设 JD_{11}。

（3）穿线法测设交点。

穿线法测设交点的步骤是：先测设路线中线的直线段，根据两相邻直线段相交而在实地定出交点。

在图上选定中线上的某些点，如图 14-4 所示的 Q_1，Q_2，Q_3，Q_4，根据邻近地物或导线点量得测设数据，用合适的方法在实地测设这些点。由于图解过程和测设工作均存在偶

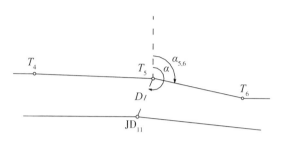

图 14-3　根据导线点测设交点

然误差，这些点不严格在一条直线上。用目估法或经纬仪视准法，定出一条尽可能靠近这些测设点的直线，这一工作称为穿线。穿线的结果是得到中线直线段上的转点 A 和 B。

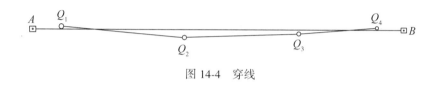

图 14-4　穿线

用同样的方法测设另一中线直线段上的 C、D 点，如图 14-5 所示。AB、CD 直线在地面上测设好以后，即可测设路线直线段的交点。以延长相交法为例，将经纬仪安置于 B 点，瞄准 A 点，倒转望远镜，在视线方向上、接近交点 JD 的概略位置前后打下两桩(称为骑马桩)。采用正倒镜分中法在该两桩上定出 a，b 两点，并钉以小钉，拉上细线。将经纬仪搬至 C 点，后视 D 点，同法定出 c，d 点，拉上细线。在两条细线相交处打下木桩，并钉以小钉，得到交点 JD。

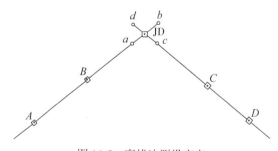

图 14-5　穿线法测设交点

2)转点测设

当两交点间距离较远但尚能通视或已有转点需要加密时，可采用经纬仪直接定线或经纬仪正倒镜分中法测设转点。当相邻两交点互不通视时，可用其他间接方法测设转点。

2. 路线转折角测定

在路线的交点上，应根据交点前、后的转点测定路线的转折角，通常测定路线前进方

向的右角 β（如图 14-6 所示），可以用 DJ2 或 DJ6 级经纬仪观测一个测回。按 β 角算出路线交点处的偏角 α。当 $\beta < 180°$ 时为右偏角（路线向右转折），当 $\beta > 180°$ 时为左偏角（路线向左转折）。左偏角或右偏角按下式计算：

$$\alpha_{右} = 180° - \beta \tag{14-1}$$

$$\alpha_{左} = \beta - 180° \tag{14-2}$$

在测定 β 角后，测设其分角线方向，定出 C 点（如图 14-7 所示），打桩标定，方便以后测设道路曲线的中点。

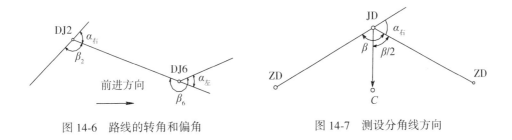

图 14-6　路线的转角和偏角　　　　　图 14-7　测设分角线方向

3. 里程桩的设置

道路中线上设置里程桩的作用是：既标定了路线中线的位置和长度，又是施测路线纵、横断面的依据。设置里程桩的工作主要是定线、量距和打桩。距离测量可以用钢尺或测距仪，等级较低的公路可以用皮尺。

里程桩分为整桩和加桩两种（见图 14-8），每个桩的桩号表示该桩距路线起点的里程。如某加桩距路线起点的距离为 2356.88m，其桩号为 2+356.88。整桩是由路线起点开始，每隔 20m 或 50m（曲线上根据不同的曲线半径 R，每隔 20m、10m 或 5m）设置一桩。

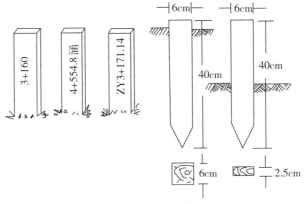

图 14-8　里程桩

加桩分为地形加桩、地物加桩、曲线加桩和关系加桩（见图 14-8）。地形加桩是指沿中线地面起伏突变处、横向坡度变化处以及天然河沟处等所设置的里程桩。地物加桩是指沿中线有人工构筑物的地方(如桥梁、涵洞处,路线与其他公路、铁路、渠道、高压线等交叉处,拆迁建筑物处,以及土壤地质变化处)加设的里程桩。曲线加桩是指曲线上设置的主点桩,如圆曲线起点(简称直圆点 ZY)、圆曲线中点(简称曲中点 QZ)、圆曲线终点(简称圆直点 YZ),分别以汉语拼音缩写为代号。关系加桩是指路线上的转点(ZD)桩和交点(JD)桩。

在钉桩时对于交点桩、转点桩、距路线起点每隔 500m 处的整桩、重要地物加桩(如桥、隧位置桩)以及曲线主点桩,均打下断面为 6cm×6cm 的方桩,桩顶钉以中心钉,桩顶露出地面约 2cm,在其旁边钉一指示桩。交点桩的指示桩应钉在圆心和交点连线外离交点约 20cm 处,字面朝向交点。曲线主点的指示桩字面朝向圆心。其余的里程桩一般使用板桩,一半露出地面,以便书写桩号,字面一律背向路线前进方向。

14.1.2　道路圆曲线测设

受地形、地物、水文和地质等因素的影响和制约,线路在平面上不可能是一条直线,而是由许多直线段和曲线段组合而成,这种曲线称为平曲线。平曲线的形式较多,其中,圆曲线是最基本的一种平曲线。如图 14-9 所示,线路在 JD 处改变方向,线路方向确定后,线路转向角 α 也随之确定。圆曲线半径 R 根据地形条件和工程要求加以选择。这样圆曲线和两直线端的切点位置 ZY 点、YZ 点便被确定下来,对圆曲线相对位置起控制作用的直圆点 ZY、圆直点 YZ 和曲中点 QZ 称**圆曲线主点**。

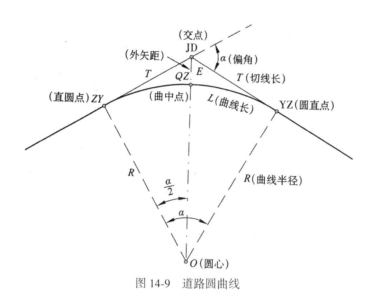

图 14-9　道路圆曲线

为了在实地测设圆曲线的主点,需要知道切线长 T(JD 至 ZY 点或 YZ 点的长度),曲线长 L(ZY 点经 QZ 点到 YZ 点的曲线长度)及外矢距 E(JD 至 QZ 点的距离),这些参数称为**主点测设元素**。若 α 和 R 已知,则主点测设元素的计算公式为

切线长
$$T = R\tan\frac{\alpha}{2}$$
(14-3)

| 曲线长 | $$L = R\alpha\frac{\pi}{180}$$ | (14-4) |

外矢距
$$E = R\left(\sec\frac{\alpha}{2} - 1\right)$$
(14-5)

切曲差
$$J = 2T - L$$
(14-6)

例 14.1　已知 JD 的桩号为 5+136.58，转向角 $\alpha_{右} = 37°20'$，设计圆曲线半径 $R = 180$m，求各主点测设元素，由式(14-3)~式(14-6)可得

$$T = 180\tan18°40' = 60.811\text{m}$$

$$L = 180×37.3333×\frac{\pi}{180} = 117.286\text{m}$$

$$E = 180\left(\frac{1}{\cos18°40'} - 1\right) = 9.994\text{m}$$

$$J = 2×60.811 - 117.285 = 4.337\text{m}$$

圆曲线的测设分两步进行，先测设圆曲线主点，再依据主点对圆曲线进行详细测设。

1. 圆曲线主点测设

1) 主点里程桩号计算

圆曲线的主点应标注里程。由于 JD 的里程已由中线测量获得，因此，可根据交点的里程桩号及主点测设要素计算出各主点的里程桩号。主点桩号计算公式为

$$\text{ZY 点桩号} = \text{JD 桩号} - T$$

$$\text{QZ 点桩号} = \text{ZY 点桩号} + \frac{L}{2}$$
(14-7)

$$\text{YZ 点桩号} = \text{QZ 点桩号} + \frac{L}{2}$$

为了避免计算错误，以下式进行计算检核：

$$\text{YZ 桩号} = \text{JD 桩号} + T - J$$
(14-8)

用上例的测设元素及 JD 桩号 5+136.58 按公式(14-7)计算主点里程桩号，

$$\text{ZY 点桩号} = 5+136.58 - 60.81 = 5+75.77$$

$$\text{QZ 点桩号} = 5+75.77 + 58.64 = 5+134.41$$

$$\text{YZ 点桩号} = 5+136.58 + 60.811 - 4.337 = 5+193.05$$

检核计算：按式(14-8)算得

$$\text{YZ 桩号} = 5+134.41 + 60.81 - 4.337 = 5+193.05$$

两次计算的 YZ 点桩号相等，说明计算正确。

2) 主点测设

(1) 曲线起点(ZY 点)的测设：

以 JD 为测站，经纬仪(或全站仪)照准后视交点，测设切线长 T，标定曲线起点(ZY 点)的桩位并打下起点桩。

(2) 曲线终点(YZ)点的测设：

以经纬仪(或全站仪)照准前视 JD 方向，测设切线长 T，标定曲线终点(YZ 点)的桩并打下木桩。

(3)曲线中点(QZ 点)的测设：

沿测定路线转折角时所定的分角线方向(曲线中点方向)，测设外矢距 E，标定曲线中点(QZ 点)的桩位并打下木桩。

2. 圆曲线详细测设

当曲线长度小于 40m 且地形变化不大时，仅测设曲线主点即可满足设计和施工的需要。若曲线较长，地形变化较大，则应在主点之间按照一定的桩距 l，加测一些曲线细部点(包括整桩和加桩)，这种工作称**圆曲线的详细测设**。圆曲线详细测设的方法很多，下面介绍几种常用的方法。

1)偏角法

(1)测设数据计算：

该法以曲线起点(或终点)作为测站，测站至待测设细部点 P_i 的偏角 Δ_i(即测站至 P_i 的弦线与切线之间的夹角——弦切角)和弦长 C_i 为测设数据，如图 14-10 所示。

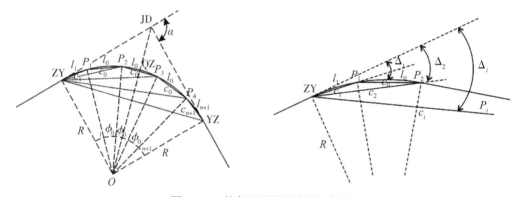

图 14-10　偏角法测设圆曲线细部点

细部点 P_i 为曲线上的整桩(桩号为整数)，相邻细部点之间的弧长 l_0 一般按曲线半径 R 规定为 5m，10m 或 20m，R_0 越大，l_0 也越大。曲线上的第一个细部点 P_1 与曲线起点 ZY 间弧长 l_1 长度小于 l_0；曲线上最后一个细部点 P_n 与曲线终点 YZ 间的弧长为 l_{n+1} 也小于 l_0。若弧长 l_1，l_0 和 l_{n+1} 所对圆心角分别为 φ_1，φ_0 和 φ_{n+1}，则各圆心角按下列各式计算(单位为度)：

$$\varphi_1 = \frac{l_1}{R} \cdot \frac{180°}{\pi} \tag{14-9}$$

$$\varphi_0 = \frac{l_0}{R} \cdot \frac{180°}{\pi} \tag{14-10}$$

$$\varphi_{n+1} = \frac{l_{n+1}}{R} \cdot \frac{180°}{\pi} \tag{14-11}$$

所有 φ_i 角之和应等于路线的转折角 α，以此作为计算的检核：

$$\varphi_1 + (n - 1)\varphi_0 + \varphi_{n+1} = \alpha \tag{14-12}$$

根据弦切角定理，弦切角的度数等于它所夹的弧所对的圆心角度数的一半，因此，可以用下列公式计算各细部点 P_i 偏角 Δ_i：

$$\Delta_1 = \frac{1}{2}\varphi_1 \tag{14-13}$$

$$\Delta_i = \frac{1}{2}\{\varphi_1 + (i - 1)\varphi_0\} \tag{14-14}$$

曲线起点至细部点的弦长 C_i 为

$$C_i = 2R\sin\Delta_i \tag{14-15}$$

例 14.2 按上例的圆曲线元素（$\alpha_{右} = 37°20'$，$R = 180\text{m}$，$l_0 = 20\text{m}$）和 JD 桩号 5+136.58，算得该圆曲线的偏角法测设数据列于表 14-1。

表 14-1   **圆曲线偏角法详细测设数据**

曲线里程桩号	相邻桩点弧长 l(m)	偏角 Δ	弦长 C(m)
ZY 5+75.77		0°00'00"	0
P_1 5+80	4.23	0°40'24"	4.231
P_2 5+100	20.00	3°51'23"	24.212
P_3 5+120	20.00	7°02'22"	44.119
P_4 5+140	20.00	10°13'21"	63.890
P_5 5+160	20.00	13°24'20"	83.463
P_5 5+180	20.00	16°35'19"	102.779
YZ 5+193.05	13.05	18°40'	115.222

（2）测设方法：

（1）将全站仪安置于曲线起点（ZY），后视交点（JD），将平盘置零；

（2）转动照准部，使平盘读数为 $\Delta_1 = 0°40'24"$，沿此方向测设弦长 $C_1 = 4.231\text{m}$，标定 P_1 点；

（3）继续转动照准部，使平盘读数 $\Delta_2 = 3°51'23"$，沿此方向测设弦长 $C_2 = 24.212\text{m}$，定出 P_2 点，以此类推，标定 P_3 和 P_4 点；

（4）测设至曲线终点（QZ）作为检核：转动照准部，使平盘读数为 $\Delta_{YZ} = 18°40'$，在此方向上测设弦长 $C_{YZ} = 115.222\text{m}$，定出一点。此点如果与 YZ 不重合，其不符值在半径方向（线路横向）不超过 0.1m，切线方向（线路纵向）不超过 $\pm L/1000$（L 为曲线长）。也可测设曲中点（QZ）作为检核。

2）直角坐标法（切线支距法）

（1）测设数据计算：

如图 14-11 所示，该方法以曲线起点 ZY（或终点 YZ）为坐标系的原点，切线为 x 轴，

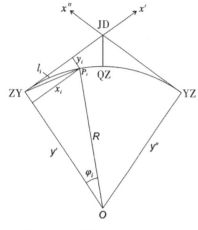

图 14-11　圆曲线的独立坐标系

通过原点的坐标方向为 y 轴，构建独立坐标系。根据曲线上各细部点 P_i 在独立坐标系中的坐标 (x_i, y_i) 测设这些点。设圆曲线起始点(ZY)至曲中点(QZ)上各点 P_i 间的弧长为 l_i，所对圆心角为 φ_i，则细部点 P_i 的坐标 (x_i, y_i) 可按下式计算：

$$\begin{cases} x_i = R \cdot \sin\varphi_i \\ y_i = R \cdot (1 - \cos\varphi_i) \end{cases} \qquad (14\text{-}16)$$

其中，
$$\varphi_i = \frac{l_i}{R} \cdot \frac{180°}{\pi} \qquad (14\text{-}17)$$

例 14.3　按例 14.2 的圆曲线元素($\alpha_{右} = 37°20'$，$R = 180\text{m}$，$l_0 = 20\text{m}$)和 JD 桩号 5+136.58，用以上公式算得圆曲线细部点直角坐标法测设数据，计算结果列于表 14-2。

表 14-2　　　　　　　　　　　　　　**圆曲线细部点直角坐标法测设数据**

曲线桩号	相邻桩点间弧长 l(m)	曲线起点至细部点间的弧长 l_i(m)	圆心角 φ_i	纵距 x_i（m）	横距 y_i（m）
ZY 5+75.77	0.00	0.00	0°00'00"	0.00	0.00
P_1　5+80.00	4.23	4.23	1°20'47"	4.23	0.05
P_2　5+100.00	20.00	24.23	7°42'46"	24.16	1.63
P_3　5+120.00	20.00	44.23	14°04'44"	43.79	5.41
QZ 5+134.41	14.41	58.64	18°39'56"	57.61	9.47

(2)测设方法：

在曲线起始点(ZY)安置全站仪，依次输入测站点坐标(0, 0)，后视点(JD)坐标(T, 0)和各细部点 P_i 的坐标 (x_i, y_i)，按坐标放样法测设曲线各细部点即可。

14.1.3　道路缓和曲线测设

1. 缓和曲线及其要素

车辆从直线驶入圆曲线将产生离心力，其作用将使车辆向曲线外侧倾倒。为了减少离心力的影响，确保行车安全和舒适，须用公路外侧(或铁路外轨)超高使车辆向曲线内侧倾斜以抵消这种离心力。但是，路线从直线进入曲线段或从曲线进入直线段，超高不应突然出现或消失，为此，应在直线与圆曲线之间插入一段半径由无穷大逐渐减小至圆曲线半径的曲线，这种曲线称为**缓和曲线**。

如图 14-12 所示，在圆曲线两端加设等长的缓和曲线 L_s 以后，曲线主点包括直缓点(ZH)、缓圆点(HY)、曲中点(QZ)、圆缓点(YH)和缓直点(HZ)。由此可见，设置缓和曲线时，将原有圆曲线向圆心方向移动了一段距离，称为内移距 p；每段缓和曲线的约一半长度来源于圆曲线弧长的缩短，另一半长度是使曲线的切线增长，称为切垂距 m。若以图中缓和曲线的起点 HZ 为坐标原点，以曲线的切线方向为 X 轴，则可将缓和曲线终点 HY 的**切线方位角**表示为 β_0。m、P 和 β_0 称为**缓和曲线常数**，可分别由式(14-18)求得。

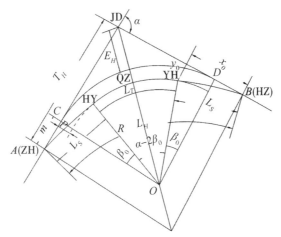

图 14-12 缓和曲线的构成及曲线要素

$$\begin{cases} m = \dfrac{L_S}{2} - \dfrac{L_S^3}{240R^2} \\[3mm] P = \dfrac{L_S^2}{24R} \\[3mm] \beta_0 = \dfrac{L_S}{2R} \cdot \dfrac{180°}{\pi} \end{cases} \quad (14\text{-}18)$$

带缓和曲线的圆曲线的综合曲线要素是在圆曲线要素的基础上加缓和曲线长 L_S，包括：线路转向角 α、圆曲线半径 R、缓和曲线长 L_S、切线长 T_H、曲线长 L_H、外矢距 E_H 和切曲差 q。当线路转折角 α、圆曲线半径 R 和缓和曲线长 L_S 确定后，先由式(14-18)计算缓和曲线常数，然后计算下述各综合要素：

$$\begin{cases} T_H = m + (R + P)\tan\dfrac{\alpha}{2} \\[3mm] L_H = R(\alpha - 2\beta_0) \cdot \dfrac{\pi}{180} \\[3mm] E_H = (R + P)\sec\dfrac{\alpha}{2} - R \\[3mm] q = 2T_H - L_H \end{cases} \quad (14\text{-}19)$$

2. 带缓和曲线的圆曲线测设

1) 曲线主点里程桩号的计算

由于 JD 的里程已由中线测量获得,因此,可根据交点的里程桩号及缓和曲线综合要素计算出缓和曲线各主点的里程桩号。主点桩号计算公式为

$$
\begin{cases}
\text{ZH 点桩号} = \text{JD 桩号} - T_H \\
\text{HY 点桩号} = \text{ZH 点桩号} + L_S \\
\text{QZ 点桩号} = \text{ZH 点桩号} + \dfrac{L_H}{2} \\
\text{YH 点桩号} = \text{HY 点桩号} + L_H \\
\text{HZ 点桩号} = \text{YH 点桩号} + L_S \\
\text{检核：JD 桩号} = \text{QZ 点桩号} + \dfrac{q}{2}
\end{cases}
\tag{14-20}
$$

2)曲线独立坐标的计算

以缓和曲线的起点 ZH(或终点 HZ)为坐标原点,以曲线的切线方向为 X 轴正向,过 ZH 点(或 HZ 点)并指向曲线弯曲方向为 y 轴正向,建立独立坐标系 xOy,如图 14-13 所示。

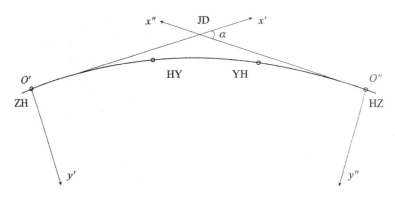

图 14-13　带缓和曲线的圆曲线独立坐标系

可按下式计算 ZH-HY 段上任意一点 i 的坐标(推导过程略),

$$
\begin{cases}
x_i = L_i - \dfrac{L_i^5}{40R^2L_S^2} \\
y_i = \dfrac{L_i^3}{6RL_S}
\end{cases}
\tag{14-21}
$$

式中,L_i 为 ZH 点至 i 点之间的曲线长。

由图 14-14 可以看出,圆曲线段(HY—YH 段)上任意一点 i 的坐标可按式(14-22)计算。

$$
\begin{cases}
x_i = m + R\sin\phi_i \\
y_i = p + R(1 - \cos\phi_i)
\end{cases}
\tag{14-22}
$$

其中,

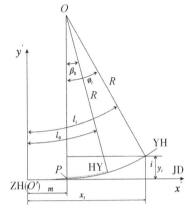

图 14-14 缓和曲线点独立坐标计算

$$\phi_i = \beta_0 + \frac{L_i - L_S}{R} \cdot \frac{180°}{\pi} \qquad (14\text{-}23)$$

3）曲线测设

缓和曲线测设常用极坐标法。该方法是在沿线布设的测量控制点上设站，控制点一般是导线点或 GNSS 点，也可以是坐标已知的道路中线的交点或转点。全站仪一般都有按已知坐标进行点位测设的功能，测设前将曲线点的坐标输入仪器中的某个文件；测设时安置仪器于测站点，后视另一控制点进行定向，利用仪器的点位测设功能，依次按点号调用文件中储存的点位坐标，根据后视点的当前位置和运算结果，显示后视点和待测设点的"方位角差"和"距离差"，据此使后视点和待测设点逐次趋近，最后找到待测设点的正确点位。测设若干点后，可利用仪器的对边测量功能测定点与点之间的距离（例如两曲线点之间的弦长），作为测设点位正确性的检核。

14.1.4 路线纵横断面测量

在线路中线测量之后，应测定中线上各里程桩（简称中桩）的地面高程，绘制路线纵断面图，供路线纵坡设计之用，这项工程称为**路线纵断面测量**。**路线横断面测量**是测定各中桩两侧垂直于中线的地面高程，绘制横断面图，用于线路路基设计、土石方量计算及施工时边桩放样。传统的路线纵、横断面测量多用水准仪进行，又称路线水准测量。目前全站仪或 GNSS 均可用于路线纵、横断面测量。

1. 路线纵断面测量

为了提高测量精度和便于成果检查，根据"从整体到局部"的测量原则，路线水准测量分两步进行：首先是沿线路方向设置若干水准点，建立线路的高程控制网，称为**基平测量**；然后是根据各水准点的高程，分段进行中桩水准测量，测定各中线桩高程，称为**中平测量**。基平测量一般不低于四等水准测量要求，精度要求高于中平测量；中平测量按普通水准测量要求施测即可，只做单程观测，但为方便检验，水准路线两端须附合于由基平测量测定高程的水准点。

1）基平测量

线路测量的水准点分永久水准点和临时水准点两种，是线路高程测量的控制点，在勘测、施工和营运阶段都要使用。因此，水准点应选在地基稳固、易于引测以及施工时不易受破坏的地方。

永久水准点一般每隔 25～30km 布设一点，在线路起点和终点、大桥两岸、隧道两端以及需要长期观测高程的重点工程附近，均应布设。永久性水准点要埋设标石，也可设在永久性建筑物上，或用金属标志嵌在基岩上。

临时水准点的布设密度，应根据地形复杂情况和工程需要而定。在丘陵和山区，每隔

0.5~1km 设置一个；在平原和微丘陵区，每隔 1~2km 埋设一个。此外，在中、小桥，涵洞以及停车场等工程集中的地段，均应设置，在较短的路线上，一般每隔 300~500m 布设一点，作为线路纵断面测量分段闭合和施工时引测高程的依据。

基平测量时，首先应将起始水准点与附近国家水准点进行联测，以获得绝对高程。在沿线水准测量中，也应尽量与附近国家水准点进行联测，以便获得更多的检核条件。

基平水准测量，通常按三、四等水准测量的方法和精度要求，采用一台水准仪往返测量或两台仪器同向测量。

2) 中平测量

中平测量是以相邻水准点为一测段，从一个水准点出发，沿道路中线逐个测定中桩的地面高程，最后附合到下一个水准点上。测量时，在每一测站上首先读取后、前两转点 (TP) 的尺上读数，再由后视立尺人员依次在两转点间所有中桩地面点上立尺，并由观测者读取尺上读数，这些中桩点称为中间点。由于转点起传递高程的作用。因此，转点尺应立在尺垫上或稳固的桩顶上，尺上读数至毫米，视线长一般不应超过 150m。中间点尺上读数至厘米，要求尺子立在紧靠中桩边的地面上。当线路跨越河流时，还需测出河床断面图、洪水位高程和常水位高程，并注明年、月，以便为桥梁设计提供资料。

如图 14-15 所示，水准仪置于测站 1，后视水准点 BM.1，前视转点 TP1，将观测结果分别记入表 14-3 中"后视"和"前视"栏内；然后观测 BM.1 与 TP1 间的各个中桩，将后视点 BM.1 上的水准尺依次立于 0+000，+020，+040，+060，+080 等各中桩地面上，将读数分别记入表 14-3 中视栏内。

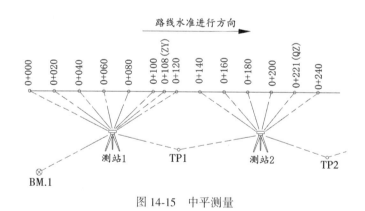

图 14-15　中平测量

仪器搬至测站 2，后视转点 TP1，前视转点 TP2，然后观测各中桩地面点。用同法继续向前观测，直至附合到水准点 BM.2，完成一测段的观测工作。

每一站的各项计算依次按下列公式进行：

①视线高程 =（后视点高程）+（后视读数）

②转点高程 =（视线高程）-（前视读数）

③中桩高程 =（视线高程）-（中视读数）

各站观测记录后，应立即计算各点高程，直至下一个水准点为止，并立即计算高差闭

合差 f_h。f_h 的容许值为 f_h

$$f_{h容} = \pm 50 \sqrt{L}\,\text{mm} \tag{14-24}$$

式中，L 为测段的水准路线长度，单位为 km。

如果高差闭合差 f_h 符合要求，不需要对 f_h 进行调整，以计算的各中桩点高程作为绘制纵断面图的数据。

表 14-3　　　　　　　　　　　中平测量记录计算表

测点	水准尺读数			视线高程	高程	备注
	后视	中视	前视			
BM. 1	2.191			514.505	512.314	BM. 1 高程为基平所测
K0+000		1.62			512.89	
+020		1.90			512.61	
+040		0.60			513.89	
+060		2.03			512.48	
+080		0.90			513.61	
TP1	3.162		1.006	516.661	513.499	
+100		0.50			516.16	
+120		0.52			516.14	
+140		0.82			515.46	
+160		1.20			515.84	
+180		1.01			515.65	
TP2	2.246		1.521	517.386	515.140	基平测得 BM. 2 高程为 524.824m
…						
K1+240		2.32			523.06	
BM. 2			0.606		524.782	

3）纵断面图的绘制及施工量计算

线路纵断面图表示中线方向的地面起伏，可在其上进行道路的纵坡设计和计算施工量，是线路设计和施工中的重要资料。

纵断面图是以中桩的里程为横坐标，以其高程为纵坐标而绘制的。常用的里程比例尺有 1∶5000，1∶2000 和 1∶1000 几种。为了明显地表示地面起伏，一般取高程比例尺比里程比例尺大 10 倍或 20 倍。如里程比例尺用 1∶1000 时，则高程比例尺取 1∶100 或 1∶50。

图 14-16 为道路设计纵断面图。上部纵断面图上的高程按规定的比例尺注记，但首先要确定起始高程（如图 14-16 中 0+000 桩号的地面高程）在图上的位置，且参考其他中桩的

地面高程，使绘出的地面线处在图上的适当位置。图的上半部，从左至右绘有贯穿全图的两条线。细折线表示中线方向的地面线，是根据中平测量的中桩地面高程绘制的；粗折线表示纵坡设计线。此外，上部还注有以下资料：水准点编号、高程和位置；竖曲线示意图及其曲线元素；桥梁的类型、孔径、跨数、长度、里程桩号和设计水位；涵洞的类型、孔径和里程桩号；其他道路、铁路交叉点的位置、里程桩号和有关说明，等等。图的下半部有线路中桩桩号、地面高程、设计坡度、设计高程、填（挖）土高（深）度以及线路的直线段和曲线元素等数字资料。按作图的次序分述如下：

（1）在"**桩号**"一栏中，自左至右按规定的里程比例尺作为比例尺，注记各中桩的桩号。

（2）在"**直线与曲线**"一栏中，按里程桩号标明路线的直线部分和曲线部分。曲线部分用直角折线表示，上凸表示线路右偏，下凹表示线路左偏，并注明交点编号及其桩号，注明 α，R，T，L，E 等曲线元素。

（3）在"**地面高程**"一栏中，注记对应于各中桩桩号的地面高程，并在纵断面图上按各中桩的地面高程依次点出其相应的位置，用细直线连接各相邻点位，即得中线方向的地面线。

（4）在上部地面线部分进行**纵坡设计**。设计时，要考虑施工时土石方工程量最小、填挖方尽量平衡及小于限制坡度等道路有关技术规定。

（5）在"**坡度与距离**"一栏内，分别用斜线或水平线表示设计坡度的方向，线上方注记坡度数值（以百分比表示），下方注记坡长，水平线表示平坡。不同的坡段以竖线分开。某段的设计坡度值按下式计算：

$$设计坡度 = \frac{（终点设计高程）-（起点设计高程）}{坡段平距}$$

（6）在"**设计高程**"一栏内，分别填写相应中桩的设计路基高程。某点的设计高程按下式计算：

$$设计高程 =（坡段起点高程）+（设计坡度）\times（起点至该点的平距）$$

例 14.4　0+000 桩号的设计高程为 12.50m，设计坡度为 +1.4%（上坡），则桩号 0+100 的设计高程应为

$$12.50m + \frac{1.4}{100} \times 100m = 13.90m$$

（7）在"**填挖土**"一栏内，按下式进行施工量的计算：

$$某点的施工量 =（该点地面高程）-（该点设计高程）　　　　　（14-25）$$

式中求得的施工量，正号为挖土深度，负号为填土高度。地面线与设计线的交点为不填不挖的"零点"，零点也给以桩号，可由图上直接量得，以供施工放样时使用。

2. 路线横断面测量

1）横断面测量方法

线路横断面测量的主要任务是在各中桩处测定垂直于道路中线方向的地面起伏，然后绘成横断面图。横断面图是设计路基横断面、计算土石方和施工时确定路基填挖边界的依

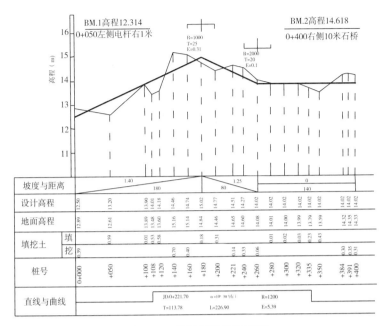

图 14-16　道路设计纵断面图

据。横断面测量的宽度，由路基宽度及地形情况确定，一般要求中线两侧各测 15~50m。测量距离和高差一般准确到 0.05~0.1m 即可满足工程要求。因此，横断面测量一般采用简易的测量工具和方法即可。横断面上中桩的地面高程已在纵断面测量时测出，横断面上各个地形特征点相对于中桩的平距和高差可用下述方法测定。

（1）水准仪卷尺法：

此法适用于施测横断面较宽的平坦地区，如图 14-17 所示．水准仪安置后，以中桩地面高程点为后视，以中桩两侧横断面方向地形特征点为前视，水准尺上读数至厘米，得到立尺点的高程。用卷尺分别量出各特征点到中桩的平距，量至分米。记录格式见表 14-6，表中按路线前进方向分左、右侧记录，以分式表示各测段的前视读数和平距。根据这些数据，可以计算立尺点的高程，绘制线路横断面图。

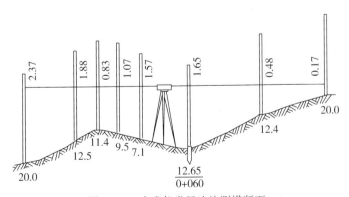

图 14-17　水准仪卷尺法施测横断面

表 14-6　　　　　　　　　　　　路线横断面测量记录

前视读数(左侧)					后视读数	(右侧)前视读数	
距离					桩号	距离	
$\frac{2.37}{20.0}$	$\frac{1.88}{12.5}$	$\frac{0.83}{11.4}$	$\frac{1.07}{9.5}$	$\frac{1.57}{7.1}$	$\frac{12.65}{K0+060}$	$\frac{0.48}{12.4}$	$\frac{0.17}{20.0}$

（2）全站仪法：

置全站仪于道路中桩上或任意控制点上，用三维坐标测量的方法测定横断面上的地形特征点的平面坐标和高程，并自动记录。与计算机通信后，可以用绘图仪绘制线路横断面图。

2）横断面图的绘制

一般采用 1∶100 或 1∶200 的比例尺绘制横断面图。如图 14-18 所示，绘制时，先标定中桩位置，由中桩开始，逐一将特征点画在图上，再直接连接相邻点，即绘出横断面的地面线，地面线上注记桩号，地面线下注记地面高程。

横断面图画好后，将路基设计的标准断面图套到该实测的横断面图上。也可将路基断面设计线直接画在横断面图上，绘制成路基断面图，如图 14-19 所示。根据横断面的填、挖面积及相邻中桩的桩号，可以算出施工时的填、挖土石方量。

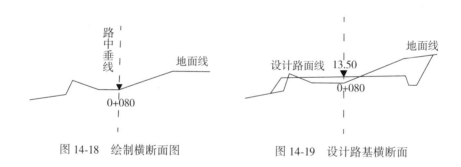

图 14-18　绘制横断面图　　　　图 14-19　设计路基横断面

14.1.5　道路施工测量

道路施工测量主要包括恢复道路中线测量，施工控制桩、路基边桩和竖曲线测设。从路线勘测开始，经过道路工程设计到开始道路施工这段时间里，往往有一部分道路中线桩点被碰动或丢失。为了保证路线中线位置的准确可靠，施工前，应进行一次复核测量，并将已经丢失或碰动过的交点桩、里程桩等恢复和校正好，其方法与中线测量相同。

1. 施工控制桩的测设

由于道路中线桩在施工中会被挖掉或堆埋，为了在施工中控制中线位置，需要在不易受施工破坏、便于引测、易于保存桩位的地方测设施工控制桩。测设方法有平行线法和延长线法。

1）平行线法

平行线法是在设计的路基宽度以外，测设两排平行于中线的施工控制桩，如图 14-20 所示。控制桩间距一般取 10~20m。

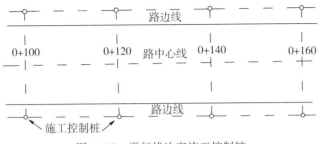

图 14-20 平行线法定施工控制桩

2）延长线法

延长线法是在路线转折处的中线延长线上以及曲线中点至交点的延长线上测设施工控制桩，如图 14-21 所示。控制桩至交点的距离应量出并作记录。

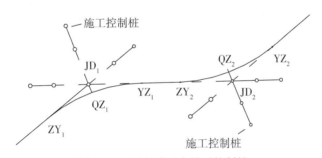

图 14-21 延长线法定施工控制桩

2. 路基边桩测设

路基施工前，要把设计路基的边坡与原地面相交的点测设出来。该点对于设计路堤为坡脚点，对于设计路堑为坡顶点。路基边桩的位置按填土高度或挖土深度、边坡设计坡度及横断面的地形情况而定。

在道路工程设计时，地形横断面及路基设计断面都已绘制在 CAD 图上，路基边桩的位置可用图解法求得，即在横断面设计图上量取中桩至边桩的距离，然后到实地按横断面方向测设其位置。

1）平坦地段路基边桩测设

填方路基称为路堤（见图 14-22（a）），挖方路基称为路堑（见图 14-22（b））。路堤边桩至中桩的距离为

$$l_{左} = l_{右} = \frac{B}{2} + mh \qquad (14-25)$$

路堑边桩至中桩的距离为

$$l_{左} = l_{右} = \frac{B}{2} + s + mh \qquad (14\text{-}26)$$

式（14-25）、式（14-26）中，B 为路基设计宽度，$1/m$ 为路基边坡，h 为填土高度或挖土深度，s 为路堑边沟顶宽。$l_{左}$，$l_{右}$ 的数值可图解得到，从中桩沿横断面方向量距，测设路基边桩。

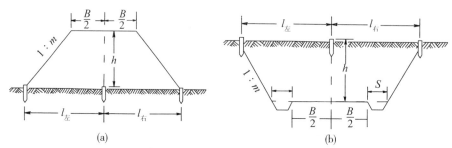

(a)   (b)

图 14-22　平坦地段路基边桩测设

2）坡地路段路基边桩测设

如图 14-23 所示，为在坡地上测设路基边桩，从图 14-23 可以看出，左、右边桩离中桩的距离为

$$l_{左} = \frac{B}{2} + s + mh_{左} \qquad (14\text{-}27)$$

$$l_{右} = \frac{B}{2} + s + mh_{右} \qquad (14\text{-}28)$$

式（14-27）、式（14-28）中，B、s、m 均由设计决定，故 $l_{左}$，$l_{右}$ 随 $h_{左}$，$h_{右}$ 而变。

$l_{左}$，$l_{右}$ 的数值同样可图解得到。在实地从中桩沿横断面方向量距，测设路基边桩。

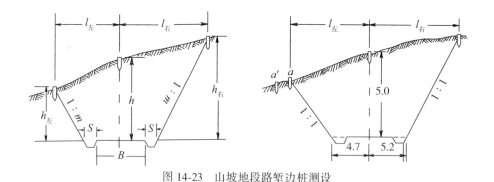

图 14-23　山坡地段路堑边桩测设

14.2　桥梁工程测量

铁路、公路和城市道路等线路通过河流和山谷时需要铁路桥梁、公路桥梁和铁路公路

两用等各类型桥梁。陆地上的立交桥和高架道路也属于桥梁结构。

桥梁工程在勘测设计、建筑施工和运营管理期间都要进行测量工作。在桥梁的勘测设计阶段，需要测绘各种比例尺的地形图（包括水下地形图）、河床断面图，以及提供其他测量资料。在桥梁的建筑施工阶段，需要建立桥梁平面控制网和高程控制网，进行桥墩、桥台定位和梁的架设等施工测量，以保证建筑设计的位置正确。在建成后的运营管理阶段，为了保证桥梁安全运营，需要定期进行变形观测。

14.2.1　桥梁工程控制测量

桥梁按其轴线长度一般分为特大桥（>500m）、大桥（100~500m）、中桥（30~100m）和小桥（<30m）四类。桥梁施工测量的方法及精度要求随桥梁轴线长度、桥梁结构而定，主要内容包括平面控制测量、高程控制测量、墩台定位、轴线测设等。大中型桥梁河道宽阔，墩台较高，基础较深，墩间跨距大，且梁部结构复杂，因此，对桥轴线测设、墩台定位等工作的精度要求较高，需要在施工前布设平面控制网，便于用较精密的方法进行墩台定位和梁部结构测设。

1. 桥梁平面控制测量

桥梁平面控制网的图形一般为包含桥轴线的双三角形、具有对角线的四边形或双四边形，如图 14-24 所示（图中点划线为桥轴线）。如果桥梁有引桥，则平面控制网还应向两岸陆地延伸。

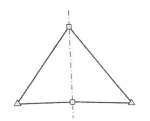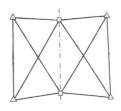

图 14-24　桥梁平面控制网

桥梁平面控制网的观测可采用常规测量方法，观测平面控制网中的角度和边长，构成边角网。最后，计算各平面控制点（包括两个桥轴线点）的坐标。大型桥梁的平面控制网也可以用 GNSS 方法测定。

2. 桥梁高程控制测量

在桥址两岸设立一系列基本水准点和施工水准点，用精密水准测量连测，组成桥梁高程控制网。在从河的一岸测到另一岸时，由于距离较长，导致水准仪瞄准水准尺时读数困难，且前视距和后视距相差悬殊，水准仪的 i 角误差（视准轴不平行于水准管轴）和地球曲率影响都会增加。为保证高程测量的精度，可以采用过河水准测量的方法或光电测距三角高程测量方法。

1）过河水准测量

该方法用两台水准仪同时作对向观测，河流两岸测站点和立尺点如图 14-25 布设，A、B 为立尺点，C、D 为测站点，A—D 与 B—C 距离大致相等，A—C 与 B—D 距离也大致相等，构成对称图形。这种网形设置可以抵消水准仪 i 角误差和大气折光影响。

两台水准仪同时进行对向观测。C 测站以同岸 A 点尺为后视尺，读数 a_1；对岸 B 点尺（远尺）为前视尺，读数 2~4 次，取其平均读数 b_1；计算 A、B 两点间高差 $h_1=a_1-b_1$。D 测站以相同方法计算 A、B 两点间高差 $h_2=a_2-b_2$。取 h_1 和 h_2 的平均值作为一测回水准测量高差观测结果。一般需要观测 4 个测回。

由于河流对岸观测视线较长，远尺读数困难，可在水准尺上安装一个能沿尺面上下移动的觇牌，如图 14-26 所示。观测者根据水准仪的横丝指挥持尺者上下移动觇板，直至横丝对准觇板上的红白相交处为止，由持尺者记下觇板指标线在水准尺上的读数。

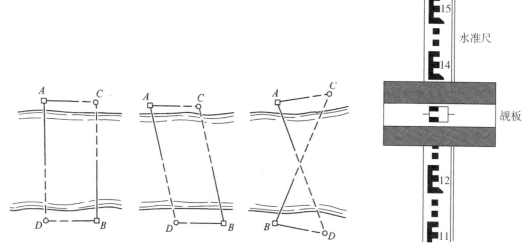

图 14-25　过河水准测量测站和立尺点布置　　　图 14-26　过河水准测量的觇板

2）电磁波测距三角高程测量

在河的两岸布置 A，B 两个临时水准点，在 A 点安置全站仪，量取仪器高 i；在 B 点安置棱镜，量取棱镜高 l；将测站 A 点的高程、仪器高 i 和棱镜高 l，一并输入全站仪内，全站仪瞄准棱镜中心进行测量，测得 A，B 点间的高差。由于过河的距离较长，高差测定受到地球曲率和大气垂直折光的影响。但是，大气的结构在短时间内不会变化太大，因此，可以采用对向观测的方法，有效地抵消地球曲率和大气垂直折光的影响。对向观测的方法见 9.5 小节之二"三角高程测量"。

3）GNSS 高程测量

用 GNSS 测量方法布设的桥梁平面控制网也可以用 GNSS 高程测量的方法进行两岸控制点高程的联测。对于特大桥梁和河流宽阔的情况，过河水准测量和三角高程测量观测困难，因此采用 GNSS 高程测量方法更为合适。

14.2.2　桥梁工程施工测量

1. 中小型桥梁施工测量

建造跨度较小的中、小型桥梁，一般用临时筑坝截断河流或选在枯水季节进行，以便于桥梁的墩台定位和施工。

1）桥梁中轴线和控制桩的测设

中、小型桥梁的中轴线一般由道路的中线来决定，如图 14-27 所示，先根据桥位桩号在道中线上测设出桥台和桥墩的中心桩位 A，B，C 点，并在河道两岸测设桥位控制桩位 k_1，k_2，k_3，k_4 点。然后分别在 A，B，C 点上安置经纬仪，在与桥中轴线垂直的方向上测设桥台和桥墩控制桩位点 a_1，a_2，b_1，b_2，c_1，c_2，…，每侧要有两个控制桩。测设时的量距要用经过检定的钢尺，并加尺长、温度和高差改正，或用光电测距仪。测距精度应高于 1/5000，以保证上部结构安装时能正确就位。

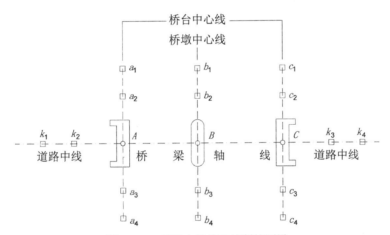

图 14-27　桥梁中轴线和控制桩测设

2）桥梁基础施工测量

根据桥台和桥墩的中心线定出基坑开挖边界线。基坑上口尺寸应根据坑深、坡度、土质情况和施工方法确定。基坑挖到一定深度后，应根据水准点高程在坑壁测设距基底设计面为一定高差(如 1m)的水平桩，作为控制挖深及基础施工的高程依据。

基础完工后，应根据上述的桥位控制桩和墩、台控制桩用经纬仪或全站仪在基础面上测设出墩、台中心及其相互垂直的纵、横轴线，根据纵、横轴线即可放样桥台、桥墩的外廓线，作为砌筑桥台和桥墩的依据。

2. 大型桥梁施工测量

大型桥梁的施工必须布设平面控制网和高程控制网，控制网布设后，再用较精密的方法进行墩台定位和架设梁部结构的定位。

1）桥梁墩台定位测量

桥梁墩台定位测量是桥梁施工测量中的关键性工作。水中桥墩的基础施工定位时，采用方向交会法，这是由于水中桥墩基础一般采用浮运法施工，目标处于浮动中的不稳定状态，在其上无法使测量仪器稳定。在已稳固的墩台基础上定位，可以采用方向交会法、距离交会法或极坐标法。同样，桥梁上层结构的施工放样也可以采用这些方法。

（1）方向交会法：

如图 14-28 所示，AB 为桥轴线，C，D 为桥梁平面控制网中的控制点，P_i 点为第 i 个桥墩设计的中心位置（待测设的点）。在 A，C，D 三点上各安置一台经纬仪。A 点上的经纬仪瞄准 B 点，定出桥轴线方向；C，D 两点上的经纬仪均先瞄准 A 点，并分别测设根据 P_i 点的设计坐标 (x_i, y_i) 和控制点坐标计算的 α_i，β_i 角，以正倒镜分中法定出交会方向线。

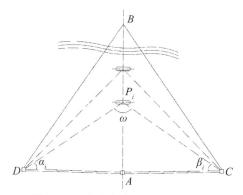

图 14-28　方向交会法测设桥墩位置

交会角 α_i，β_i 用坐标反算公式计算：

$$\begin{cases} \alpha_i = \alpha_{DA} - \alpha_{DP_i} \\ \beta_i = \alpha_{CA} - \alpha_{CP_i} \end{cases} \tag{14-29}$$

由于测量误差的影响，从 C，A，D 三点指来的三条方向线一般不可能正好交会于一点，而构成误差三角形 $\triangle P_1 P_2 P_3$，如图 14-29 所示。如果误差三角形在桥轴线上的边长 $(P_1 P_3)$ 在容许范围之内（对于墩底放样为 2.5cm，对于墩顶放样为 1.5cm），则取 C，D 两点指来方向线的交点 P_2 在桥轴线上的投影 P_i 作为桥墩放样的中心位置。

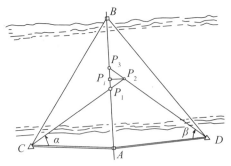

图 14-29　方向交会法测设点位的误差三角形

在桥墩施工中，随着桥墩的逐渐筑高，中心的放样工作需要重复进行，且要求迅速和准确。为此，在第一次求得正确的桥墩中心位置 P_i 以后，将 CP_i 和 DP_i 方向线延长到对岸，设立固定的瞄准标志 C'、D'，如图 14-30 所示。以后每次作方向交会法放样时，从 C、D 点直接瞄准点 C'、D' 点，即可恢复对 P_i 点的交会方向。

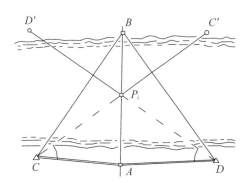

图 14-30　方向交会法测设点位时的点位恢复法

（2）极坐标法：

使用全站仪并在被测设的点位上可以安置棱镜的条件下，若用极坐标法放样桥墩中心位置，则更加精确和方便。对于极坐标法，原则上可以将仪器放于任何控制点上，按计算的放样数据——角度和距离测设点位。但是，若是测设桥墩中心位置，最好是将仪器安置于桥轴线点 A 或 B 上，瞄准另一轴线点作为定向，然后指挥棱镜安置在该方向上测设 AP_i 或 BP_i 的距离，即可定桥墩中心位置 P_i 点。

2）桥梁架设施工测量

架梁是桥梁施工的最后一道工序。桥梁梁部结构较复杂，要求对墩台方向、距离和高程用较高的精度测定，作为架梁的依据。墩台施工时，对其中心点位、中线方向和垂直方向以及墩顶高程都作了精密测定，但当时是以各个墩台为单元进行的。架梁是要将相邻墩台联系起来，考虑其相关精度，要求中心点间的方向、距离和高差符合设计要求。

桥梁中心线方向测定，在直线部分采用准直法，用经纬仪或全站仪正倒镜观测，刻划方向线。如果跨距较大（>100m），应逐墩观测左、右角。在曲线部分，则采用偏角法或极坐标法。相邻桥墩中心点间距离用光电测距仪观测，适当调整使中心点里程与设计里程完全一致。在中心标板上刻划里程线，与已刻划的方向线正交，形成墩台中心十字线。墩台顶面高程用精密水准测定，构成水准路线，附合到两岸基本水准点上。

大跨度钢桁架或连续梁采用悬臂或半悬臂安装架设，拼装开始前，应在横梁顶部和底部中点作出标志，架梁时，用以测量钢梁中心线与桥梁中心线的偏差值。在梁的拼装开始后，应通过不断地测量以保证钢梁始终在正确的平面位置上，立面位置（高程）应符合设计的大节点挠度和整跨拱度的要求。如果梁的拼装系自两端悬臂、跨中合龙，则合龙前的测量重点应放在两端悬臂的相对关系上，如中心线方向偏差、最近节点高程差和距离差要符合设计和施工的要求。

全桥架通后，作一次方向、距离和高程的全面测量，其成果资料可作为钢梁整体纵、横移动和起落调整的施工依据，称为**全桥贯通测量**。

14.2.3　桥梁工程变形观测

桥梁工程在施工和建成后的运营期间，由于各种内在因素和外界条件的影响，会产生各种变形。如桥梁的自重对基础产生压力，引起基础、墩台的均匀沉降或不均匀沉降，从而会使墩柱倾斜或产生裂缝；梁体在动荷载的作用下产生挠曲；高塔柱在日照和温度的影响下会产生周期性的扭转或摆动等。为了保证工程施工质量和运营安全，验证工程设计的效果，应对桥梁工程定期进行变形观测。

1. 桥梁变形观测的内容

(1)垂直位移观测。垂直位移观测是对各桥墩、桥台进行沉降观测。沉降观测点沿墩台的外围布设。根据其周期性的沉降量，可以判断其是正常沉降，还是非正常沉降，是均匀沉降，还是不均匀沉降。

(2)**水平位移观测**：水平位移观测是对各桥墩、桥台在水平方向位移的观测，水平方向的位移分为纵向(桥轴线方向)位移和横向(垂直于桥轴线方向)位移。

(3)**倾斜观测**：倾斜观测主要是对高桥墩和斜拉桥的塔柱进行铅垂线方向的倾斜观测，这些构筑物的倾斜往往与基础的不均匀沉降有关联。

(4)**挠度观测**：挠度观测是对梁体在静荷载和动荷载的作用下产生的挠曲和振动的观测。

(5)**裂缝观测**：裂缝观测是对混凝土的桥台、桥墩和梁体上产生的裂缝的现状和发展过程的观测。

2. 桥梁变形观测的方法

(1)**常规测量仪器方法**：用精密水准仪测定垂直位移，用经纬仪视准线法或水平角法测定水平位移，用垂准仪作倾斜观测等，都是属于用常规测量仪器进行变形观测的方法。

(2)**专用仪器测量方法**：用专用的变形观测仪器测定变形，如用准直仪测定水平位移，用流体静力水准仪测定挠度，用倾斜仪测定倾斜。

(3)**摄影测量方法**：用地面近景摄影测量方法对桥梁构件进行立体摄影(两台以上摄影机同时摄影)，通过量测计算得到被测点的三维坐标，以计算变形量。

14.3　高速铁路工程测量

国际铁路联盟将高速铁路定义为，通过改造原有线路，使运营速度达到每小时 200 千米以上；或者专门修建新的"高速新线"，使运营速度达到每小时 250 千米以上的铁路系统。我国目前已投入运营的京沪、京津、郑西、武广等高速铁路，运营速度已达300km/h。高速铁路主要由线下工程和轨道系统两部分组成。线下工程是指高速铁路的路基、桥梁、隧道和涵洞等建(构)筑物，线下工程施工测量方法与传统铁路并无本质区别，施工精度通常为厘米级。轨道系统自下而上由底座板、轨道板、轨枕和钢轨等轨道构件组成，是在线下工程完工，且各种变形趋于稳定后，通过特殊精调装置和专用测量设备，将轨道构件精确测设到设计位置，形成高平顺的轨道系统。高速铁路实现列车高速行驶的前提条件是轨道系统的高稳定性和高平顺性。线下工程的高稳定性通过对沉降和变形的严格控制实现，轨道系统的高平顺性主要依靠精密工程测量技术。因此，变形控制和精密测量技术是高速铁路建设中与测量相关的两大关键技术。高速铁路工程测量主要包括高速铁路控制测量、轨道系统精密测量和高速铁路变形监测。下面主要介绍高速铁路控制测量和轨道系统精密测量。

14.3.1 高速铁路控制测量

1. 平面控制网

高速铁路平面控制网分四级布设，逐级向下控制，上一级网是下一级网的起算基准。第一级为框架控制网，简称为CP 0网；第二级为基础平面控制网，简称CP I 网；第三级为线路平面控制网，简称CP II 网；第四级为轨道控制网，简称CP III 网。各级网的精度要求如表14-7所示。

表 14-7 　　　　　　　　　　高速铁路各级控制网的精度要求

控制网	测量方法	相邻点的相对中误差（mm）	点 间 距
CP 0	GNSS	20	约 50km
CP I	GNSS	10	约 4000m
CP II	GNSS	8	600~800m
	附合导线	8	400~800m
CP III	自由测站边角交会	1	点对间距 50~70m
二等水准	二等水准测量	高差中误差 2mm/km	约 2000m

说明：1. 相邻点的相对中误差指 X、Y 坐标分量中误差。
　　　2. 相邻 CP III 点高程的相对中误差为 0.5mm。

框架控制网（CP 0）在线路初测前布网和测量，用静态 GNSS 技术建网；点间距约 50km，应与 IGS 参考站或国家 A、B 级 GNSS 点联测；联测点数不少于 2 个，且均匀分布。

基础平面控制网（CP I）应在线路初测阶段布设，用静态 GNSS 技术建网；点间距约 4km，隧道段应在洞口处加设一对CP I 点；由三角形、大地四边形构成的带状网，附合在 CP 0 网上。

线路控制网（CP II）应在线路定测阶段布设，用静态 GNSS 技术或精密导线建网；沿线路每 600~800m 布设一个点（隧道洞内每 300~600m 布设一对点）；由三角形、大地四边形连接成带状网，并附合在CP I 网上；隧道段采用四至六条边的导线环布网，并附合在洞口CP I 点上。以上各级控制网应按《高速铁路工程测量规范》（TB 10601—2009）规定施测，全线应一次布网、测量和整体平差。

轨道控制网（CP Ⅲ）应在线下主体完工、沉降变形趋于稳定后布设，用精密测量机器人施测，是平面和高程共点的三维控制网。控制点埋设强制对中装置。平面控制基准是CP Ⅰ或CP Ⅱ点，采用自由设站后方边角交会方式布设，网形规则；其主要作用是为轨道板铺设、钢轨铺设和检校提供基准。

2. 高程控制网

高速铁路的高程控制采用二等水准网，沿设计线路每2km左右埋设一点，并联测沿线的国家一、二等水准点；部分二等水准点与CP Ⅰ点共用标石；单独埋设的二等水准测量标石到线路中心线的距离不能大于500m；在平原地区，一般采用精密水准仪施测二等水准。在复杂水网和山区，可采用精密三角高程施测。CP Ⅲ网是平面和高程共点的三维控制网。

由于高速铁路对线下工程的稳定性要求很高，兼顾线下工程沉降监测的需要，沿线二等水准点常作为沉降监测的基准点。因此，在软土和区域沉降地区，要求每隔10km左右设置一个深埋水准点，每隔100km左右设置一个基岩水准点。

14.3.2　轨道系统精密测量

轨道系统的测量工作是高速铁路建设的关键环节，主要包括现浇混凝土构件施工测量和轨道系统精调；前者（如路基支承层和桥上底座板等）测量工作量大，精度通常为3～5mm，与常规测量略有差异；后者属于精密工程测量范畴，精度要求高，主要包括轨道精调测量、双块轨枕精调和轨道板精调等工作。

以无砟轨道调校为例，按照以下步骤进行轨道系统精密测量：

（1）设站与观测：将电子全站仪架设在所测轨道中间，且测站前后的CP Ⅲ点大致对称，照准轨检小车上的棱镜，小车的电脑系统可以实时显示钢轨的调整量，左、右站分别设站观测；

（2）轨道粗调：单站测距范围不超过100m，每隔3～5根轨枕（承轨台）测量一个点，通过多次调整，将轨道大致调整到设计位置（与设计值的偏差控制在1～2mm）；

（3）轨道精调：单站测距范围不超过70m，逐轨测量。不同测站搭接5个点。通过多次反复调整，将轨道精确调整到设计位置。

14.4　隧道与地下工程测量

地下建筑工程包括铁路、公路、水利工程方面的隧道，城市地下道路，地下铁道，越江隧道，人防工程的地下洞库，工厂，电站，医院等。虽然地下建筑工程的性质、用途以及结构形式各不相同，但是在施工过程中，都是先在地面建立测量控制网，再从地面通过地下工程的洞口或竖井传递到地下，建立地下控制网，据此开挖各种形式的地下建筑物、构筑物和通道。

14.4.1 地下工程的控制测量

1. 地下工程平面控制测量

地下建筑平面控制测量的主要任务是测定各洞口控制点的相对位置，以便根据洞口控制点，按设计方向，向地下进行开挖，并能以规定的精度进行贯通。例如对于隧道工程，平面控制网选点时要求包括隧道的洞口控制点，然后控制网得以向洞内（地下）延伸。通常平面控制测量有以下几种方法。

1）直线定线法

对于长度较短的山区直线隧道，可以采用直接定线法。如图 14-31 所示，A，D 两点是设计选定的直线隧道的洞口点，直接定线法就是把直线隧道的中线方向在地面标定出来，即在地面测设出位于 A—D 直线方向上的 B，C 两点，作为洞口点 A，D 向洞内引测中线方向时的定向点。

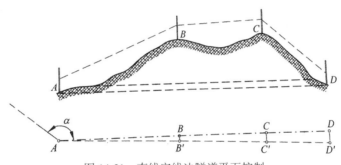

图 14-31　直线定线法隧道平面控制

在 A 点安置全站仪，根据概略方位角 α 依次定出 B'、C' 和 D' 点，根据 $D'D$ 的长度修正 C' 点到 C 点。C 点的修正量 $C'C$ 按下式计算，

$$C'C = D'D \frac{AC'}{AD'} \tag{14-30}$$

依此法定出 B 点并延长至 A 点。如果不与 A 点重合，则用同样的方法进行第二次趋近，直至 B，C 两点正确位于 AD 方向上。B，C 两点即可作为在 A，D 点指明掘进方向的定向点。

2）三角网法

对于隧道较长、地形复杂的山岭地区或城市地区的地下铁道，地面的平面控制网一般布设成三角网形式，其中包括隧道洞口点 A 和 B，如图 14-32 所示。用全站仪测定三角网的边角，使成为边角网。图 14-32(a)为直线隧道，图 14-32(b)为具有圆曲线的隧道。

3）全球导航卫星系统法

采用全球导航卫星系统(GNSS)定位技术做隧道的地面平面控制时，只需要在洞口布设洞口控制点和定向点。除了洞口点及其定向点之间因需要作施工定向观测而应通视之外，洞口点与其他洞口点、国家控制点、城市控制点之间的联测也不需要通视；地面控制

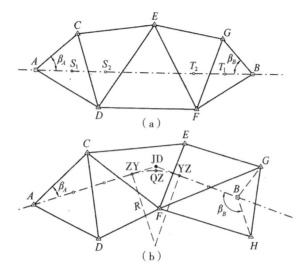

图 14-32　边角网隧道平面控制

点的布设灵活方便，且其定位精度目前已能达到甚至超过常规的平面控制网，因此，GNSS 定位技术已在地下建筑的地面控制测量中得到广泛应用。

2. 地下工程高程控制测量

高程控制测量的任务是按规定的精度施测隧道洞口(包括隧道的进出口、竖井口、斜井口和坑道口)附近水准点的高程，作为高程引测进洞内的依据。水准路线应选择连接洞口最平坦和最短的线路，以期达到设站少、观测快、精度高的要求。一般每一洞口埋设的水准点应不少于 3 个，且以能安置一次水准仪即可联测，便于检测其高程的稳定性。两端洞口之间的距离大于 1km 时，应在中间增设临时水准点。高程控制通常采用三、四等水准测量的方法，按往返或闭合水准路线施测。

14.4.2　地下工程联系测量

在地下工程中，为使地面与地下建立统一的坐标系统和高程基准，应通过平洞、斜井及竖井将地面的坐标系统及高程基准传递到地下，该项地下起始数据的传递工作称为**联系测量**。

1. 隧道洞口联系测量

根据洞口控制点(各洞口至少有两个)的坐标和高程，及洞内设计中线点的设计坐标和高程，计算测设数据(包括洞内设计点位与洞口控制点之间的距离、角度和高差)，并测设洞内的设计点位，作为隧道施工的依据，这项工作称为**隧道洞口联系测量**。

1)掘进方向测设数据计算

图 14-32(a)所示为一直线隧道的平面控制网，A，B，C，…，G 为地面平面控制点，其中 A，B 为洞口点，S_1，S_2 为 A 点洞口进洞后的隧道中线第一个和第二个里程桩，为了求得 A 点洞口隧道中线掘进方向及掘进后测设中线里程桩 S_1，计算下列极坐标法测设数据：

$$\beta_A = \alpha_{AB} - \alpha_{AC} \tag{14-30}$$

式中，α_{AB} 和 α_{AC} 可根据 A、B、C 各点的坐标反算得到。

$$D_{AS_1} = \sqrt{(x_{S_1} - x_A)^2 - (y_{S_1} - y_A)^2} \tag{14-31}$$

按上述方法也可计算 B 点洞口的掘进测设数据。对于中间具有曲线的隧道，如图 14-32(b)所示，隧道中线交点 JD 的坐标和曲线半径 R 已由设计所指定。因此，可以计算出测设两端进洞口隧道中线的方向和里程。掘进达到曲线段的里程以后，可以按照测设道路圆曲线的方法测设曲线上的里程桩。

2）洞口掘进方向标定

在对向开挖隧道的贯通面上，其中线如果不能完全吻合，这种偏差称为**贯通误差**。如图 14-33 所示。贯通误差包括纵向误差 Δ_t，横向误差 Δ_u，高程误差 Δ_h。其中，纵向误差仅影响隧道中线的长度，施工测量时，较易满足设计要求。因此，一般只规定贯通面上横向限差 Δ_u 及高程限差 Δ_h，例如规定：$\Delta_u < 50 \sim 100\text{mm}$，$\Delta_h < 30 \sim 50\text{mm}$（按不同要求而定）。城市地铁隧道施工中，从一个沉井用盾构向另一接收沉井掘进时，也同样有上述贯通误差的限差规定。

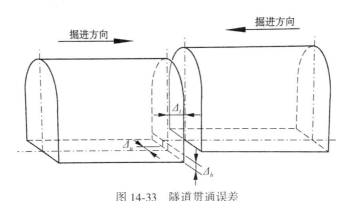

图 14-33　隧道贯通误差

隧道贯通的横向误差主要由测设隧道中线方向的精度所决定，而进洞时的初始方向尤为重要。因此，在隧道洞口，要埋设若干个固定点，将中线方向标定于地面上，作为开始掘进及以后洞内控制点联测的依据。如图 14-34 所示，用 1，2，3，4 号桩标定掘进方向。再在洞口点 A 和中线垂直方向上埋设 5，6，7，8 号桩作为校核。所有固定点应埋设在施工中不易受破坏的地方，并测定 A 点至 2，3，6，7 号点的平距。这样，在施工过程中，可以随时检查或恢复洞口控制点 A 的位置、进洞中线的方向和里程。

3）洞内施工点位高程测设

对于平洞，根据洞口水准点，用一般水准测量方法测设洞内施工点位的高程。对于深洞用深基坑传递高程的方法（见 13.1 小节施工测量基础之四"高程测设"）测设洞内施工点的高程。

2. 竖井联系测量

在隧道施工中，可以用开挖竖井的方法来增加工作面，将整个隧道分成若干段，实行

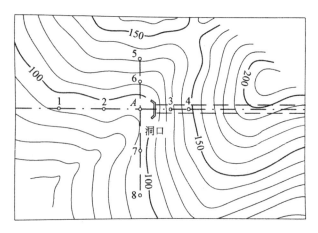

图 14-34　隧道洞口掘进方向标定

分段开挖，例如，城市地下铁道的建造，每个地下车站是一个大型竖井，在站与站之间用盾构进行掘进，施工可以不受城市地面密集建筑物和繁忙交通的影响。

竖井施工时，根据地面控制点把竖井的设计位置测设于地面，竖井向地下开控后，其平面位置用悬挂大垂球或用垂准仪测设铅垂线，将地面的控制点垂直向下投影至地下施工作业面，其工作原理和方法与高层建筑的平面控制点垂直向上投影完全相同。高程控制点的高程传递可以用钢卷尺垂直丈量法或全站仪天顶测距法（见 13.3 小节高层建筑物测量之二"高程传递"）。

竖井施工到达井筒底部以后，应将地面控制点的坐标、高程和方位角作最后的精确传递，以便能在竖井的底层确定隧道的开挖方向和里程。由于竖井的井口直径（圆形竖井）或宽度（矩形竖井）有限，用于传递方位的两根铅垂线的距离相对较短（一般仅为 3～5m），垂直投影的点位误差会严重影响井下方位定向的精度。如图 14-35 所示，V_1V_2 是圆筒形竖井井口的两个投影点，垂直投影至井下。由于投点误差，至井底偏移到 $V_1'V_2'$。设 $V_1V_1' = V_2V_2'$，则对投影边的方位角产生的角度误差为

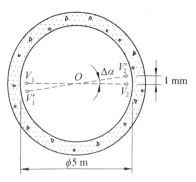

图 14-35　竖井方位角传递误差

$$\Delta\alpha = \frac{2V_1V_1'}{V_1V_2}\rho'' \tag{14-32}$$

设若 $V_1V_2 = 5\text{m}$，$V_1V_1' = V_2V_2' = 1\text{mm}$，则产生的方位角误差 $\Delta\alpha = 72''$。投点误差一般应不大于 0.5mm。两垂直投影点的距离 V_1V_2 越大，则投影边的方位角误差 $\Delta\alpha$ 越小。该边的方位角要作为地下施工作业面内导线的起始方位角，因此，在竖井联系测量工作中，方位角传递(定向)是一项关键性工作。竖井联系测量主要包括一井定向、两井定向和陀螺仪定向等方法。

1)一井定向

如图 14-36 所示，通过一个竖井口，用垂线投影法将地面控制点的坐标和方位角传递至定向水平面，称为**一井定向**。可以采用垂球线法或垂准仪法向井下投影，下面介绍垂准仪法。在竖井上方的井架上 V_1 和 V_2 两个投影点上架设高精度垂准仪，分别向井底 V_1' 和 V_2' 两个可以微动的投影点进行垂直投影。

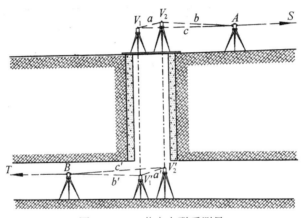

图 14-36　一井定向联系测量

进行联系测量时，在井口地面平面控制点 A 上安置全站仪，瞄准后视控制点 S 及投影点 V_1 和 V_2，测定水平角 ω 和 α，如图 14-37 所示，同时测定井上联系三角形 $\triangle AV_1V_2$ 的三边长度 a，b，c。与此同时在定向水平隧道口的洞内导线点 B 上也安置全站仪，瞄准洞内前视导线点 T 和投影点 V_1' 和 V_2'，测定水平角 ω' 和 α'，以及井下联系 $\triangle BV_1'V_2'$ 中的三边长度 a'，b'，c'。联系三角形宜布置成直伸形状，α 和 α' 角一般应不大于 $3°$，b/a 的比值应大于 1.5，即 a 应尽可能大，以利于提高传递方位角的精度。

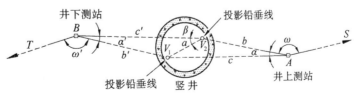

图 14-37　一井定向的联系三角形

解算图 14-37 中的联系三角形，可将地面控制点的坐标和方位角传递至井下的洞内导线点。解算方法如下：

（1）井上联系三角形的解算：

首先根据测得的水平角 ω 和 α，推算 b 边和 c 边的方位角，

$$\begin{cases} \alpha_b = \alpha_{AS} - \omega \\ \alpha_c = \alpha_{AS} - (\omega + a) \end{cases} \tag{14-33}$$

其中，AS 边的坐标方位角 α_{AS} 可由地面控制点 A 和 S 的坐标反算得到。

根据 A 点坐标、b 和 c 两条边的边长及方位角推算 V_1 和 V_2 点坐标如下：

$$\begin{cases} x_{V_1} = x_A + c \cdot \cos\alpha_c \\ y_{V_1} = y_A + c \cdot \sin\alpha_c \end{cases} \tag{14-34}$$

$$\begin{cases} x_{V_2} = x_A + b \cdot \cos\alpha_b \\ y_{V_2} = y_A + b \cdot \sin\alpha_b \end{cases} \tag{14-35}$$

按下式对上述计算结果进行检核，

$$a = \sqrt{(x_{V_1} - x_{V_2})^2 - (y_{V_1} - y_{V_2})^2} \tag{14-36}$$

最后，根据 V_1 和 V_2 点的坐标计算投影边 V_1-V_2 的象限角 $R_{V_1V_2}$，进而根据该投影边所在象限确定其坐标方位角 $\alpha_{V_1V_2}$，

$$R_{V_1V_2} = \arctan\frac{y_{V_2} - y_{V_1}}{x_{V_2} - x_{V_1}} \tag{14-37}$$

（2）定向水平上联系三角形的解算：

首先根据投影边方位角 $\alpha_{V_1V_2}$ 和 β 角推算 c' 边的方位角，

$$\alpha_{c'} = \alpha_{V_1V_2} + \beta \pm 180° \tag{14-38}$$

式中，β 为定向水平上联系三角形的内角（如图 14-37 所示），可根据定向水平上观测的水平角 α' 和观测边 b'、c' 用正弦定理计算得到，

$$\beta = \arcsin\left(\frac{b'}{a'}\sin\alpha'\right)$$

根据 c' 边的边长和方位角，以及 V_2 点坐标推算出洞内导线点 B 的坐标如下：

$$\begin{cases} x_B = x_{V_2} + c'\cos\alpha_{c'} \\ y_B = y_{V_2} + c'\sin\alpha_{c'} \end{cases} \tag{14-39}$$

根据定向水平上观测的水平角 α' 和 ω'，推算洞内第一条导线边 B-T 的方位角，

$$\alpha_{BT} = \alpha_{c'} + (\alpha' + \omega') \pm 180° \tag{14-40}$$

获得洞内导线起始点 B 的坐标和起始边 B-T 的方位角以后，隧道即可向开挖方向延伸，依次测设隧道中线点位。

2）两井定向

地下工程建设中，如果在竖井附近垂直开挖通风井或运输辅料的副井，联系测量就具备两井定向的条件，这种方法可以克服一井定向中因投影点相距过进而影响方位角传递精度的缺点。

　　两井定向是在两个竖井中分别用垂准仪测设一根铅垂线，由于两垂线间的距离大大增加，据式(14-32)可见，投影误差会明显降低，这样就减小了投影点误差对井下方位角推算的影响，有利于提高洞内导线的精度。

　　两井定向时，地面上采用导线测量方法测定两投影点的坐标。在定向水平上，利用两竖井间的贯通巷道，在两垂直投影点之间布设无定向导线(见9.3小节"导线测量内业计算")，以求得连接两投影点间的方位角和计算井下导线点的坐标。采用两井定向时的井上和井下联系测量控制网布设图形如图14-38所示，A，B，C为地面控制点，其中A，B为近井控制点，V_1，V_2为两个竖井中的垂直投影点，V_1—E—F—V_2组成井下无定向导线。通过计算，便可得到井下控制点V_1，E，F和V_2的坐标。

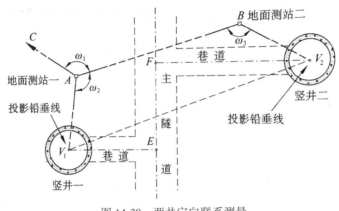

图14-38　两井定向联系测量

3)陀螺仪定向

　　当陀螺仪中自由悬挂的转子在陀螺马达的驱动下高速旋转(约21500r/min)时，因受地球自转影响而产生一个力矩，使转子的轴指向通过测站的子午线方向(真北方向)，这就是陀螺仪定向原理。在全站仪的支架上方安装陀螺仪，组合而成陀螺全站仪，如图14-39(a)所示。图14-39(b)为陀螺仪目镜中的读数示意图，图14-39(c)为"逆转点法"读数示意图。全站仪的水平度盘可根据真北方向进行定向(读盘读数设置为零度)；当照准部转向任一目标时，水平度盘的读数即为测站至目标的真方位角。

　　真方位角与坐标方位角之间存在着子午线收敛角偏差(见9.2小节"平面控制网的定位和定向"中的"两点间的坐标方位角和坐标增量")，若通过地面控制点和井下的联系测量，可以求得测站的子午线收敛角，从而可将真方位角转化为坐标方位角。用陀螺全站仪测定方位角时，安置仪器于测站上，将望远镜大致瞄准正北方向，水平微动螺旋制动于中间位置。启动陀螺仪(启动指示灯亮)，当陀螺转速达到规定值后(启动指示灯灭)，缓慢旋松陀螺紧锁螺旋，使放下陀螺灵敏部；高速旋转中的陀螺轴向通过测站的子午面两侧做衰减往返摆动，通过陀螺仪目镜可以看到指标线的左右摆动。连续跟踪和读取摆动中的指标线到达左、右逆转点时的水平方向值u_1，u_2，u_3，…，根据三个连续方向值u_i，u_{i+1}，u_{i+2}，按下式计算摆动中心点的方向值读数$N_i(i=1，2，3，…)$，

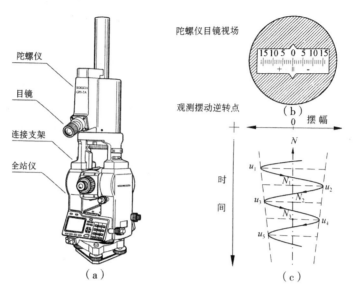

图 14-39　陀螺全站仪定向

$$N_i = \frac{1}{2}\left(\frac{u_i + u_{i+2}}{2} + u_{i+1}\right) \tag{14-41}$$

取各个 N_i 的平均值，得到测站真北方向的水平方向值。

用陀螺全站仪作地面和井下的联系测量时（见图 14-40），在地面近井点 A 安置陀螺全站仪，分别瞄准另一地面控制点 S 和垂线投影点 V（垂线钢丝如图 14-40 所示或垂准仪投影时的觇牌），观测水平角和距离，推算 A—V 方向的坐标方位角和 V 点的坐标（x_v，y_v）。启动陀螺仪，测定 A—V 方向的真方位角 A_w，按下式计算地面近井点 A 的子午线收敛角：

$$\gamma = A_{AV} - \alpha_{AV} \tag{14-42}$$

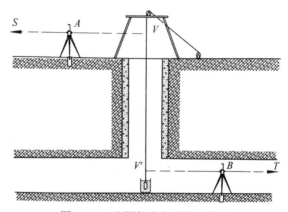

图 14-40　陀螺仪定向法联系测量

然后安置仪器于定向水平洞内导线点 B，瞄准铅垂线 V' 和洞内另一导线点 T，进行和

地面点 A 同样的观测；根据陀螺仪测定的真方位角 A_{BV}，计算洞内导线边 B—V 的坐标方位角：

$$\alpha_{BV} = A_{BV} - \gamma \tag{14-43}$$

根据投影点 V 的坐标和 B—V 边的边长和坐标方位角，计算 B 点的坐标；根据 B 点观测的水平角计算 B—T 边的坐标方位角，以此作为洞内导线的起始数据。

4）竖井高程传递

竖井高程传递是根据井口地面水准点 A 的高程，测定定向水平水准点 B 的高程，如图 14-41 所示。在 A 和 B 点上立水准尺，竖井中悬挂钢卷尺，使钢尺零点在下，井口和定向水平各安置一台水准仪，地面水准仪在水准尺和钢尺上的读数分别为 a_1 和 h_1，定向水平水准仪在钢尺和水准尺上的读数分别为 a_2 和 b_2，则 B 点的高程为

$$H_B = H_A + (a_1 - b_1) + (a_2 - b_2) \tag{14-44}$$

竖井高程传递也可以采用全站仪天顶测距法（见 13.3.2 小节中"高程传递"内容）。

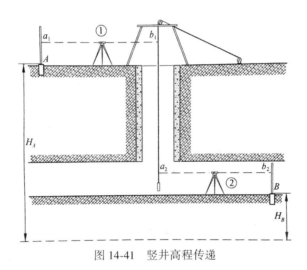

图 14-41　竖井高程传递

14.4.3　地下工程施工测量

地下工程施工测量主要包括标定掘进方向、检查工程进度、计算土石方量、竣工测量和施工期的变形监测等环节。标定掘进方向可采用中线法、腰线法和激光指向仪法。对于曲线隧道，则可采用导线测量和全站仪极坐标法相结合的方法。无论采用哪一种测量方法，都离不开洞内导线或高程控制测量。

1. 掘进方向的标定

1）中线法

根据隧道洞口中线控制桩和中线方向桩，在洞口开挖面上测设开挖中线，并逐步往洞内引测隧道中线上的里程桩。一般情况为隧道每掘进 20m 要埋设一个中线里程桩。中线桩可以埋设在隧道的底部或顶部。

2）腰线法

在隧道施工中，为了控制施工的标高和隧道横断面的放样，在隧道岩壁上，应每隔一定距离(5~10m)测设出比洞底设计地坪高出 1m 的标高线，称为**腰线**。腰线的高程由洞内引测的施工水准点进行测设。由于隧道的纵断面有一定的设计坡度，因此，腰线的高程按设计坡度随中线的里程而变化，它与隧道底设计地坪高程线是平行的。

3）激光指向仪法

根据洞内施工导线和已经测设的中线桩可以用经纬仪或全站仪指示出隧道的掘进方向。由于隧道洞内工作面狭小，光线暗淡，因此在施工掘进的定向工作中，经常使用激光指向仪，用以指示掘进方向。激光指向具有直观、自动化、对其他工序影响小等优点。如固定在自动掘进设备一定位置上的激光指向仪，配以光电接收靶，在掘进设备向前推进过程中，方向如果偏离了指向仪发出的激光束，则光电接收装置会自动指出偏移方向及偏移值，为掘进机提供自动控制的信息。

2. 隧道洞内施工导线测量和水准测量

1）洞内导线测量

测设隧道中线时，通常每掘进 20m 埋一中线桩，由于定线误差，所有中线桩不可能严格位于设计位置上。所以，隧道每掘进至一定长度(直线隧道每隔 100m 左右，曲线隧道按通视条件尽可能放长)就应布设一个导线点，也可以利用原来测设的中线桩作为导线点，组成洞内施工导线。洞内施工导线宜布设成支导线，随着隧道的掘进逐渐延伸。因支导线缺少检核条件，观测应特别注意，导线的转折角和导线边长均应往返观测。为了防止施工引起的点位变动，导线必须定期复测检核。根据导线点的坐标来检查和调整中线桩的位置，随着隧道的掘进，导线测量必须及时跟上，以确保贯通精度。

2）洞内水准测量

用洞内水准测量控制隧道施工的高程。隧道向前掘进，每隔 50m 应设置一个洞内水准点，并据此测设腰线。通常情况下，可利用导线点位作为水准点，也可将水准点埋设在洞顶或洞壁上，但都应力求稳固和便于观测。洞内水准测量均为支水准路线，除应往返观测外，还须经常进行复测。

3. 盾构施工测量

盾构法隧道施工是一种先进的、综合性的施工技术，它是将隧道的定向掘进、土石方和材料的运输、衬砌安装等各工种组合成一体的施工方法。其作业深度可以离地面很深，不受地面建筑和交通的影响；机械化和自动化程度很高，是一种先进的隧道施工方法，广泛应用于城市地下铁道、越江隧道等的施工中。

盾构的标准外形是圆筒形，也有矩形、双圆筒形等与隧道断面一致的特殊形状。图 14-42 为圆筒形盾构及隧道衬砌管片的纵剖面示意图。切削钻头是盾构掘进的前沿部分，利用沿盾构圆环四周均匀布置的推进千斤顶，顶住已拼装完成的衬砌管片(钢筋混凝土预制)向前推进，由激光指向仪控制盾构的推进方向。

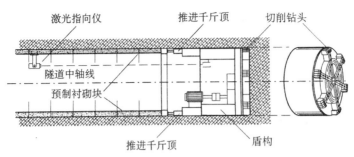

图 14-42　圆筒形盾构及隧道砌衬管片纵剖面

盾构施工测量主要是控制盾构的位置和推进方向。利用洞内导线点测定盾构的当前空间位置和轴线方向。用激光指向仪指示推进方向，用千斤顶编组施加以不同推力进行纠偏，以调整盾构的位置和推进方向。

4. 顶管施工测量

当地下管道施工需要穿越道路或其他地面建筑物时，为避免破坏原有建（构）筑物，可采用顶管施工技术。该方法是用掘进机头前方刀盘切削土体，后方千斤顶顶进管道，掘进机刀盘的转动与液压千斤顶的推进是同步进行的，顶进一定距离后，千斤顶回缩，再在工作井内装入新的管道，再顶进，如此重复，直到掘进头和管道到达接收井。顶管施工技术的主要特点是顶进速度快，掘进速度可达 200mm/min 以上。主要用于管径 ϕ 为 300～4000mm 之间的地下管线施工；最小的施工管径为 ϕ200mm。管径在 2000mm 以下时，操作人员可以不进入机舱，在地表遥控。管道随千斤顶的顶进而移动。该设备能平衡地下水压力和土压力，能控制地表的隆起和沉降，具有激光导向纠偏功能。

顶管施工测量时，先挖好顶管工作井，如图 14-43 所示，根据地面上测设的管道中线桩，用经纬仪垂直投影将中线引测到井底，在井内再用经纬仪测设管道中线。另外，在顶管工作井内测设临时水准点，用水准仪和可立于管内的短水准尺测设管内前后各点，以控制管底的设计高程和坡度。

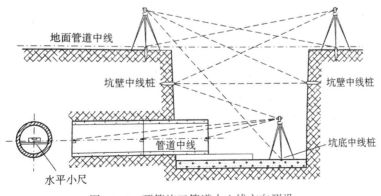

图 14-43　顶管施工管道中心线方向测设

在顶管施工中，管内水平放置一支长度略小于管内径的木尺，尺上有标明中心点的长度刻划。在顶管施工进行时，在经纬仪视场中，可以从小尺上读出管中心偏离中线方向的数值，进行顶管的方向校正。在已测设顶管方向的基础上，还可利用激光指向仪指示顶管推进的方向。

14.5　地下管线探测

城市地下管线担负着信息传递、能源输送、排涝减灾、废物排弃等功能，是城市基础设施的重要组成部分，是发挥城市功能、确保城市健康协调和可持续发展的重要基础和保障，被称为城市的"生命线"。城市综合地下管线信息是进行城市规划建设管理工作的基础，也是进行建设施工的信息保证，并可为城市地下管线设施维护工作快速、准确地提供设施信息。

14.5.1　概述

城市地下管线种类很多，包括电力、电信、给水、下水、燃气、工业管线等六大类，具体分类和内容见表 14-8。

表 14-8　　　　　　　　　　　城市地下管线分类表

类别	内　　容
电力管线	包括输配电电缆、动力电缆、照明电缆等管道
电信管线	包括光缆管线、电视管线、市话管线、长话管线、军用通信管线等管道
给水管线	包括工业和生活用水、消防用水等输水配水管道
燃气管线	包括煤气、天然气、液化石油气等的输配管道
下水管线	包括雨水、污水、工业废水等管道或渠道
工业管线	又称特种管道，包括热力、工业用气体、液体燃料、化工原料、排灰排渣等管道

地下管线的结构相当复杂，根据管线的性质大致可分为线型、管型和隧道型。由于管道功能运行上的需要，沿线还必须设置一系列井、室、闸等附属设施，其空间地理位置和属性应在进行管道探查或测量工作中测定。

目前我国城市地下管线建设发展迅猛，随之而来的地下管线管理问题层出不穷。因施工破坏造成的停水、停气、停电以及通信中断事故频发。由于排水管道排水不畅引发的道路积水和城市水涝灾害更是司空见惯。因此，调查探测清楚地下管线的分布情况，是城市建设的当务之急。地下管线探测包括地下管线探查和地下管线测绘，前者主要针对缺少完整资料档案的已有的管线，后者主要针对新建的管线(具体工作包括施工放线测量和竣工测量)。

1. 地下管线探测的任务和内容

城市地下管线探查的任务是：查明各种地下管线的平面位置、高程、埋深、走向、结构材料、规格、埋设年代、权属单位等，通过地下管线测量，绘制成地下管线平面图和断面图，并采集城市地下管线信息系统所需要的一切数据。城市地下管线探测按具体对象可分为四类：

（1）市政公用管线探测。市政公用管线探测是根据城市规划管理部门或市政建设部门的要求进行，其范围包括道路、广场及主干道通过的其他地区，要求全面、准确地掌握各种地下管线的空间地理位置，并侧重于各种管线及其附属设施的相互关系。

（2）厂区或住宅小区管线探测。厂区或住宅小区管线探测的范围仅限于该区域内，但需注意与市政公用管线的衔接。

（3）施工场地管线探测。施工场地管线探测是为某项土建施工开挖前进行的探测，目的是防止施工开挖造成对原有地下管线的破坏。

（4）专用管线探测。专用管线探测是根据某项管线工程的规划、设计、施工和管理的探测，其探测范围包括管线工程可能和已经敷设的区域。

2. 地下管线探测的要求和质量检验

1）坐标系统的选择

地下管线探测资料应与规划、设计部门使用的有关基础资料相衔接，因此地下管线探测坐标系统要与基础资料采用的坐标系统一致。市政及公用管线探测采用当地城市坐标系统；厂区或住宅小区管线探测及施工场地管线探测必要时可采用本地区建筑坐标系统，但应与本市坐标系统建立转换关系。

2）探测精度

地下管线点平面位置及深度探测的精度规定有：①隐蔽管线点的水平位置和埋深探查精度；②探测管线点的坐标和高程精度。按照《城市地下管线探测技术规程》（CJJ 61—2017），对城市地下管线探测的精度要求如表 14-9 所示。

表 14-9　　地下管线探测精度要求（精度指标：量测/探查中误差，单位：mm）

管线点类别	平面位置	埋深
明显管线点	—	25
隐蔽管线点	$0.05h$	$0.075h$
地下管线点	50	30

注：h 为管线中心埋深；当 $h<1000mm$ 时，以 1000mm 代入计算。

3）质量检验

探测工作的质量检验是用同类仪器和同一方法对同一管线点在不同时间进行重复探测其水平位置和埋深，重复探测量不少于总数的 5%。然后按同一量多次观测计算中误差的公式计算探测隐蔽管线点的水平位置中误差和埋深中误差，其数值不应超过限差的 1/2。此外，还应对工作区随机抽取不少于隐蔽管线点总数 1% 的探查管线点进行开挖验证。例如，隐蔽管线点的平面位置测量中误差 M_{ts} 和平面位置限差 δ_{ts} 如下式所示：

$$M_{ts} = \pm \sqrt{\frac{\sum_{i=1}^{n_2} \Delta s_{t_i}^2}{2n_2}} \qquad (14\text{-}45)$$

$$\delta_{ts} = \frac{0.10}{n_2} \sum_{i=1}^{n_2} h_i \qquad (14\text{-}46)$$

式中，Δs_{t_i} 为隐蔽管线点的埋深偏差，h_i 为管线点埋深，n_2 为重复探测点的总数。

3. 地下管线探测的方法

地下管线探查是在现场查明地下管线的敷设状况及在地面上的投影位置和埋深，并在地面设置管线点标志。地下管线探查方法包括：明显管线点的实地调查、隐蔽管线点的物探调查和开挖调查。这三种方法往往需要结合进行。

1）明显管线点的实地调查法

对出露地面的地下管线及其附属设施作详细调查、测量和记录，实地查清每一管线段的情况，填写"管线点情况表"。管线段的明显管线点包括：接线室、变电室（器）、水闸、检修井、阀门井、仪表井以及其他附属设施。

实地调查应查清管线的权属单位、性质、规格（管道的材料和断面尺寸、电缆的根数或孔数及其电压）、附属设施名称。测量管线点的平面位置、高程、埋深和偏距。管线的埋深一般分为内底埋深（管道内径最低点至地面的垂直距离）和外顶埋深（管道外径或直埋电缆最高点至地面的垂直距离）。从管线附属设施的中心点至管线中心线垂足点的水平距离称为偏距。

2）隐蔽管线的物探调查法

对埋设于地下的隐蔽管线段使用专用管线仪或其他物探仪器在地面进行搜索、追踪、定位和定深。将地下管线的中心线投影至地面，并设置管线点标志。管线点一般设置在管线特征点（管线交叉点、分支点、起讫点、变坡点、变径点及附属设施中心点）上，无特征点的长直线段上也应设置管线点，以控制走向。当管线弯曲时，至少应在圆弧的起、中、终点上设置管线点。

3）开挖调查法

开挖调查法是开挖地面将埋于地下的管线暴露出来，直接测量其平面位置、高程和埋深，并调查管线属性。该方法最原始和低效，却是最准确的方法，一般是在探测情况太复杂、用物探方法无法查明或为验证物探法精度时才采用。

4. 地下管线探测工作内容与基本流程

地下管线探测工作的内容应包括现有地下管线资料调绘、地下管线物理探查、地下管线测量、地下管线数据处理与管线图编绘、地下管线数据库建立以及成果资料的验收与提交。地下管线探测的基本流程包括技术准备（资料搜集、现场踏勘、仪器校验、编写项目设计书）、实地调查、仪器探测、控制测量、地下管线测量、地下管线图编绘、编写技术总结报告和成果验收。

14.5.2　城市地下管线探查

城市地下管线大部分都是非常隐蔽的工程，既不可见而且也不能进行全面开挖工作，因此必须要借助相应的物理仪器设备进行探查，查清相应的地下管线的属性及连通关系，这就是地下管线物理探查，简称物探。物探的基本原理是：当被探查的管线材料与周围的介质有明显的物性差异，管体相对于埋深在一定范围以内，利用仪器的物理效应，将其从干扰背景中分辨出来，并据此定位。

1. 地下管线探查的基本流程

地下管线的探查工作一般按以下流程进行。

1）技术准备

技术准备是地下管线探查的前期基础工作，内容包括：已有地下管线资料的调绘，现场探勘，仪器校验、方法试验、编写技术设计书等过程。

（1）地下管线资料调绘：在测区地下管线探测工作开展前，应根据工程范围和要求进行现有地下管线资料调绘，调绘完成后应提交地下管线现状调绘图和地下管线成果表。作为地下管线探测作业参考的依据。地下管线资料调绘应包括下列内容：搜集已有地下管线资料和有关测绘资料；分类、整理所搜集的已有地下管线资料和有关测绘资料；编绘地下管线现状调绘图。已有的地下管线资料和有关测绘资料包括：地下管线设计图、施工图、竣工图、示意图、竣工测量成果或外业探测成果；技术说明资料及成果表；现有基本比例尺地形图。对已有管线资料整理分类后，要将管线位置、连接关系、管线构筑物或附属物、规格(管径或断面宽高)、材质、传输物体特征(压力、流向、电压)、建设年代等管线属性数据转绘到基本比例尺地形图上。

（2）现场踏勘：资料调绘完成之后应根据调绘成果对测区进行现场踏勘。现场踏勘应查明地下管线现状调绘图中明显点与实地是否一致，不一致的地方应在地下管线现状调绘图上标注；现场踏勘应落实测区内测量控制点的位置和保存情况，对变化情况应做详细记录；现场踏勘应了解清楚测区地物、地貌、交通、地球物理条件及各种可能存在的干扰因素；现场踏勘结束后要初步拟定针对测区情况采用的探测方法、技术和探测方法试验的最佳场地。

（3）仪器校验：拟投入使用的各类探测仪器在使用前均应按照有关技术指标的要求和仪器检验的有关规定进行校验。仪器校验包括单台仪器的稳定性校验及同类多台仪器的一致性校验。单台探测仪器的稳定性校验应采用相同的探测参数对同一位置的地下管线进行多次重复探测，定位及定深结果应一致。探测仪器一致性校验包括同类多台地下管线探测设备的定位和定深一致性校验。校验时应做好详细记录，并作为探查成果资料的一部分提交。未经检验或经检验不合格的仪器设备不准投入生产使用。对分批投入使用的各种地下管线探测仪器，每投入一批(台)时，均应进行校验。

（4）方法试验：管线探测前，应根据现场踏勘结果，对拟采用的地下管线探测方法与技术进行有效性试验，确定所采用的探测方法与技术。对于地下管线分布简单的建设工程地下管线探测项目一般可不进行方法试验。方法试验应在测区选择合适的物理场条件和有代表性的区域进行不同仪器的水平定位精度、埋深定位精度及各仪器自身的转向差等方法试验，并通过开挖点验证、校核，确定所选用方法和仪器的有效性及精度。方法试验时详细记录测定结果及相关参数，方法试验完成后应编写方法试验报告。

采用实地调查与仪器探测相结合的方法，实地查明各种地下管线的敷设状况，绘制探测草图，并在地面上设置管线点标志为后续管线测绘工作使用。

2）管线探查

根据资料调绘、现场踏勘、方法试验、仪器一致性校验等情况编写项目设计书，并进行评审后，就可以开展地下管线的探查工作。所谓**地下管线探查**就是在现场查清各种地下管线的敷设情况，绘制探测草图并在地面上设置管线点标志，以便测量管线点的坐标及高程或进行地下管线图的测绘。具体方法为实地调查与仪器探测相结合。对于明显管线点主要采用实地调查和量测；对于隐蔽管线点，主要采用仪器探测，必要时配合开挖验证。

（1）实地调查：实地调查应在地下管线现状调绘图所标示的各类地下管线位置的基础上，进一步实地核查每一个管线附属物，并对明显管线点进行详细的调查和量测，按照明显管线点调查表记录管线属性数据和连接关系。实地调查中各类地下管线的建（构）筑物和附属设施应进行详细调查，调查项目需根据地下管线的类别分别进行，且符合表 14-10。实地调查地下管线点的位置设定应符合技术规定，通常位于线特征点或附属设施中心点上，在无特征点的直线段上也应设置地下管线探测点。当设置点与实际管线中心线距离过大，需要量测并记录偏心距，单位为米。地下管线的埋深分为内底埋深和外顶埋深，应根据地下管线的性质，按要求量测地下管线埋深。量测应采用经过检验的量、测器具，单位用米表示，量测结果精确到小数点后两位，量测限差应不超过 5cm。为了保证实地调查的质量和提高工作效率，地下管线实地调查时，专业管线权属单位应派熟悉管线情况的有关人员参加。

表 14-10　　　　　　　　　　　　　　　　地下管线实地调查项目

管线类别		埋深		断面尺寸（管径/宽×高）	载体特征		管线材质	管道流体性质	管块孔数电缆条数	附属设施	权属单位	埋设年代
		外顶	内底		压力	流向						
给水	直埋	△		△			△			△	△	△
排水	管道		△	△		△	△			△	△	△
	方沟		△	△		△	△			△	△	△
燃气	直埋	△		△	△		△			△	△	△
电力	直埋	△		△			△		△	△	△	△
	管块	△		△			△		△	△	△	△
	沟道		△	△			△		△	△	△	△
热力	直埋	△		△			△	△		△	△	△
	沟道		△	△			△			△	△	△
工业	直埋	△		△			△	△		△	△	△

注：表中"△"为应调查项目。

（2）仪器探测：仪器探测的方法、原理和具体操作步骤将在本小节"地下管线物探方法"详细介绍。

3）探查质量检验

地下管线探测应实行三级检查验收制度。三级检验是指作业组自检、部门（项目组）互检、单位（公司）主管部门验收。要求各级检查独立进行，不能省略或代替。探查质量检验项目和精度指标要完全符合《城市地下管线探测技术规程》(CJJ 61—2017)的有关规定。质量检查内容包括地下管线探测点的探测精度和属性调查结果检查。每一个测区应在隐蔽管线点和明显管线点中分别抽取不少于各自总点数的5%进行质量检查，质量检查点应均匀分布，随机抽取，并在不同时间、由不同的操作员进行。当工程探测总点数少于20点时，应进行全数检验。当质量检查点数的5%少于20点时，应至少检查20点。经质量检查不合格的测区，应分析造成不合格的原因，并针对不合格原因采取相应的纠正措施，对不合格工区应重新进行探测。在重新探测过程中，应验证所采取纠正措施的有效性。各项质量检查工作应做好检查记录，并在质量检查工作结束后编写地下管线探测质量检查报告。

2. 地下管线物探方法

1）地下管线探测仪的工作原理

地下管线探测中使用的管线探测仪的品牌、型号较多，其结构设计、性能、操作和外形虽各不相同，但都是以电磁场理论和电磁感应定律为基础设计的，由发射机与接收机两大部分组成，工作原理相同。如图 14-44 所示，管线探测仪的发射机在地下管线上施加一个交变电流信号，该信号在管线传输中，会在管线周围产生一个交变磁场，将磁场分解为水平和垂直方向的磁场分量，通过矢量分解可知，在管线正上方时水平分量最大，垂直分量最小，而且它们的大小与管线的位置和深度呈一定的比例关系。用管线探测仪接收机的水平和垂直天线分别测量其水平和垂直分量的大小，就能测出地下管线的位置和深度。

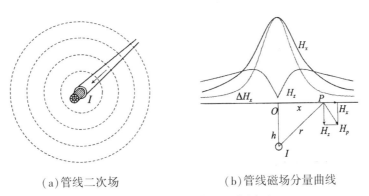

(a)管线二次场　　　　　　(b)管线磁场分量曲线

图 14-44　管线探测仪的工作原理

2）地下管线物探方法

地下管线的物探方法可分为：电磁法、直流电法、磁探测法和地震波法等；任何一种物探方法都会受各种条件约束，必须按实地条件选择采用。

（1）电磁法：电磁法又分为被动源法和主动源法。被动源法是利用动力电缆或工业游散电流在金属管线中感应电流的电磁场，用探测仪接收，方法简便，成本低，适用于干扰背景小的地区，用于探查动力电缆和搜查金属管线。主动源法是将探测仪的发射机一端接到被测金属管线上，另一端接地，利用直接加到金属管线上的信号定位，其定位和定深的精度高，且不受邻近管线干扰，但金属管线必须有出露点，用于金属管线的精确定位或追踪各种金属管线。主动源法中还有示踪电磁法，将探测仪能发射电磁信号的示踪探头送入非金属管道内，在地面上用仪器追踪信号，用于探查有出入口的非金属管道。

（2）直流电法：直流电法又分为电阻率法和充电法。电阻率法为利用常规直流电法仪器探测地下管线，在接地条件好的场地，用于探测直径较大的金属或非金属管线。充电法为用直流电源的一端接被测金属管线，另一端接地，利用金属管线被充电后在其周围产生的电场，追踪地下金属管线，但对载体易燃易爆的管线不允许用充电法。

（3）磁探测法：磁探测法的基本原理为利用金属管线与周围介质之间的磁性差异，测量磁场的垂直分布强度。可利用常规磁法勘探仪器探测铁磁性管道，探测深度大，但易受附近磁性体干扰。

（4）地震波法：地震波法又称浅层地震勘探法。利用地下管道与其周围介质之间的波阻抗差异，使用人工震源（机械敲击、空气枪、电火花等）接收反射波，作浅层地震时间剖面，反映管道位置。本方法的探测成本较高，在其他方法探测无效时，用本方法探测直径较大的金属或非金属管道。

3）地下管线定位与定深

无论哪种探测方法，其目的是对地下管线进行精确的平面定位和深度定位，金属管线探测常用的平面定位方法有极大值法和极小值法，深度定位的方法有直读法、45°法和特征点法，表 14-11 为地下管线定位与定深方法汇总表。

表 14-11　　　　　　　　　　地下管线定位与定深方法汇总

方法		描　述	示意图
平面定位方法	极大值法（峰值法）	在地下金属管线正上方形成磁场的二次场水平分量值最大，通过测量极大值的位置来确定管线的平面投影位置的方法	
	极小值法（零值法）	地下金属管线正上方形成二次场垂直分量为最小，通过测量极小值点位来确定管线的平面位置的方法	

方法		描　述	示意图
深度定位方法	直读法（梯度测量）	利用接收机中上、下两个垂直线圈（线圈面垂直）分别接收管线正上方产生磁场水平分量值，根据深度计算公式经仪器计算电路，求得管线埋深，由显示器直接显示深度值。直读法简单快捷，在无干扰的情况下有很高的测量精度。	
	45°法	仪器极小值定位后，使接收机侧面与地面成45°角沿垂直管线走向的方向移动，当仪器出现零值（极小）点后，零值点到管线在地面投影位置的距离就是管线的埋深	
	特征点法	基于探测设备的不同而不同，较常见的有80%、70%、50%、25%法等。70%法是一种经验求深法，即峰值点两侧70%极大值处两点之间的距离，即为管线的埋深。70%法为英国雷迪公司特有的深度测量方法，精度高、抗干扰能力强，被专业管线探测单位广泛采用。80%和50%法为单线圈模式深度测量方法	

3. 地下管线探测仪器

探测仪器可以简单归纳为两类：一类是利用电磁感应原理探测金属管线、电/光缆，以及一些带有金属标志线的非金属管线，这类简称**管线仪**；另一类是利用电磁波探测所有材质的地下管线，也可用于地下掩埋物体的查找，俗称雷达，也被称为**管线雷达**。

管线探测仪一般由两大部分组成：

（1）给被测管线施加一个特殊频率的信号电流，一般采用直连法、感应法和夹钳法三种激发模式。

（2）接收机内置感应线圈，接收管道的磁场信号，线圈产生感应电流，从而计算管道的走向和路径。一般有三种接收模式：峰值模式（最大值）、谷值模式（最小值）、宽峰模式。另外现在更先进的仪器一般都带有峰值箭头模式（结合了峰值与谷值两者的优点，使操作更直观）以及罗盘导向（用于指明管线的走向）。

其他还有一些附件，用来配合两大组成部分的使用。

目前市场上地下管线探测仪器种类繁多，管线仪国外品牌主要有英国雷迪 RD 系列和日本富士的 PL 系列，国产的有 GXY 系列，SL 系列。管线雷达一般用地质雷达，多为进口的，有美国 GeoScience 的 SIR 系列，加拿大 Sensors&Software Inc 的 EKKO 系列，瑞典的

MALA 的 Easy Locator 系列，德国 SEWERIN 的 PulseEKKO 系列等。不同仪器有各自的适应领域，在功能和性能上也有各自的优缺点，具体问题要具体分析。此外，任何仪器都不是完美的，单一品种不可能适用所有需求。具体工程中，要互相配合使用。

14.5.3　数字地下管线测绘

所谓**数字地下管线测绘**是使用数字化测图手段进行的地下管线测量工作。

1. 地下管线测量概述

地下管线包括新建管线和已有管线。地下管线测量就是针对这两类管线进行的相关测绘工作，包括新建管线的施工测量(规划放线)、新埋设管线的竣工测量和已有管线的探查测量。

地下管线的施工测量的基本方法同一般工程施工测量，即在控制测量的基础上测设地下管线设计点位的三维坐标(平面位置和高程)，本节后续所指地下管线测量不含地下管线的施工测量。

地下管线的竣工测量是在管线施工时至回土前、地下管线特征点部位明显暴露的情况下进行，施测对象明确，所需观测数据容易获得，并能有较高的测量精度。所以从提高地下管线的空间地理位置精度出发，必须按有关地下管线的规范和规程的规定，做到边施工边测量方式，直接测量出管线特征点的平面位置和高程，绘制地下管线平面图、断面图和获取所需的管线属性信息。

地下管线探查测量是在已有地下管线探查后，对明显管线点和隐蔽管线点的标志点测定其平面位置和高程，绘制地下管线平面图、获取断面图数据和管线属性信息。

地下管线测量应该以探查草图为依据，外业工作为保证，物探和测量作业密切配合，在测量之前做好充分的准备工作，所用的仪器等必须经过有关部门的检查和检校。地下管线测量包括地下管线的外业测绘及内业数据处理与绘图。

2. 地下管线图外业测绘

地下管线的外业工作包括地下管线的控制测量，地下管线点测量及地下管线属性采集，地下管线图测绘，地下管线控制测量是基础，地下管线位置信息及属性信息的采集是外业工作的核心，地下管线图测绘是管线测绘的主要成果之一。

1)地下管线控制测量

地下管线控制测量分为平面控制测量和高程控制测量。它应在城市等级控制网的基础上进行布设或加密，以确保地下管线测量成果平面坐标和高程系统与原城市系统的一致性，便于成果共享和使用。

(1)平面控制：

平面控制测量应在城市等级控制网的基础上布设图根导线点。城市等级控制点密度不足时，应按行业现行标准的要求加密等级控制点。图根控制宜按测区布设电磁波测距图根导线网或 GNSS 网，其观测方法和布设要求按城市测量规范的有关规定执行。一般布设四等或四等以下平面控制网即能满足地下管线测量工作的需要。

（2）高程控制：

地下管线高程控制测量点的精度不应低于图根级水准测量的要求，图根高程控制点测量可采用几何水准测量、电磁波测距三角高程测量或 GNSS 方法，按现行标准有关要求执行。

2）地下管线点测量

地下管线点测量是对管线点的地面标志进行平面位置和高程联测，最终计算得到管线点的平面坐标和高程。管线点包括线路特征点和附属设施（附属物）中心点，可分为明显管线点和隐蔽管线点两类。明显管线点一般是地面上的管线附属设施的几何中心，如窨井（包括检查井、检修井、闸门井、阀门井等）井盖中心、管线出入地点、电信接线箱、消防栓栓钉等；隐蔽管线点一般是地下管线或地下附属设施在地面的投影位置，如变径点、变坡点、变深点、变材点、三通点、管线直线段或曲线段的加点等。

（1）地下管线点平面位置测量：

管线点平面位置测量主要有极坐标法、GNSS 法和导线串联法。全站仪极坐标法是目前普遍采用的方法，随着 CORS 技术的应用普及，GNSS 也越来越多地运用于管线点平面位置测定。

导线串联法通常用于图根点稀少或需要重新布置图根点时，将管线特征点全部或部分纳入地下管线导线中，并在施测导线的同时将未纳入的管线特征点用极坐标法或交会法（距离或角度交会）测定其坐标。采用导线串联法时，导线应起闭于不低于城市三级导线精度的高级平面控制点上。

（2）地下管线点高程测量：

管线点的高程测定宜采用直接图根水准测量，当用全站仪施测时也可用电磁波测距三角高程测量。直接水准测量以测区内四等（或以上）水准点的高程为起始，布设成通过各管线特征点的地下管线附合水准路线或闭合水准路线，布设支水准路线时必须往返观测。电磁波测距三角高程测量按电磁波测距导线形式布设，其高程应直接起闭于四等（或以上）高程控制点。也可以采用 GNSS-RTK 技术在获取平面坐标的同时获取管线点的高程。采用上述方法获取高程时，都需要严格遵循相应的测量技术规范。

3）地下管线属性数据采集

地下管线及其附属物的属性数据在具体城市地下管线信息系统中有统一的规定，并且对于不同大类的专业管线其描述细节也有一定区别。一般管线工程，管线点、线、面注记的基本内容见表 14-12。

表 14-12 　　　　　　　　　　**地下管线及其附属物属性数据汇总**

管线类型	属 性 数 据
管线点	种类、编号、特征码、位置、图形方向、点规格、埋深、材质、附属设施用途、形状、净空规格、状态、权属单位、建设年代、测量日期等
管线段	种类、编号、特征码、起点、止点、起点埋深、止点埋深、管高位置、管径、管材、敷设方式、总的孔数、已用孔数、权属单位、建设年代、测量日期等

管线类型	属 性 数 据
管线面	种类，起点位置，地面高、底高、净空高、边界坐标串、权属单位、建设年代、测量日期等
管线标注	种类、位置，旋转角、文字内容、字体名、字高、日期等

地下管线探查和测量时对管线的属性数据必须一一调查或量测，记入相应表格，并在地下管线数字化成图时输入这些数据。

4）地下管线图测绘

地下管线图测绘分为专业管线图测绘和综合管线图测绘两种，区别在于专业管线图上除管线周围地形外只包括单一专业（一条或几条）管线，而综合管线图则包括该地段内所有各种专业管线。地下管线地形图测量的基本方法与一般城市大比例尺地形图测量完全相同，只是在测量的内容上增加了地下管线及其地下附属设施的部分。地下管线地形图的测绘一般都是以城市大比例尺地形图为底图，通过增加测量属于地下管线专业部分的内容，以及修测、补测地形图上与现状不符的部分，来完成城市地下管线地形图的测绘。但需要注意以下几个方面：一是地下管线图上管线点位测定的精度要高于一般地物点的精度；二是地下管线图上需要表达除了管线点位以外的管线属性信息；三是与地下管线关系不大的地物在图上可以删去。敷设地下管线的地区如果没有已有的地形图或地形图的比例尺精度不够，则需要专门施测包括管线两侧地物的带状地形图，测图比例一般为 1∶500 或 1∶1000，测绘范围和宽度根据具体要求确定，内容按管线需要取舍，精度和比例与相应比例尺的基本地形图相同。

3. 管线数据内业处理

依据外业获得完整的地下管线信息资料，在室内就可以采用机助制图方式编绘地下管线图，编制地下管线成果表，完成管线数据的内业处理。

1）管线数据处理与建库

管线数据处理指对不同仪器设备和方法采集的管线原始数据进行转换、分类、计算和编辑等操作，为图形处理提供绘图信息，为管网信息系统提供与管线有关的各种信息。广义上说，数据处理包括控制测量平差，地下管线点和碎部点坐标生成，地下管线属性数据库和空间数据库建立，元数据、管线图形文件和其他空间数据文件的生成等。

管线数据库是某一区域管线数据的集合，包括地下管线各要素的空间数据和属性数据及元数据。建立管线数据库一般分为两步：数据录入人员根据管线探查记录表中的记录信息，完成管线属性数据的录入，管线空间数据的追加合并，形成完整的地下管线数据库。

2）地下管线图的编绘

地下管线图编绘是在地下管线数据处理工作完成并检查合格的基础上，对地下管线信息，采用计算机软件编绘成图。地下管线图主要分为综合管线图、专业管线图、断面图和局部放大示意图。其中，局部放大示意图是放大表示局部相对关系的辅助用图。

3）综合管线图绘制

综合管线图应表示测区内所有探测过的各种管线及其附属设施、有关地面建(构)筑物与地形特征，还应表示沿管线两侧的地形、地物，例如道路边线、临街建筑物向街一面的外轮廓线、结构、层数、单位名称等等。背景地形图一般采用黑色绘制，各专业管线特征则采用规定的颜色绘制，管线点、线按其坐标展绘在地形图中并利用规定的图式符号表示。对于管线点、线的属性(包括管线点号、管线规格、材料、埋深等)、路名、单位名称等要利用文字注记来表示。当各种管线的间距过小或重叠时，应在图内以扯旗形式标注其关系。

图 14-45 是比例尺为 1∶500 的综合地下管线图，是在图上表示出测区内全部地下管线、附属设施及地物地貌的综合图。它不但能表达各专业地下管线分布情况和专业属性，而且能表达各种地下管线的相互位置关系以及和各种地面建筑物的位置关系。因此，综合地下管线图是城市规划、设计和管理方面的重要图件，是城市地下管线信息系统的主要信息来源。

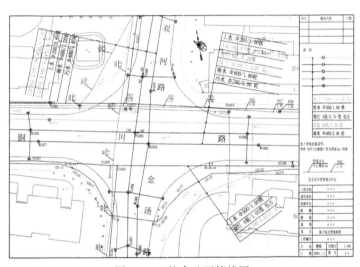

图 14-45　综合地下管线图

4）专业管线图绘制

专业管线图采用与综合管线图相同的背景地形图，但图中只绘制一种专业管线及其属性注记，专业管线要素的颜色及注记方式均应与综合管线一致。利用它可以更清楚地表示某一类专业管线的具体情况。

5）地下管线断面绘制

地下管线断面图分为地下管线纵断面图和地下管线横断面图两种。一般只要求绘出地下管线横断面图。管线断面图应根据断面测量的成果资料进行绘制，纵断面图应沿管线中心，绘制出中心线上各管线点的里程(该点距管线起点的距离)或点间距，以及点的高程。为了明显表示管线的高低起伏(纵向坡度)，图的垂直比例尺规定要比水平比例尺大 10倍。横断面图的内容应包括地表地形变化、地面高程、路边线、各种地下管线的位置及相对关系、地下管线高程、管线规格、管线点水平间距和断面号等。它用于详细表示各种管线在某一里程处的断面分布情况，需要有较大的比例尺，如图 14-46 所示。

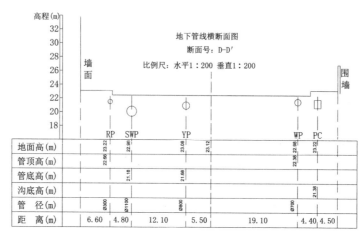

图 14-46 地下管线横断面图

14.5.4 城市地下管线网信息系统

在地下管线普查的同时应建立城市地下管线网信息系统，以实现管线信息的管理、维护、更新和使用，为政府和职能部门规划、设计、管理和决策服务；如发生地震、暴雨灾害和城市内涝等突发事故时，通过信息系统的查询、分析，可快速制定应急方案，保证城市生命线工程的安全有序运行。

1. 数据标准制定

制定管线数据标准有利于维护数据一致性和实现数据共享，可避免不同类型管线网之间的数据冲突，便于建立城市地下管线网综合信息系统。地下管线网信息系统的各类信息，应具有统一性、精确性和时效性，编码应标准化、规范化。管线网信息有分类编码和标识编码两类。分类编码应按现行国家标准《1∶500、1∶1000、1∶2000 地形图要素分类与代码》(GB 14804—93)实施。每类地下管线的各要素都应采用标识编码进行标识和存储。其标识编码可按现行国家标准《城市地理要素-城市道路、道路交叉口、街坊、市政工程管线编码结构规则》(GB/T 14395)的规定执行。地下管线要素一般分为管点、管段、管线。管点是各种管件设备、管线连接点、转折点和变径点等的统称，也是管线探测点。管段是两个同类管点之间连接管。管线是指属性相同管段的连接线。这三种要素中的每个实体都要用标识编码加以识别。表 14-13 为上海市地下管线专业分类及代码。

表 14-13　　　　　　　　　　上海市地下管线专业分类及代码

管线	代码	管线	代码	管线	代码	构筑物	代码
电力导管	PP	照明电缆	VIC	给水管道	WP	特种液管	SPL
供电电缆	PC	红绿灯电缆	TLC	燃气管道	RP	特种气管	SPG

管线	代码	管线	代码	管线	代码	构筑物	代码
电车电缆	TC	电信电缆	IC	雨水管道	YP	过路导管	PLP
路灯电缆	SLC	电信导管	IP	污水管道	SWP	共同沟	CD

2. 数据库设计

数据库设计分为概念设计、逻辑结构设计和物理结构设计三个阶段。概念设计目的是面向问题建立概念数据模型。该模型反映用户的现实工作环境，与数据库的具体实现无关。建立概念数据模型的常用方法是绘制实体-联系图，由实体，属性，联系三个要素构成。逻辑结构设计是将 E-R 图转换为关系数据模型，并根据范式对关系表进行优化。物理结构设计是确定存储结构、数据存取方式和分配存储空间等。

3. 系统结构和基本功能

城市地下管线网信息系统包括基本地形图数据库、地下管线空间信息数据库、地下管线属性信息数据库、数据库管理子系统和管线信息分析处理子系统等。各种数据库是城市地下管线网信息系统的核心，数据库的结构应按规范设计，兼顾应进库数据和资料的准确性。系统应具备地形图库管理、数据输入与编辑、数据检查、信息查询统计、信息分析和输出等功能。

◎ **思考题**

1. 何谓道路中线的转点、交点和里程桩？如何测设里程桩？

2. 设道路中线测量某交点 JD 的桩号为 2+182.3，测得右偏角 $\alpha = 39°15'$，设计圆曲线半径 $R = 220$m。

（1）计算圆曲线主点测设元素 T，L，E，J；

（2）计算圆曲线主点 ZY，QZ，YZ 的桩号；

（3）设曲线上整桩距 $L_0 = 20$m，计算该圆曲线细部点偏角法测设数据（按表 14-1 格式）。

3. 按上题的圆曲线，设交点和圆曲线起点的坐标为

$$ZY: x \quad 6\ 354.618$$
$$y \quad 5211.539$$
$$JD: x \quad 6\ 432.840$$
$$y \quad 5\ 217.480$$

计算用极坐标法测设圆曲线细部点的测设数据（按表 14-2 格式）。

4. 根据表 14-14 所列路线纵断面水准测量记录，算出各里程桩高程；并按距离比例尺为 1:1000、高程比例尺为 1:100 绘出路线纵断面图；设计一条坡度为-1%的纵坡线，

并计算各桩的填土高度和挖土深度。

表 14-14　　　　　　　　　　　路线纵断面水准测量记录

测站	桩号	水准尺读数			仪器视线高程	点的高程(m)
		后视(m)	中视(m)	前视(m)		
1	BM.1	1.321				47.385
	0+000		1.28			
	0+020		1.64			
	0+040		1.73			
	0+060		1.89			
	0+080			1.900		
2	0+080	1.340				
	0+100		1.92			

5. 设路线纵断面图上的纵坡设计如下：$i_1 = +1.5\%$、$i_2 = -0.5\%$，变坡点的桩号为 3+460.00，其设计高程为 72.36m。按 $R = 3000$m 设置凸形竖曲线，计算竖曲线元素 T，L，E 和竖曲线起点和终点的桩号。

6. 桥梁平面控制网的布置有哪些形式？

7. 过河水准测量与一般水准测量有哪些不同？

8. 桥墩定位有哪几种方法？

9. 在隧道测量中，布置地面平面控制网有哪几种形式？

10. 简述地下管线探查的基本流程。

11. 简述地下管线探测的方法并分别做简要介绍。

参 考 文 献

1. 宁津生，刘经南，李德仁，等．测绘学概论(第三版)[M]．武汉：武汉大学出版社，2016.

2. 顾孝烈，鲍峰，程效军．测量学[M]．4 版．上海：同济大学出版社，2011.

3. 高井祥，付培义，余学祥，等．数字地形测量学[M]．徐州：中国矿业大学出版社，2018.

4. 潘正风，程效军，成枢，等．数字地形测量学[M]．2 版．武汉：武汉大学出版社，2015.

5. 杨晓明，余代俊，董斌，等．数字测图原理与技术[M]．2 版．北京：测绘出版社，2014.

6. 张正禄．工程测量学[M]．2 版．武汉：武汉大学出版社，2013.

7. 高井祥．数字测图原理与方法[M]．徐州：中国矿业大学出版社，2010.

8. 张序．测量学[M]．2 版．南京：东南大学出版社，2012.

9. 武汉大学测绘学院测量平差学科组．误差理论与测量平差基础[M]．武汉：武汉大学出版社，2014.

10. 邹进贵，冯永玖，王健，等．数字地形测量学[M]．3 版．武汉：武汉大学出版社，2024.

11. 北京市测绘设计研究院．城市测量规范(CJJ/T8—2011)[S]．北京：中国建筑工业出版社，2012.

12. 全国地理信息标准化技术委员会．国家基本比例尺地图图式第一部分 1∶500 1∶1000 1∶2000 地形图图式(GB/T20257.1—2017)[S]．中华人民共和国国家质量监督检验检疫总局，中国国家标准化管理委员会，2017.

13. 自然资源部．基础地理信息要素分类与代码(GB/T 13923—2022)[S]．国家市场监督管理总局，国家标准化管理委员会，2022.

14. 姬玉华，夏冬君．测量学[M]．哈尔滨：哈尔滨工业大学出版社，2004.

15. 南京工业大学测绘工程教研室编．测量学[M]．北京：国防工业出版社，2005.

16. 付新启．测量学[M]．北京：北京理工大学出版社，2006.

17. 高井祥．测量学[M]．徐州：中国矿业大学出版社，2007.

18. 刘福臻．数字化测图教程[M]．成都：西南交通大学出版社，2008.

19. 曹先革，等．数字测图[M]．哈尔滨：哈尔滨工程大学出版社，2012.

20. 李玉宝，等．大比例尺数字化测图技术[M]．成都：西南交通大学出版社，2014.

21. 范国雄．数字测图技术[M]．南京：东南大学出版社，2016.

22. 住房和城乡建设部. 工程测量标准：GB 50026—2020[S]. 北京：中国计划出版社，2020.

23. 中国国家标准化管理委员会. 国家一、二等水准测量规范：GB/T 12897—2006[S]. 北京：中国标准出版社，2006.

24. 中国国家标准化管理委员会. 国家三、四等水准测量规范：GB/T 12898—2009[S]. 北京：中国标准出版社，2009.

25. 全国地理信息标准化技术委员会. 国家基本比例尺地形图分幅和编号 GB/T 13989—2012[S]. 北京：中国标准出版社，2012.

26. 住房和城乡建设部. 城市测量规范：CJJ/T 8—2011[S]. 北京：中国建筑工业出版社，2011.

27. 中国国家标准化管理委员会. 全球导航卫星系统 GNSS 测量规范：GB/T 18314—2004[S]. 北京：中国标准出版社，2004.

28. 国家测绘局. 国家基本比例尺地图图式第1部分：1∶500 1∶1000 1∶2000 地形图图式：GB/T 20257.1—2007[S]. 北京：中国标准出版社，2008.

29. 国家测绘局. 国家三角测量规范：GB/T17942—2000[S]. 北京：中国标准出版社，2000.

30. 国家测绘局. 数字测绘成果质量检查与验收：GB/T18316—2008[S]. 北京：中国标准出版社，2008.

31. 全国地理信息标准化技术委员会. 国家基本比例尺地形图分幅和编号 GB/T 13989—2012[S]. 北京：中国标准出版社，2012.

32. 中华人民共和国住房和城乡建设部. CJJ/T 73—2010 卫星定位城市测量技术规范[S]. 北京：中国建筑工业出版社，2010.

33. 全国地理信息标准化技术委员会. GB 14804—93 1∶500、1∶1000、1∶2000 地形图要素分类与代码[S]. 北京：中国标准出版社，1993.